奶牛疾病 攻 防 要 略

吴心华 张 鑫 编著

中国科学技术出版社
·北 京·

图书在版编目（CIP）数据

奶牛疾病攻防要略 / 吴心华，张鑫编著 . —北京：
中国科学技术出版社，2018.1
ISBN 978-7-5046-7802-7

Ⅰ.①奶…　Ⅱ.①吴…　②张…　Ⅲ.①乳牛—牛病—
防治　Ⅳ.① S858.23

中国版本图书馆 CIP 数据核字（2017）第 276000 号

策划编辑	乌日娜	
责任编辑	乌日娜	
装帧设计	中文天地	
责任校对	焦　宁	
责任印制	徐　飞	

出　　版	中国科学技术出版社	
发　　行	中国科学技术出版社发行部	
地　　址	北京市海淀区中关村南大街16号	
邮　　编	100081	
发行电话	010-62173865	
传　　真	010-62173081	
网　　址	http://www.cspbooks.com.cn	

开　　本	889mm×1194mm　1/32	
字　　数	252千字	
印　　张	10.5	
版　　次	2018年1月第1版	
印　　次	2018年1月第1次印刷	
印　　刷	北京威远印刷有限公司	
书　　号	ISBN 978-7-5046-7802-7 / S・688	
定　　价	36.00元	

前 言

    《奶牛疾病攻防要略》是写给当今乡村一线的兽医，是笔者长期兽医实践过程的记录和经验的总结。从大学二年级开始学习兽医临床技巧，至今 30 多年了，从骑着自行车、摩托车，到现在开着小轿车下乡为奶牛诊疗疾病，经历了无数次磨难，治愈了无数病牛，也误诊了无数次疑难杂病，完成了数千例手术，获得了无数次老百姓的赞扬和夸奖，也受到数不清的奚落，经历了无奈，深深体会到乡村兽医的艰苦和不易。

    长期的一线兽医实践，使我深入地了解了农村，了解了农民，了解了畜牧养殖。农村需要大量留得住、技术水平高，经验丰富的兽医，但一线的兽医很多都是师傅带徒弟模式培养出来的，缺乏系统的理论和实战技巧。

    一线兽医是很艰苦的，每天早晨迎着朝阳出门，驰骋在乡村小道，足迹留在牛棚马圈，每天干着数不清的重复工作，每天披星戴月，拖着疲惫身躯进门，夜里，遇到急诊还要起床，处理急症，时常面临着无情甚至可怕的人畜共患传染病的威胁。艰苦的里程是成功的阶梯。每一个成功的兽医都有着丰富而精彩的故事，有着他们的欢乐和美好愿望。是他们造福了一方民众，成就了伟大的养殖事业。

兽医是维护动物健康的急先锋，是人类安全的桥头堡；兽医为动物解除疾苦，给人民健康提供了技术保障。当今规模化奶牛场需要高水平的保健兽医，更需要敬业的高水平执业兽医。由于牧场对兽医的要求发生了质的改变，几乎不可能让兽医再有我们当年精准治疗疾病的历练机会，所以往往缺乏诊疗经验和治疗技术。为了帮助青年兽医提高水平，积累经验，特撰写本书。

　　借本书出版之际，要感谢长期以来和我并肩战斗在一线的老师、同行、朋友。由于水平不足，书中错误在所难免，恳请读者批评指正。

吴心华

目 录

第一章
奶牛场疫病防控技术

我国奶牛已经进入规模化舍饲状态，舍饲状态下，奶牛的环境卫生、营养供给、免疫注射与检测等都是可以控制的。但是近几年来，奶牛的传染病、蹄病、乳房炎、不孕症、低钙血症、能量负平衡症、皱胃变位、分娩应激综合征等疾病的频繁发生致使奶牛平均寿命急剧缩短，给奶业造成巨大经济损失，也给牛奶安全埋下隐患。分析这些疾病发生的原因，可归纳为生态循环障碍、瘤胃循环障碍、乳腺循环障碍、生殖循环障碍。实践得知，规模化奶牛场一旦发生传染病、寄生虫病、中毒病、营养代谢病等群发性疾病，采取以往跟着牛屁股打针、输液的方法是无法及时治疗，无法有效控制。所以，规模化奶牛场奶牛疾病的防控已经从以前的精准治疗为主，转变为群体性保健为主。

牧场一旦发生了传染病，就会污染牧场，甚至将牧场变为永久性疫源地，危害极大。所以，牧场要坚决杜绝传染病的发生与传播。

传染病的发生和发展必须具有 3 个条件，即具有一定数量和足够毒力的病原微生物侵入动物体内；具有对该传染病有感受性的动物；具有可促使病原微生物侵入动物机体内的外界条件。缺少任何一个条件，传染病就不可能发生与流行。家畜传染病流行过程的发生，应具有 3 个必要的环节：即传染源，传播途径，易感动物，3 个联结起来，就构成家畜传染病的流行锁链。只有当这个锁链完整时，传染病的流行才有发生的可能。牧场内消灭传染源的一个有效的方法是禁止在牧场内解剖病牛，以防病原扩散。牧场疫病防控的有效方法是特效免疫；环境治理与消毒；加强饲养管理，提高抵抗力；药物防治。药物预防传染病效果甚微，所以在无疫苗情况下，加强平时的饲养管理，深入了解和掌握传染病的基本知识，达成共识，才能提高疫病防控能力，实现疫病控制、净化和消灭。

一、我国现阶段牛病流行趋势

奶牛主要流行的病毒性疫病有：口蹄疫（FMD）、牛病毒性腹泻—黏膜病（BVD—MD）、牛传染性鼻气管炎（IBR）、牛轮状病毒（BRV）病、牛冠状病毒（BCV）病、狂犬病、流行热、恶性卡他热。细菌性疫病有：布鲁氏菌病、梭菌性疾病、副结核病、结核病、金黄色葡萄球菌病、大肠杆菌病、沙门氏菌病、链球菌病、克雷伯氏菌病、支原体性肺炎、巴氏杆菌病、衣原体病、李氏杆菌病、牛传染性角膜结膜炎、坏死杆菌病等。

成年奶牛常发生的高度致死性疾病有：狂犬病、李氏杆菌病、梭菌病、恶性水肿；急性危害性大的疾病有：口蹄疫、支原体病、沙门氏杆菌病、巴氏杆菌病。被人忽视的慢性感染疾病有：结核病、布鲁氏菌病、副结核病、坏死杆菌病。

犊牛常发生的高度致死性疾病有：口蹄疫、大肠杆菌性腹泻、轮状病毒性腹泻、梭菌病、巴氏杆菌病、沙门氏菌病，鼻气管炎病毒病、黏膜病毒病。急性危害性大的疾病有：支原体病、沙门氏菌病、巴氏杆菌病、隐孢子虫病、球虫病。被人忽视的慢性感染疾病有：布鲁氏菌病、结核病、副结核病。国内牧场常见疾病见表1-1。规模化奶牛场奶牛常发重大疫病见图1-1。

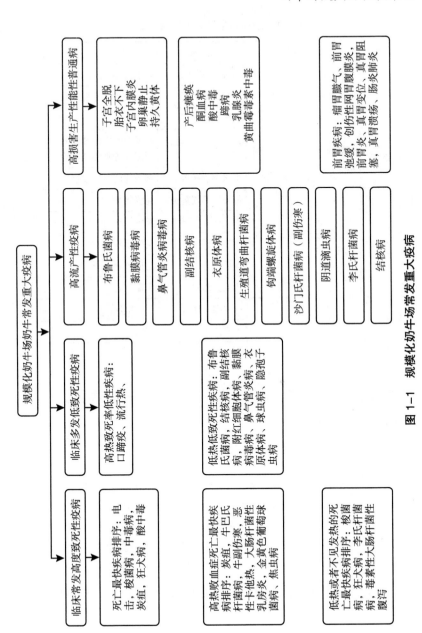

图 1-1　规模化奶牛场常发重大疫病

表 1-1　国内奶牛场常见疾病分类

级　别	说　明	疾　病	措　施
等级 1	国家法定控制疾病	口蹄疫	免疫接种
		布鲁氏菌病	免疫接种并定期监测
		结核病	定期监测
等级 2	广泛流行，极大地影响牧场效益	乳房炎	在病原鉴定的基础上对症处理；免疫接种
		牛病毒性腹泻	筛查并清除持续感染牛
等级 3	部分流行 / 散发，影响牧场效益	传染性鼻气管炎	免疫接种
		梭菌病	免疫接种
		犊牛腹泻	免疫接种
		副结核病	定期监测
		传染性蹄病	定期蹄浴
等级 4	流行状况未知	钩端螺旋体病	免疫接种
		支原体病	定期监测

二、奶牛重大疫病区域防控、净化与消毒技术

（一）牛常见传染病诊断技术

1. 奶牛疫病的诊断方法　临床诊断法和实验室诊断法。临床诊断法主要靠流行病学诊断、症状诊断和病理解剖诊断。实验室诊断主要方法有病原检测、抗体检测。

2. 检测地点　地方动物疾病控制中心，大学和重大疾病国家重点实验室等。

3. 奶牛主要疫病免疫及定点监测疾病　口蹄疫、布鲁氏菌病、梭菌病、大肠杆菌乳房炎、犊牛腹泻、支原体病、鼻气管炎毒病、黏膜病毒病。

我国目前定点监测内容：口蹄疫、布鲁氏菌病、结核病。

4. 监测内容及方法

（1）**口蹄疫** 按照国家标准（GB／T18935-2003），采用LB-ELISA方法检测。

（2）**布鲁氏菌病** 按照国家标准（GB／T18646-2002），采用虎红平板凝集试验初筛和试管凝集试验复检方法检测。

（3）**结核病** 按照国家标准（GB／T18645-2002），采用皮内变态反应检测。

5. 检测结果的处理 O型、亚Ⅰ型、A型口蹄疫的抗体效价≥26，判定为免疫合格。免疫合格率应达到70%以上，免疫合格率＜70%的，要分析原因并及时进行补免。

规模奶牛场重大疫病鉴别诊断见表1-2。

表1-2 规模化奶牛场奶牛重大疫病鉴别诊断

序号	疫病预警信号	可能性疾病	疾病特征	诊断手段
1	猝死症（无症状忽然死亡，病程几小时内）	电击	无任何征兆，忽然跌倒死亡。案例1：夏天，某牛场忽然来电话说，牛正走向挤奶厅死亡3头，第二天又死亡3头，前去诊断，发现牛都死在挤奶台上，诊断挤奶台漏电。案例2：牛在牛圈一个拐角忽然死亡6头，前后几秒钟，诊断，地下电线漏电。病例3：牛群只在牛棚一侧站立，惊恐，不向另一侧去，诊断，漏电	请电工进行电路检查
		梭菌病	牛群内，连续零星发生急性死亡，解剖发现小肠和真胃出血	取肠系膜和脾脏，小肠内容物送实验室诊断
		大肠杆菌毒血症	新生犊牛腹泻，干奶后4天内急性死亡（乳腺感染），产后急性死亡（子宫急性感染）	取病变组织送实验室诊断

续表1-2

序号	疫病预警信号	可能性疾病	疾病特征	诊断手段
1	猝死症（无症状忽然死亡，病程几小时内）	急性瘤胃酸中毒	高产奶牛，无热、高精料饲喂，或精料搅拌不匀饲喂，多零星发生	瘤胃pH值检测
2	高热，传播快，危害严重	口蹄疫	高热，40℃～42℃，发病急，潜伏期短，传播速度快，危害大，致死率低，症状明显	口腔，乳头出现水泡，多发在秋天至春天
3	高热、群发、急性死亡	炭疽	发生在炎热季节，6～9月易发，高热，体温40℃～42℃，迅速食欲废绝，心肺衰竭，出冷汗，犊牛出现腹泻，抽搐，急性死亡，病程2～3天。案例1：6月28日，气温30℃左右，忽然新生犊牛死亡，24小时死亡19头，成年奶牛死亡8头，初期腹泻，高热，死亡时不见七窍流血	取濒临死亡牛耳静脉或颈静脉采血或无菌采取脾脏触片镜检和血清学实验
		巴氏杆菌	夏季多发。地方性流行，急性肺炎，高热，腹泻，粪便带血，2～3天死亡。病例：某牛场忽然发生泌乳牛高热，腹泻、呼吸困难，常规治疗无效死亡，第三天又发生2头，3天后死亡，又有3头发病，症状相似，解剖为全身广泛性出血。取肺门淋巴结，脾脏，肠淋巴结送实验室涂片确诊，经过彻底清理，消毒，隔离，健康牛群注射抗生素，疾病得到控制	取肺门淋巴结，脾脏，肠淋巴结送实验室进行病原学诊断
		沙门氏菌病	夏季多发，地方流行，急性腹泻，高热，母牛流产，犊牛20日龄以上多发生高热，腹泻，急性死亡。案例：某牛场忽然发生成年泌乳牛腹泻，高热、流产，治疗无效，发病2周左右死亡。经实验室诊断诊断为副伤寒	取脾脏，肠系膜淋巴结，小肠内容物进行病原学诊断

续表1-2

序号	疫病预警信号	可能性疾病	疾病特征	诊断手段
4	神经症状为主,急性死亡,致死率极高,无热	狂犬病	零星发作,呈地方性流行,多数病牛发病第一天,体温升高40℃左右,兴奋不安,狂叫,奔跑,眼球震颤,肌肉紧张,不吃不喝,急剧掉膘,啃咬围栏,3～5天死亡,死亡率100%。案例:某奶牛场忽然发生奶牛在24小时内死亡,表现为兴奋,不听使唤,卧地不起,体温正常,先后在3周内,同样症状死亡22头。经过国家狂犬病实验室确诊为狂犬病	无菌采取脑组织,送国家狂犬病实验室诊断
		李氏杆菌病	主要表现脑膜脑炎、败血症和妊娠母畜流产。后备牛感染高度致死。流产多发生在妊娠8～9月龄。春夏多发,多发生在育成和犊牛,地方性流行,病牛体温正常,异常狂叫,兴奋不安,不思饮食,出汗,空嚼,口角流白色唾液,发病率低,但死亡率100%。案例:某牛场忽然发生育成牛神经症状为主,体温正常,异常兴奋,先后3个月发病46头,治疗无效,全部在1周左右死亡。无菌采脑组织,实验室细菌学诊断为李氏杆菌病	脑组织细菌学诊断:涂片检查,细菌培养。血清学试验:凝集试验和补体结合试验。注意与狂犬病鉴别诊断
		IBR		
5	流产为主的群发性疫病	布鲁氏菌病	通常在妊娠5～9个月内发生流产,胎衣不下,食欲正常、体温正常,产后子宫复旧迟缓,子宫炎,不孕	凝集试验(试管凝集试验、平板凝集试验);补体结合试验(CFT);ELISA;荧光偏振试验(FPA);乳环试验

续表 1-2

序号	疫病预警信号	可能性疾病	疾病特征	诊断手段
5	流产为主的群发性疫病	黏膜病毒病	流产可发生在妊娠任何阶段，主要是在妊娠第 30～120 胎龄。致使胎儿畸形、弱犊，死犊，腹泻和免疫抑制	发病牛场进行全群牛的 BVDV 抗原筛查，采用牛病毒性腹泻抗原捕获 ELISA 试剂盒检测耳组织样品中的 BVDV 抗原
		鼻气管炎病毒病	（IBR）是由牛 I 型疱疹病毒引起牛的一种急性、热性、接触性传染病，以鼻气管炎、眼结膜炎、高热、流产、传染性脓疱性外阴阴道炎为主要特征。IBR 又称为坏死性鼻炎、红鼻病等。临床特征是原发性传染性鼻炎和流产，其次是传染性脓疱性外阴 - 阴道炎。母牛流产多发生在妊娠 5～9 月龄	实验室诊断方法包括包涵体检查，病毒分离、血清学及分子生物学技术。临床可用诊断试剂盒诊断
		弯曲杆菌病	以胎儿死亡、流产、阴道卡他性炎、子宫内膜炎、屡配不孕为主要临床特征。有些母牛流产，多见于妊娠的第 5～6 个月；低水平的子宫感染；暂时性不孕；不规律的发情周期；中期流产（少见）	细菌诊断：涂片镜检，细菌分离，血清学试验，ELISA 和荧光抗体技术，分子生物学诊断
		阴道滴虫病	低水平的子宫内感染并发早期流产和子宫蓄脓；暂时性不孕	病原诊断：子宫内容物进行病原显微镜检查法，培养检查

续表 1-2

序号	疫病预警信号	可能性疾病	疾病特征	诊断手段
5	流产为主的群发性疫病	衣原体	妊娠母牛感染，多数在妊娠中、后期（妊娠7～9个月）突然发生流产，发病前母牛一般不表现任何征兆。犊牛6月龄以前较易感，尤其是在停喂母乳转入育成牛栏喂养时容易发病	病原学检查：病菌培养，分离、鉴定。血清学检查：主要包括补体结合试验（CF）、间接血凝（IHA）试验、免疫荧光（IF）试验、琼脂扩散（AGID）试验、ELISA 等
		钩端螺旋体病	母牛多出现发热，血尿，乳房炎、如果在妊娠期感染会在妊娠期第3～5月龄时流产；重复配种、受胎率低	病原微生物学检查；血清学诊断；聚合酶链式反应（PCR）
		隐孢子虫病	引起妊娠母牛流产或死胎，新生犊牛的运动障碍和神经系统疾病。犬和狐狸是隐孢子虫的终末宿主。有的先天感染隐孢子虫的犊牛一生下来就表现出神经症状，严重者不能站立，四肢虚弱或僵直	血清学诊断：检测牛隐孢子虫抗体的血清学方法主要包括 ELISA、凝集试验等

（二）奶牛重大疫病防控技术

奶牛场生物安全体系是奶牛疫病防控体系的根本，也是确保奶牛场优质高产高效的基础。奶牛场生物安全体系对保证奶牛健康起着决定性作用，同时也最大限度地减少养殖场对周围环境的不利影响。

"疫病区域自治自净"是以养殖小区为单元，养殖村委，县、市为单元，在单元内严格执行牧场重大疫病同步协防技术方案。核心技术包括：封闭牛群；定期注射疫苗；定期检测抗体及风险评估。在区域内实现疫苗注射同步，一致性，实现全覆盖；把易感动物变成不易感动物全面实施生物安全技术体系。

当前疫病防控的主要措施有 4 种：免疫技术、环境治理消毒技术、免疫营养控制技术、药物预防与治疗技术。

免疫技术：目前国家认可的可以通过免疫实现无病的疾病有口蹄疫，布鲁氏菌病、牛病毒性腹泻（BVDV），病毒性鼻气管炎（IBR），梭菌病，炭疽等。疫病防控最有效的预防措施是科学地制定免疫程序，加强疫苗注射，和免疫抗体的定期监测和科学的疫病风险评估。

环境消毒技术：很多病原是存在于牛活动的环境之中，平时加强运动场、卧床、产房、水槽、日粮通道，采食通道，挤奶通道等地方的清理、平整、消毒，是降低病原微生物数量的有效方法，所以奶牛场必须定期彻底清理消毒，提高奶牛的舒适度管理水平。

免疫营养控制技术：奶牛日粮中的微量元素和维生素是奶牛的免疫营养剂，平时要科学的按照奶牛生产的需要添加足够且平衡的免疫营养剂和其他营养物质，才能提高奶牛的非特异性抵抗力。

药物预防与治疗技术：规模化奶牛场通过无病时药物预防和有病时的药物治疗，虽然能起到一定的作用，但会导致耐药菌的大量产生，牛奶中出现抗生素，所以要尽量通过前 3 种方法，尽可能少用或者不用抗生素，提倡中药治疗和预防疾病。

1. 奶牛场生物安全防护体系建设 奶牛场生物安全体系包括隔离、生物安全通道、卫生消毒、动物免疫、健康监测、牛群净化、人员管理、物流控制等要素。

（1）隔离 隔离措施主要包括空间距离隔离和设置隔离屏障。

①空间距离隔离 奶牛养殖场场址应选择在地势高燥、水质良好、排水方便的地方，远离交通干线和居民区 1 000 米以上，距离其他饲养场 1 500 米以上，距离屠宰场、畜产品加工厂、垃

坂及污水处理厂 2 000 米以上。

根据生物安全要求的不同，奶牛场区划分为生产区、管理区和生活区，各个功能区之间的间距不少于 50 米，奶牛圈舍间距离不应少于 10 米。

②隔离屏障　隔离屏障包括围墙、防疫壕沟、绿化带等。

奶牛场应设有围墙，将奶牛场从外界环境中明确划分出来，起到限制场外人员、动物、车辆等随意进出养殖场的作用。围墙外建立绿化隔离带，场门口设警示标志。生产区、管理区和生活区之间设围墙或建绿化隔离带。在远离生产区的下风向区建立隔离观察室，四周设隔离带，重点对疑似病牛进行隔离观察。有条件的奶牛场建立真正意义上的、各方面都独立运作的隔离区，重点对新进场动物、外出归场的人员、购买的各种原料、周转物品、交通工具等进行全面的消毒和隔离。

（2）生物安全通道　具有两方面的含义：一是进出奶牛场必须经过生物安全通道，二是通过生物安全通道进出奶牛场可以保证安全。

奶牛场应尽量减少出入通道，最好是场区、生产区和奶牛舍只保留 1 个经常出入的通道；生物安全通道设专人把守，限制人员和车辆进出，并监督人员和车辆执行各项生物安全制度；设置必要的生物安全设施，包括符合要求的消毒池、消毒通道、装有紫外线灯的更衣室等；场区道路实现硬化，清洁道和污染道分开且互不交叉。

（3）消毒　分为预防性消毒，紧急消毒。奶牛场根据生产实践，结合牛场防控其他动物疫病的需要，选择使用。常用消毒药有：氢氧化钠（烧碱、火碱、苛性钠），石灰乳，过氧乙酸，次氯酸钠，新洁尔灭，百毒杀等。

①预防性消毒　主要包括环境消毒、人员消毒、圈舍消毒、用具及运载工具消毒、带牛消毒等。

环境消毒：奶牛养殖场周围及场内污水池、粪收集池、下水道出口等设施每月应消毒1～2次。奶牛场大门口应设消毒池，长度4.5米以上、深度20厘米以上，池上方应建有顶棚，防止日晒雨淋，每周更换消毒液2～3次。牛舍周围环境每周消毒1～2次。

人员消毒：工作人员进入生产区要更换清洁的工作服和鞋帽；工作服和鞋帽应定期清洗、更换，清洗后的工作服晒干后应用消毒药剂熏蒸消毒20分钟，工作服不准穿出生产区。工作人员穿上生产区的水鞋或其他专用鞋，经过消毒间脚踏消毒池后进入生产区。

圈舍消毒：圈舍的全面消毒按牛舍排空、清扫、洗净、干燥、消毒、干燥、再消毒顺序进行。

用具及运载工具消毒：出入牛舍的车辆、工具定期消毒，可采用紫外线照射或消毒药喷洒消毒。

带牛消毒：带牛消毒的关键是要选用杀菌（毒）作用强而对牛无害，对塑料、金属器具腐蚀性小的消毒药。常选用0.3%过氧乙酸，0.1%次氯酸钠、菌毒敌、百毒杀等。选用高压动力喷雾器或背负式手摇喷雾器，将喷头高举空中，喷嘴向上以画圆圈方式先内后外逐步喷洒，使药液如雾一样缓慢下落。要喷到墙壁、屋顶、地面，均匀湿润和牛体表稍湿为宜，不得直喷牛体，雾粒直径应控制在80～120微米。通常与通风换气措施配合消毒。

②紧急消毒　首先对圈舍内外消毒后再进行清理和清洗。将牛舍内的污物、粪便、垫料、剩料等各种污物清理干净，并做无害化处理。所有病死牛、被扑杀牛及其产品、排泄物及被污染或可能被污染的垫料、饲料和其他物品进行无害化处理。

无害化处理可以选择深埋、焚烧等方法，饲料、粪便也可以堆积发酵或焚烧处理。

牛舍墙壁、地面，用消毒液喷雾或喷洒消毒。对所有可能被污染的运输车辆、道路所有角落和缝隙用消毒液消毒后再用清水冲洗，不留死角。车辆内物品也要做好消毒。参加疫病防控的工作人员及其穿戴的工作服、鞋、帽及器械等都应严格消毒。消毒方法可采用消毒液浸泡、喷洒、洗涤等。消毒过程中所产生的污水应作无害化处理，不能随意排放。

③消毒注意事项　在生产过程中保持内外环境的清洁非常重要，清洁是发挥良好消毒作用的基础。养牛场区要求无杂草、垃圾；场区净、污道分开；道路硬化，两旁有排水沟，沟底硬化，不积水；排水方向从清洁区流向污染区。根据不同消毒药物的消毒作用、特性、成分、原理、使用方法及消毒的对象、目的、疫病种类，选用两种或两种以上的消毒剂交替使用，但更换频率不宜太高，以防相互间产生化学反应，影响消毒效果。消毒操作人员要佩戴防护用品，以免消毒药物刺激眼、手、皮肤及黏膜等。消毒剂稀释后稳定性变差，不宜久存，应现用现配，一次用完。配制消毒药液应选择杂质较少的深井水或自来水。寒冷季节水温要高一些，以防引起奶牛受凉而患病；炎热季节水温要低一些，并在气温最高时消毒，以便同时起到防暑降温的作用。喷雾用药物的浓度要均匀，不易溶于水的药应充分搅拌溶解。生产区及圈舍前消毒池内药液应定期更换。

（4）人员管理

①人员行为规范　进入奶牛场的所有人员，一律先经过门口的消毒室，脚踏消毒池（垫）、消毒液洗手、紫外线照射或气雾消毒等措施消毒后方可入内；所有进入生产区的人员按指定通道出入，必须坚持"三踩一更"的消毒制度。即：场区门前消毒池（垫）、更衣室更衣和消毒液洗手、生产区门前消毒池消毒后方可入内。外来人员禁止入内，并谢绝参观。若生产或业务必要，经消毒后在接待室等候，借助录像了解情况。若系生产需要（如专家指导）也必须严格按照生产人员入场时的消毒程序消毒入场；任何人不准带食物入场，更不能将生肉及含肉制品的食物带入场内，场工和食堂均不得从市场采购肉品；在场技术员不能到

其他奶牛场进行技术服务；奶牛场工作人员不能在家自行饲养口蹄疫病毒易感染偶蹄动物；饲养人员各负其责，一律不准窜区窜舍，不互相借用工具；不得使用国家禁止的饲料、饲料添加剂及兽药，严格落实休药期规定。

②管理人员职责　负责对员工和日常事务的管理；组织各环节、各阶段的兽医卫生防疫工作；监督奶牛场生产、卫生防疫等管理制度的实施；依照兽医卫生法律法规要求，组织淘汰无饲养价值、怀疑有传染病的动物，并进行无害化处理。

③技术人员职责　协助管理人员建立奶牛场卫生防疫制度；根据奶牛场实际情况，制订科学的免疫程序和消毒、检疫、驱虫等工作计划，并参与组织实施；及时做好免疫、监测工作，如实填写各项记录，并及时做好免疫效果分析；发现疫病、异常情况及时报告管理人员，并采取相应预防控制措施；协助、指导饲养人员和后勤保障人员做好奶牛进出、场地消毒、无害化处理、兽药和生物制剂购进及使用、疫病诊治、记录记载等工作。

④饲养人员职责　认真执行奶牛场饲养管理制度；经常保持牛舍及环境卫生，做好工具、用具的清洁与保管，做到定时消毒；细致观察饲料有无变质，注意观察奶牛采食和健康状态，排粪有无异常等，发现异常，及时向兽医报告；协助技术人员做好防疫、隔离工作；配合技术人员实施日常监管和抽样；详细做好每天生产记录，及时汇总，按要求及时向上汇报。

⑤后勤保障人员职责　门卫做好进、出人员的记录；定期对大门外消毒池进行清理、消毒药更换工作；检查所有进出车辆的卫生状况，认真冲洗并做好消毒；采购人员做好原料采购，原料要从非疫区购进，原料到场后交付工作人员在隔离区消毒。

（5）**物流管理**　有效的物流管理可以切断病原微生物的传播。①奶牛场内畜群、物品按照规定通道和流向流通；②奶牛场应坚持自繁自养，必须从外场引进种畜时，要确认产地为非疫区，引进后隔离饲养14天，观察、检疫、监测、免疫，确认健康后方可并群饲养。③犊牛圈或犊牛岛实行全进全出制度，出岛后，圈舍地面要严格清扫和消毒，空圈14天以上方可进牛。④牛出场时要对牛群的免疫情况进行检查并做临床观察，无任何传染病、寄生虫病症状迹象和伤残情况方可出场，严格禁止牛带病出场；运输工具及装载器具经消毒处理，才可带出。⑤杜绝同外界业务人员的近距离接触，杜绝使用经销商送上门的原料；采购人员从由农业部颁发的经营许可证的饲料生产企业采购。严禁使用残羹剩饭饲喂。限制采购人员进入生产区，原料采购回来后交付其他工作人员检验合格后方可入场使用。⑥废弃物进行无害化处理达标后才能排放。病牛尸体、皮毛的处理按 GB 16548—2006 规定执行。

（6）**疫情监测** 监测措施是牛场疫病防控和流行病学调查的重要内容和手段之一，所有影响疫病发生与扩散的风险因素都属于疫情监测的范围。

①监测范围

牲畜：牛场内所有易感牛发病、带毒（菌）及抗体水平的检测；

场区内环境：圈舍、饲料、饮水等带毒监测；

场区外环境：场区周边的疫情动态，包括疫情调查、牲畜过往活动情况。

②监测频率

集中监测：口蹄疫每年监测2次，分别在秋春注射疫苗后的第30天和第90天进行。春季集中在5月底前完成，秋季集中监测在11月底前完成。种牛奶牛90%监测。布鲁氏菌病，血清学监测每年春、秋各监测1次；病原学监测每年1次，种牛奶牛，100%监测。结核菌病每年春、秋各监测1次，初生犊牛，20日龄进行第一次监测，100～120日龄进行第二次监测。种牛奶牛，90%监测。

日常监测：由各养殖场根据实际情况随时自行监测，必要时，结合当地传染病流行状况增加监测次数。一旦发现疑似病例，应紧急封锁疫点，控制发病牛及同群牛，并立即报告相关部门。

③监测内容和方法

临床检查：由饲养人员每日例行临床检查，仔细观察牛群是否有口蹄疫、布鲁氏菌病、结核病临床症状。一旦发现异常情况，应立即报告牛场负责人和兽医诊疗室工作人员。

实验室检测：进行病原和血清学抗体检测。

【口蹄疫检测技术】 规模牛场阶段抽查采样，采用临床监测和实验室监测、血清学检测和病原学检测相结合的方式。

1. 检测方法

（1）免疫抗体检测 液相阻断酶联免疫吸收试验（LB-ELISA）用于口蹄疫免疫抗体水平的检测和评价，是世界动物卫生组织（OIE）推荐的国际标准方法之一。根据口蹄疫的流行和免疫情况，有时需检测多个血清型的免疫抗体。正向间接血凝试验（IHA）适用于口蹄疫免疫抗体水平的大规模普查。虽非国际标准方法，但因其操作简便、价廉，在基层兽医实验中仍有较大应用价值。

（2）感染状况检测 采用非结构蛋白（3ABC）酶联免疫吸附试验（NSP-ELISA）检测感染抗体。即应用非结构蛋白3ABC进行ELISA试验，检测血清中的口蹄疫感染抗体，是OIE推荐的国际标准方法之一，其检测结果是判定牛是否感染口蹄疫的主要依据。

2. 判定 对非结构蛋白感染抗体ELISA检测呈阳性的牛，采集其食道/咽部分泌物（O/P液），用反转录—聚合酶链式反应（RT-PCR）方法检测病原，可由规模化奶牛场实验室完成。

若RT-PCR方法检测结果为阴性，间隔15天再采样1次，检测阳性，则判定为感染口蹄疫畜群。

3. 样品采集

采样原则：根据检验目的采集相应样品，采集样品要有代表性，样品的采集、保存、运输要按照国家有关法规和行业技术标准进行。

采样数量：样品采集总量应根据奶牛场规模确定，基本原则是符合统计学要求。10 000 头以上按 3%、5 000～10 000 头按 4%、2 500～5 000 按 5%、1 000～2 500 按 6%、500～1 000 头按 8% 的比例采集血清。按照该项目净化方案，对选定的奶牛场全部牛群进行 100% 采样检测。

采样时间：为监测奶牛场牛群血清抗体水平，评估疫苗免疫效果，应分别在注苗前和注苗后 30 天采集血清样品进行检测。采样时间结合春秋防疫工作，监测采样时间规定在春季 3～5 月份、秋季 10～11 月，最好在口蹄疫免疫 21 天后（1 个月左右）。春秋两季口蹄疫、布鲁氏菌病、结核病血清学监测和口蹄疫免疫效果评价的采样同时进行，这样可以减少规模牛场采样和准备工作量，也减少对牛的干扰。

采血：规模牛场 100% 采血，每头 10 毫升，分离血清，分装 4 份，分别用于口蹄疫、布鲁氏菌病、结核病检测（如果 3 种疫病监测在同一实验室完成，可以适当减少采血量，分装 2 份），做好详细的采样记录。

4. 免疫效果评价　规模牛场只对口蹄疫实行强化免疫，免疫后需对免疫效果进行评价，可由规模奶牛场完成实验室检测，汇总上报检测结果。奶牛场原则上不进行布鲁氏菌病和结核病免疫接种，在布鲁氏菌病流行时，还可以通过加强免疫来控制布病的流行。牛免疫 21 天后，进行口蹄疫免疫效果检测。

结果判定：规模牛场 100% 进行血清学检测。

O 型口蹄疫：正向间接血凝试验，免疫后 30 天抗体效价 ≥ 2^5 为免疫合格；LB-ELISA 免疫后 30 天抗体效价 ≥ 2^6 为合格；亚 I 型和 A 型口蹄疫：LB-ELISA，免疫后 30 天抗体效价 ≥ 2^6 为合格。

效果评价：牛群免疫抗体合格率 80% 时，表明群体免疫水平达到国家规定要求。未达抗体合格标准的，应及时进行补免。牛群免疫抗体合格率在90%以上为合格。

（7）疫病净化 规模场疫病净化包括免疫、感染监测、隔离、淘汰阳性畜、消毒、无害化处理等技术环节。

①基本技术程序 牛场净化基本技术程序包括：实行自繁自养；加强卫生消毒措施、完善牛场生物安全防护体系建设，加强饲养管理水平，严格执行各项规章制度；对全场所有牛进行血清学或病原学检测，及时淘汰阳性动物；设立引种隔离检疫；所有引进牛隔离饲养，连续2次病原检测为阴性方可转入生产区饲养；采用临床监测和实验室检测相结合的方式，准确、及时地进行带毒监测；制定合理的牛场疫病监测和净化认证标准，连续3次免疫抗体检测合格、感染监测为阴性；连续组织3次传染病风险评估，结果应为低风险甚至无风险；组织专家进行验收。

②具体净化程序 规模奶牛场疫病的本底调查：为摸清口蹄疫、布鲁氏菌病和结核病免疫和疫病流行情况，结合春秋防工作，对选择的规模化养殖场的牛群进行全部采样和检测，根据检测结果，最终确定符合要求的作为示范项目研究的规模场。

③口蹄疫的净化 规模场牛群100%采样、检测。根据规模场牛群口蹄疫的污染状况，结合临床监测和实验室监测，进行口蹄疫野毒感染鉴别检测，评价疫苗免疫效果。采取加强免疫和净化淘汰相结合的方式。感染牛群实行每隔4个月强制免疫1次。对全群进行非结构蛋白3ABC抗体检测，阳性牛每隔15天，连续2次采集O/P进行病原学监测，阳性牛进行隔离，并逐步淘汰。口蹄疫净化牛群的判定标准为牛群中口蹄疫病毒非结构蛋白抗体阳性动物，连续3次采集O/P液进行病原学监测，结果皆为阴性。

（8）牛场传染病发生风险分析 通过对动物饲养数量和密度、动物及其产品流动、人员和物品流动、气候与环境等影响动物疫病疫情发生与扩散的风险因素的分析。了解动物疫病发生传播特点，有利于有效利用资源，有针对性地采取有效预防控制措施。

风险分析和风险管理越来越多地在环境保护、生态学、生物防治、食品、动物植物检疫、生物多样性等诸多领域得到应用。根据生产中存在的实际情况，将各项风险因子的判定标准分为符合要求、基本符合要求、不符合要求3个档次。采用了"定性风险分析"方法将风险级别划分为高风险、中等风险和低风险3个级别。高风险是指需要立即采取相应防范措施；低风险是指已具有很好或较好的防范措施；介于高低之间的中等风险，应逐步采取相应措施防范。

2. 奶牛免疫技术

（1）威胁我国奶牛的主要疫病　当前传染病对我国奶牛场的危害程度上来说，排在第一位的应该是病毒性腹泻，其次是布鲁氏菌病和牛传染性鼻气管炎。

①病毒性腹泻（BVD）　牛病毒性腹泻病毒是牛流产病例中最常见的病毒，之所以把它定为首位，是因为BVD能够引起机体的免疫抑制，使机体免疫力降低，易感于任何疾病。BVD致使发育胎儿的病理学复杂化，妊娠125天前，BVD能够导致胎儿死亡和流产、吸收、干尸化、发育异常或者胎儿产生耐受性能够正常出生，成为持续感染牛（PI牛）；妊娠125天后，BVD可能引起流产或者正常分娩出血清阳性的犊牛。持续感染的牛（PI牛）可以存活并妊娠，如果不发生流产，那么产下的犊牛一定也是PI牛，成为牛群里的持续传染源。

预防：应该集中清除PI牛并同时进行全群疫苗接种免疫。

②布鲁氏菌病　布鲁氏菌病是一种人兽共患传染病，常在妊娠后半期（约7个月左右）引起流产，如果感染流产布鲁氏菌，大约80%未接种的牛在妊娠后期流产。

通过母体血清学检测，并结合胎盘或胎儿的免疫荧光抗体染色可确诊。

预防：此病可从后备母牛的幼犊期开始接种疫苗，同时坚持每年进行 1～2 次血清学检验，对平板凝集试验阳性和可疑牛，要进一步进行试管凝集试验和补体结合试验，确诊的阳性病牛必须及时淘汰。已感染牛场可通过检测牛群、扑杀病牛和接种等手段减少其发病率。想要净化此病需要 10～20 年时间。

免疫程序：全群使用 S19 点眼结膜免疫，不会引起妊娠牛流产；以后每年只免疫后备母牛，4～5 月龄首免，6 月龄加强免疫，12 月龄转群时再次免疫。

效果评价：免疫完 1 个月后测全部牛的血清阳性，然后每个月测免疫牛直至转阴，主要监测免疫激起了多少抗体反应，以及抗体转阴率的变化。

③牛传染性鼻气管炎（IBR）在美国，IBR 是导致牛病毒性流产的主要原因。在未接种疫苗的牛群，流产率为 5%～60%。IBR 广泛分布，而且受到应激时复发，任何 IBR 阳性的牛都可能是病毒携带者。流产可发生在任何时间，但多发生在妊娠 4 个月到妊娠期满这段时间。观察发现，初产奶牛在其妊娠的任何阶段均可发生流产，经产奶牛多于妊娠 5～8 个月时流产。

根据牛红鼻头和排出脓性鼻液的特征性病变以及临床症状，可对该病做出初步诊断。多数病例，母体的抗体效价在流产时达到峰值。在暴发性流产的牛群中，能够检测到抗体效价升高。通过给牛群接种疫苗可控制此病。

推荐免疫程序：灭活苗：针对阳性牛群使用，每半年全群免疫 1 次，同时对 3 月龄后备母牛首免，4 月龄加强免疫。活苗：针对 IBR 阴性牛群使用。

免疫程序：干奶牛免疫。新生犊牛 20 日龄首免，50 日龄加强免疫。虽然跟推荐的 3 月龄首免，4 月龄加强免疫不同。免疫时间提前，但有较好的免疫效果。可以在妊娠 4～6 个月时再进行 IBR 免疫 1 次。

效果评价：疫苗分为基因标记苗和非基因标记苗，检测所有饲喂初乳前新生犊牛血清阳性率（使用基因标记苗）。

（2）**注射疫苗引起免疫应激反应的预防措施**　为了防止免疫应激，注射疫苗前3天，日粮减少1/3，同时每头牛增加瘤胃调控剂。在疫苗注射前1周，饮水中加电解质多维。

（3）**预防应激反应在先**　注射免疫后引发奶牛发生疾病并非全部是免疫引发的，很多是该牛存在潜在性疾病，为了降低免疫后疾病不发生，可在注射疫苗前2小时，对精神不佳，食欲不好的牛和妊娠母牛，先肌内注射肾上腺素4毫升、黄体酮10毫升，30分钟后注射疫苗，1小时内完成疫苗注射。

主要疫病免疫程序见表1-3。

表1-3　各种疫苗免疫程序

	常用疫苗免疫程序
免疫注意事项	所有疫苗入库时必须做好登记（生产厂家、生产日期、有效期、注意事项等）
	免疫工作必须由熟练兽医人员进行操作，而且免疫后注意观察牛只异常反应
	疫苗应避免阳光照射，而且应尽快使用
	皮下注射时应用（12×15）号针头，肌内注射时用（12×25）号针头
	免疫用过的针头，瓶，破损注射器，手套等都要做集中收集，集中焚烧处理，不得随意丢弃
	如果遇其他疫苗进行免疫，间隔15天后才可进行免疫
	免疫时应把每圈没进栅的散牛集中起来再进行免疫，严禁打飞针
	免疫时要集中免疫，缩短免疫时间，确保免疫准确性，防止因调牛，混圈等原因造成的漏免
	如果注射时将操作者手划伤，应及时用碘酊消毒。必要时口服抗生素治疗
免疫注意事项	每次免疫的前1天通知饲养部门
	免疫之前必须检查疫苗是否过期，不能使用过期药
	锁牛时间不能超过1小时
	散牛集中免疫时为了避免漏免，免疫一头牛用喷漆的方式做标记或录像

续表 1-3

	常用疫苗免疫程序		
	口蹄疫疫苗免疫程序	IBR 免疫程序	布鲁氏菌病疫苗免疫程序
名称	口蹄疫O 型、亚洲Ⅰ型、A 型三价灭活疫苗	IBR 疫苗，基因标记苗	布鲁氏菌病疫苗（S19）
贮藏	2℃～8℃冷藏，不得冻结。必须在注射疫苗前领出	2℃～6℃下冷藏。必须在注射疫苗前领出	2℃～8℃冷藏。必须在使用疫苗当天从库房领出
免疫方法	使用时摇匀，牛只全部肌内注射	肌内注射	点眼结膜免疫
剂量	不同厂家剂量不同	所有牛只不分月龄大小一律 2 毫升/头	一瓶剂量 50 头份
免疫时间	每年免疫 3 次，4 月份、10 月份、12 月份	每月进行相应牛群免疫 1 次	每月进行相应牛群免疫 1 次
免疫条件	4 月龄以上的所有牛（包括 4 月龄）青年牛、挤奶牛	每半年全群免疫 1 次，同时对 3 月龄后备母牛首免，4 月龄加强免疫	首免满 4～5 月龄，次免满 6 月龄，12 月龄再免
注意事项	免疫时用一次性注射器。肌内注射必须用（12×25）号针头，保证在肌内注射。免疫前必须准备好抗过敏药物。肾上腺素；皮下注射肾上腺素 2 毫升/次	免疫时用一次性注射器。肌内注射必须用 12×25 号针头，保证在肌肉内注射	接种操作人员在操作过程中应做好自身防护，如眼镜、口罩等。而且不要将受损皮肤暴露在空气中。如果在操作过程中皮肤划破，要用碘酊紧急消毒，10 天以后去做血液测定。使用完的器具集中高温销毁处理

3. 规模化奶牛场奶牛疾病预警与控制技术体系的构建 牧场重大疫病的控制流程为：体温自动手机平台获取发热信号，传送给兽医，兽医追踪发热牛做流行病学调查和临床诊断。做出初步诊断，采取相应病料送第三方检验中心进行病原学诊断，并将

信息传送给兽医中心，中心制定预防和消毒程序，由临床兽医执行落实。其中预警诊断环节十分重要。规模化奶牛场重大疫病预警诊断流程：重大疫病信号捕捉：猝死、发热、流产、腹泻、呼吸困难、流涎、出血、休克→分类：猝死、流产、高热病死亡，高热死亡率低→调查流行病学特征→根据流行病学特征和症状，提出可能性疾病（禁止在牛场内进行解剖病死牛）→按照检测需要，无菌采取病料、贮藏、快速送进实验室→实验室检验诊断→出具检验报告→制定防控方案→召开技术员工作部署会议，传达工作方案→严格工作流程，防止疫情扩散和人员感染→密切观察工作效果，随时改进工作方案和沟通协调会议→撰写疫情总结报告、修订防疫制度和防疫措施→开展疫病净化评估、认证的持续性工作。

规模化奶牛场奶牛疾病预警与控制技术体系的构建见图1-2。规模化奶牛场重大疫病预警与控制技术见图1-3。

4. 奶牛重大疫病净化技术

（1）奶牛口蹄疫净化评估技术

①净化标准 同时满足以下要求，视为达到免疫净化标准（控制标准）：牛群抽检，口蹄疫免疫抗体合格率90%以上；连续2年以上无临床病例，牛群抽检，口蹄疫病原学检测阴性；现场综合审查通过。

②免疫净化评估实验室检测方法 见表1-4。

表1-4 免疫净化评估实验室检测方法

监测项目	检测方法	抽样种群	抽样数量	样本类型
病原学检测	PCR	奶牛	按照证明无疫公式计算：置信度95%，预期流行率3%	O～P
口蹄疫免疫抗体	ELISA	奶牛	按照预估期望值公式计算：置信度95%，期望90%，误差10%	血清

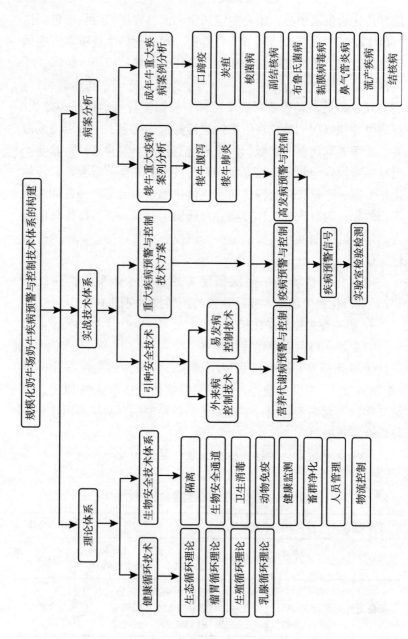

图1-2 规模化奶牛场奶牛疾病预警与控制技术体系的构建

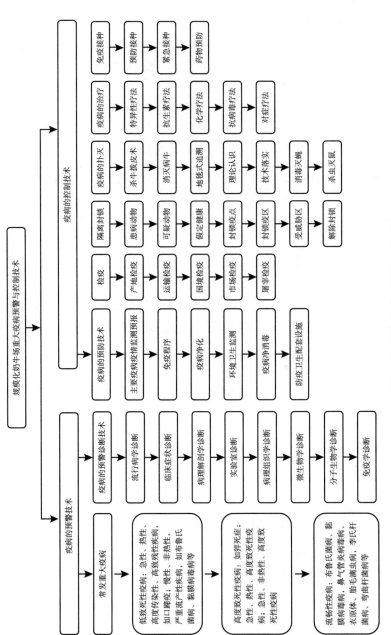

图 1-3　规模化奶牛场重大疫病预警与控制技术

（2）奶牛布鲁氏菌病净化评估技术

①净化标准　同时满足以下要求，视为达到非免疫净化标准（控制标准）：牛群抽检，布鲁氏菌抗体检测阴性；连续 2 年以上无临床病例；现场综合审查通过。

②净化评估实验室检测方法　见表 1-5。

表 1-5　净化评估实验室检测方法

监测项目	检测方法	抽样种群	抽样数量	样本类型
布鲁氏菌抗体	虎红平板凝集试验及试管凝集试验	成奶牛	按照证明无疫公式计算：置信度 95%，预期流行率 3%	血清

（3）奶牛结核病净化评估技术

①净化标准　同时满足以下要求，视为达到非免疫净化标准（控制标准）：牛群抽检，牛结核菌素皮内变态反应阴性；连续 2 年以上无临床病例；现场综合审查通过。

②净化评估实验室检测方法　见表 1-6。

表 1-6　净化评估实验室检测方法

监测项目	检测方法	抽样种群	抽样数量	样本类型
免疫反应	牛结核菌素皮内变态反应	奶牛	按照证明无疫公式计算：置信度 95%，预期流行率 3%	牛体

三、奶牛病毒性传染病

（一）口 蹄 疫

口蹄疫（FMD）是由口蹄疫病毒（FMDV）引起偶蹄动物的一种急性、热性、高度接触性的一类动物疫病。

【病　原】　口蹄疫病毒（FMDV）分为 7 个血清型，即 O、A、C、南非 I（SAT1）、南非 II（SAT2）、南非 III（SAT3）和亚洲 I 型，各血清型间无交叉免疫；在同一血清型中可分为不同的基因型 / 拓扑型，基因型不仅明确反映各毒株之间的亲缘关系，还进一步反映了不同分离毒株的遗传关联和地域特征。

目前主要流行的有 O 型、Asia I 型和 A 型。O 型包括 8 个拓扑型，分别为：中国型（Cathay）、中东 – 南亚型（ME-SA）、东南亚型（SEA）、欧洲 – 南美型、印尼 1 型（ISA-1）、印尼 2 型（ISA-2）、东非型（EA），西非型（WWA）。O 型是 FMDV 临床分离毒株中最常见的血清型，其中近年来大多数分离株属于 ME～SA 拓扑型中的泛亚谱系，而我国最近流行的 O/MYA 98 毒株则属于 SEA 拓扑型中的 Mya 98 谱系，该谱系还包括以前称之为耿马谱系的 1997 年 GM 毒、2002 年 GM 华南支系，2003 年 GM 北方支系的流行毒株。

Asia I 型：不同分离株间核苷酸差异仅为 15.6%，比其他血清型中不同病毒分离株间核苷酸差异低，因此现在没有将其分为不同的基因型 / 拓扑型。

A 型：包括 3 个地域分明的拓扑型，分别为：欧洲 – 南美型、亚洲、非洲型。

高温和阳光（紫外线）对病毒有毁灭作用，在直射阳光下，经 60 分钟就可死亡；加温 85℃ 15 分钟，煮沸 3 分钟即可死亡。因此，在炎热环境下很难发生大流行传播。

病毒对酸碱作用敏感，1%～2% 氢氧化钠、30% 热草木灰水溶液，1%～2% 甲醛溶液等是良好的消毒药。

【诊　断】

（1）流行病学诊断　口蹄疫主要以每年的 10 月份至翌年 3 月份发病，1～2 月份流行最严重。所以，每年立春之日前 2 周，必须完成口蹄疫疫苗注射。4～8 月份有零星散发，但传播不广。

病毒进入牛体的门户主要是消化道，其次为黏膜、损伤的皮肤，呼吸道，潜伏期1～3天。在没有免疫的地区，经常群发，表现为忽然发现，病牛体温升高至40℃以上，首先见到乳头水泡，继而口腔水疱、流涎、口腔发出抽吸声，口唇歪斜，多在2天内牛群发病率超过90%。1头牛经过2次口蹄疫的洗礼，即便是治愈，牛群平均泌乳单产几乎没有超过20千克/日，无论饲养管理再好，到年底算账，都是亏钱的，故口蹄疫没有很好的治疗的价值，只能进行免疫预防和净化。

病牛和潜伏期的带毒牛是最危险的传染来源。病毒主要存在于水疱皮和水疱液中；发热期存在于血液、乳汁、尿液、口涎、眼泪和粪便中。病初可排出大量毒力很强的病毒。病牛临床痊愈后，还可带毒3～4个月，长者5年以上，不断地感染后备牛。

（2）**症状诊断** 潜伏期一般为1～3天，有时可达14天。病牛体温40℃～41℃，乳头、口腔出现水疱、流涎，发出咂嘴声，1～2天后，口流大量白色带血，恶臭泡沫，少数病牛张口不合，不吃不喝，消瘦十分明显，并衰竭。水疱经24小时破裂形成浅表的边缘整齐的红色烂斑，体温降至正常。病牛蹄冠和趾间的皮肤有红、肿、热、痛，迅速发生水疱，并破溃出现烂斑，跛行。病牛的乳头皮肤出现水疱和烂斑，迅速继发乳腺炎，很多牛群因为继发乳房炎难以控制，造成50%以上的病牛淘汰。犊牛口腔水疱、舌头糜烂、溃疡、黏膜脱落、高热、流涎、口吐白沫，常因急性心肌炎而突然死亡，病死率高达20%以上。

（3）**实验室诊断**

①口蹄疫检测 对牛群进行阶段抽查采样，采用临床监测和实验室监测、血清学检测和病原学检测相结合的方式进行监测。

免疫抗体检测：LB-ELISA用于口蹄疫免疫抗体水平的检测和评价，是OIE推荐的国际标准方法之一。根据口蹄疫的流行和免免疫情况，有时需检测多个血清型的免疫抗体。

正向间接血凝试验（IHA）适用于口蹄疫免疫抗体水平的大规模普查，虽非国际标准方法，但因其操作简便、价廉，在基层兽医实践仍有较大应用价值。

②感染状况检测　采用 NSP-ELISA 检测感染抗体。即应用非结构蛋白 3ABC 进行 ELISA 试验，检测血清中的口蹄疫感染抗体，这是 OIE 推荐的国际标准方法之一，其检测结果是判定奶牛是否感染口蹄疫的主要依据。

感染、带毒检测：对非结构蛋白感染抗体 ELISA 检测呈阳性的牛，采集其食道 / 咽部分泌物（O/P 液），用 RT-PCR 方法检测病原。

③判定　若 RT-PCR 方法检测结果为阴性，间隔 15 天再来采样 1 次，RT-PCR 检测阳性，则为感染口蹄疫畜群。

【防　控】　定期注射口蹄疫三联疫苗。以养殖小区为单元，或者养殖村委、县、市为单元，或者以养殖区域，养殖集团为单元，在区域内严格执行口蹄疫防控技术体系，即疫苗注射一致性，免疫注射同步，实现免疫注射全覆盖，把易感动物变成不易感动物。

（1）**免疫动物的准备**　为了防止免疫注射引起的免疫应激的发生，可以采取以下具体措施：①在牛群疫苗注射前 3 天，日粮减少 1/3，同时每头牛增加预混料喂量和优质粗饲料 3～5 千克，或者在疫苗注射前 1 周，饮水中加电解质多种维生素，日粮中添加瘤胃功能促进剂，比如瘤胃宝、酵母类产品、酶制剂等。②预防潜在性疾病的发生。在给一个牛圈内的牛注射疫苗前 20 分钟，组织有经验的兽医，对该圈牛进行临床检查，凡是精神不佳、食欲不好、瘤胃充盈度不够、呆立、被毛逆立的疑似病牛，特别是妊娠疑似病牛，做标记，组织人员先给这些标记为疑似病牛肌内注射肾上腺素 6 毫升，黄体酮 10 毫升，30 分钟后给这些疑似病牛注射疫苗。疑似病牛注射疫苗完成后，再给剩下的健康牛注射疫苗。疫苗注射后 3 天内，每天巡查 3 次，挑出有病症的牛进行对症治疗。

（2）**免疫程序**　使用的疫苗为口蹄疫 O 型 – 亚洲 I 型 –A 型

三价灭活疫苗。

①新疫区　每季度注射 1 次三联疫苗，及 3、6、9、12 月份分别注射。每次注射疫苗时，按照免疫程序，不分妊娠与否、不分大小牛，按照说明书剂量注射。

②老疫区　每年 9 月 1 日首次免疫，9 月 21 日第二次免疫，12 月 15 日第三次免疫，当年出生的后备牛首先要免疫，并且必须强化免疫。每年 10 月份至翌年 3 月份出生的犊牛，出生后第 45 日龄首次免疫，第 75 日龄再加强免疫 1 次。在进行奶牛公牛育肥牛场，母牛在分娩前 21 天，可以加强一次口蹄疫苗和犊牛腹泻苗的免疫注射，一定要喂好初乳。异地调入的种用或非屠宰奶牛，在调运前 2 周进行一次口蹄疫三联苗免疫注射，14 天后开始运输。

③发生疫情时　要对疫区、受威胁区域的全部易感动物进行一次三联苗的紧急免疫，但对最近 1 个月内已免疫的牛可以不再注射免疫。

（3）**监测**　免疫接种后 21 天，进行免疫效果监测，存栏家畜免疫抗体合格率 ≥ 90% 判定为合格。

【治　疗】

（1）**犊牛、育成牛治疗**　发热牛注射磺胺嘧啶钠 20～40 毫升，安痛定（阿尼利定）10～30 毫升，病毒灵（吗啉胍）10～30 毫升，每天注射 2 次。毒瘟清或 3% 紫药水喷洒乳头和口腔，促进结痂，收敛伤口止痛。

（2）**泌乳牛治疗**　由于大群发病，为了提高治疗效果，治疗人员分 3 组，分别为治疗口腔和蹄部组，治疗乳房组、全身用药组。

口腔和蹄部治疗，用喷雾器装 0.25% 普鲁卡因水溶液 +0.01% 新洁尔灭冲洗口腔或者用 2% 普鲁卡因喷洗口腔；严重张口不合牛，用生理盐水 5 毫升 + 青霉素 1 支 +2% 普鲁卡因注射液 10 毫升混匀，注射在两侧的咬肌上，同时用毒瘟清喷洒乳头和口腔水疱。这样可以有效缓解口腔疼痛，有利于病牛饮水，缓解脱水。

蹄部冲洗如同口腔。

乳房炎治疗，用蜂胶毒瘟清喷洒乳头，或用3%紫药水喷洒乳头水疱处，促进结痂，收敛伤口。发热牛注射磺胺嘧啶钠40毫升，安痛定30毫升，病毒灵30毫升，或者氨苄西林12克＋生理盐水500毫升＋2%普鲁卡因50毫升，分别注射于发炎乳池内或乳房基底部。

全身治疗，本病的病理症状主要是脱水，唾液流失造成瘤胃酸中毒，疼痛，乳房感染，继发细菌感染等。当发生口蹄疫时每天在饮水中添加电解质多种维生素可以显著地提高病牛的耐受力和治愈率。

上处方推荐

发热期牛：生理盐水500毫升，5%糖盐水1 000毫升，5%碳酸氢钠500毫升，25%葡萄糖500毫升，维生素C 30毫升，安乃近30毫升，四环素5克，10%浓盐水500毫升，一次静脉注射，每天1次，连续4天。

产后期牛：25%葡萄糖1 000毫升＋氢化可的松100毫升＋维生素C 100毫升；复方氯化钠500毫升分开＋氨苄西林6克；复方氯化钠250毫升＋安痛定100毫升；复方氯化钠250毫升＋呋塞米40毫升；复方氯化钠250毫升＋20%樟脑磺酸钠30毫升；10%氯化钠500毫升；5%氯化钙250毫升（10%葡萄糖酸钙1500毫升），一次静脉注射，每天1次，连续4天。

全群牛，饮水添加电解质多种维生素，连续30天。

（二）牛病毒性腹泻－黏膜病

牛病毒性腹泻－黏膜病是由牛病毒性腹泻病毒（BVDV）引起的牛的一种急性、热性、接触性传染病。BVDV感染以流产、腹泻、口腔黏膜糜烂为主要特征。

该病毒（BVDV）能通过胎盘感染妊娠牛，引起因流产、死产或犊牛未成年死亡。若感染妊娠40～120天的母牛，则其所幸存下来的新生犊牛对该病毒有"免疫耐受"现象，并转化为传染源（持续感染牛，PI）。PI是牛病毒性腹泻病毒传播的传染源。

【病　原】　病原是黄病毒科瘟病属的成员，BVDV只有1种血清型，但BVDV各毒株之间存在有抗原的多样性。根据BVDV细胞培养时是否产生细胞病变效应（CPE），将BVDV分为致细胞病变型（CP）和非细胞病变型（NCP）两类。研究表明，只有NCP型BVDV才能引起持续感染牛产生，但是CP型毒株也可以通过胎盘感染胎儿。由于CP型毒株不会引起持续感染牛的产生，因此目前大都使用CP型BVDV毒株生产疫苗。

【诊　断】

（1）流行病学诊断　BVD具有高度传染性，其症状和病变较轻，发病率高但死亡率低。各年龄段的牛均易感染，其中6～18月龄的后备牛易感染。该病全年均可发生，无明显的季节性，主要呈地方流行性。临床症状一般不明显，大多数呈亚临床性或只有轻微的临床症状，2岁以上牛可以检出。

（2）症状诊断　潜伏期7～14天。按临床表现，分为急性和慢性两种类型。

①急性型　发病中突然体温升高至40℃～42℃，随着体温升高白细胞减少，继而呈现轻度的沉郁、食欲不振、腹泻和口鼻分泌物增多，偶见口腔糜烂或溃疡的病变，呼气恶臭。通常在口腔损害之后出现严重腹泻，稀便带黏液和血。

BVDV感染的妊娠母牛，一般无临床症状，但病毒可以通过胎盘感染胎儿，导致胎儿被吸收、流产、产木乃伊胎、死胎或弱胎，或产下先天性缺陷犊牛（如小脑发育不全），患犊可能出现共济失调或不能站立，有些为盲目。

②慢性型　病牛体温升高或波动不明显。鼻镜糜烂，烂斑融合，但口腔内很少有糜烂，齿龈通常发红。眼常有浆膜性分泌物。蹄叶炎及趾间糜烂坏死，跛行。皮肤产生许多皮屑，颈部和耳后最明显。多数病牛死于2～6个月内，有些也可拖至1年以上。

（3）**病原学诊断**　临床上出现发热、腹泻及黏膜损伤症状时，尤其是口腔发现溃疡时，就应该怀疑 BVDV。

目前有市售 BVDV 抗体检验试剂盒，使用 BVDV 抗原检验试剂盒有助于临床诊断。

【净化技术】　此病目前无法治疗，大多采用疫苗免疫和净化的方法进行防控，检测和淘汰持续感染牛是切断此病的最佳途径，目前比较好的检测方案主要有 3 种：

（1）**方案 1**　首次成本大、操作简单。

第一步，检测牧场全部现存奶牛，抗原阳性牛在第一次检测后 30 天再检测，若再次阳性，则淘汰此阳性牛。

第二步，检测出生后 30 天以内的全部新生犊牛，阳性牛淘汰。

第三步，自首次检测日算起若 2 年内没有抗原阳性牛出现，则表明净化完成。

（2）**方案 2**　成本最合理，操作有点烦琐。

第一步，对没有投产的奶牛（即育成、青年、犊牛）全部进行 BVD 抗原检测。

第二步，抗原检测为阴性牛的母亲不用再检测抗原，抗原阳性牛的母亲必须再次检测抗原。

第三步，检测全部剩余的没有后代或流产等的奶牛。

第四步，所有抗原阳性牛在第一次检测后 30 天再检测 1 次，若再次阳性，则淘汰此阳性牛。

第五步，以后在出生后 30 天以内检测新生犊牛，阳性牛则等 30 天后再次确诊，若抗原阳性则淘汰。

第六步，自首次检测日算起若 2 年内没有抗原阳性牛出现，则表明净化完成。

（3）**方案 3**　逐步净化、首次投入少，净化时间长。

第一步，检测现存的全部未投产牛的抗原，若阳性，按上述阳性中处理方法进行。

第二步，在第一次检测完成后，每年检测全部新生犊牛，阳性牛按上述方法处理，连续检测 3～4 年，若不再检测出阳性，则按方案 1 进行跟踪。

（三）牛传染性鼻气管炎

牛传染性鼻气管炎（IBR）又称"坏死性鼻炎""红鼻子病"，是由牛 I 型疱疹病毒引起的一种牛的急性、热性、接触性传染病。临床表现鼻气管发炎，发热，咳嗽，流鼻液和呼吸困难等症状，伴发结膜炎、角膜炎、脓疱性外阴 - 阴道炎、龟头包皮炎、脑膜脑炎、子宫内膜炎和流产。属于国家规定的二类疫病。

【病　原】　牛传染性鼻气管炎病毒又称牛 I 型疱疹病毒。IBRV 只有 1 个血清型，可分为 BHV-1.1、BHV-1.2、BHV-1.3，3 个亚型，各型之间存在交叉免疫性。

【诊　断】

（1）**流行病学诊断**　肉牛易感、奶牛次之，各种年龄都易感，犊牛最易感时段为 20～60 日龄，并且极易造成死亡。潜伏期 2～6 天，病毒经过鼻腔进入动物体内，引起鼻腔黏膜发炎。生殖系统感染后，IBR-1 在阴道黏膜中繁殖并潜伏在荐神经节。本病在秋冬季节易流行。呼吸型 IBR 发病较高，死亡较低，但与巴氏杆菌混合感染，死亡率很高。

（2）**症状诊断**　本病毒能引起两种原发性感染，其中最常见的是原发性传染性鼻炎和流产，其次是传染性脓疱性外阴 - 阴道炎。根据临床表现可以分为 5 种类型。

①呼吸道型　最常见病型，任何年龄都可发生，但以育成牛最为严重。寒冷天气多发，严重时表现为体温升高 39.5℃～42℃，大量流泪，有多量黏液性脓性鼻液，鼻黏膜高度充血、出现溃疡，呼吸困难及张口呼吸，呼出气体恶臭，常并发深部支气管性咳嗽。有时可见血性腹泻。严重流行时，发病率高达 75% 以上，但死亡率在 10% 以下，呈一过性发病。

②生殖道型　多由交配造成感染。多表现为阴部轻度肿胀，带少量黏稠分泌物。阴道黏膜充血、大量小脓疱使阴道前庭及阴道壁形成广泛的灰色坏死膜，脱落后出现大面积溃疡。

③流产型　妊娠母牛感染该病毒时，病毒可经过胎盘感染胎儿，胎儿感染多为急性经过，可发生于母牛妊娠的任何时间，但多见于妊娠4～8周龄。多数流产发生于母牛感染后第20～52天期间，患病母牛常无流产先兆症状，流产后一般不出现胎衣滞留，流产胎儿多数已经自溶。IBR引起的流产通常见于呼吸道型而非生殖道型病例。

④脑膜炎型　主要发生于3～6月龄的犊牛。病犊共济失调，双耳或一侧耳朵耷拉下垂，严重者做圆圈运动，乱撞，阵发性痉挛，沉郁和兴奋交替出现，最终倒地，角弓反张，磨牙，口吐白沫，四肢划动而死亡。部分患牛眼睛失明，病程可持续4～5天。

⑤眼炎型　多由病毒经鼻泪管上延所致。临床上常见以结膜炎和角膜混浊为特征。一般无明显全身症状，持续7～9天，多数恢复正常。

（3）实验室诊断　对于本病的诊断方法包括包涵体检查、病毒分离、血清学及分子生物学技术。目前，临床上普遍使用诊断试剂盒进行诊断。

【预　防】　流行区域和受威胁地区，用牛传染性鼻气管炎弱毒疫苗或灭活疫苗进行免疫接种。

【治　疗】　目前无特异治疗方法，多采用对症疗法。

（四）狂　犬　病

狂犬病是由狂犬病病毒引起的主要侵害中枢神经系统的急性、接触性、高度致死性人兽共患传染病。临床特征是患病牛极度神经兴奋、狂躁和意识障碍，最后全身麻痹死亡。

【病　原】　狂犬病病毒属于弹状病毒科狂犬病病毒属。病毒对紫外线和氢氧化钠敏感。

【诊 断】

（1）**流行病学诊断** 奶牛患病多数是有传播媒介，如狐狸、蝙蝠的咬伤而传染。牛场中的野狗和流浪猫、狗是最值得怀疑的。奶牛零星发作，也有呈地方流行性，致死率100%。也发现骆驼群发致死，其传播媒介很可能是唾液经饮水造成传播。

（2）**症状诊断** 牛狂犬病的潜伏期平均1周左右。病牛精神沉郁，食欲减少，不久食欲和饮水停止，明显消瘦，腹围变小。随后，病牛精神狂暴不安，神态凶猛，意识紊乱，不断哞叫，声音嘶哑。不时磨牙，大量流涎，不能吞咽，瘤胃臌气，有的兴奋与沉郁交替出现，最后倒地不起，转入抑制状态，最后麻痹死亡，病程3～7天。

狂犬病解剖可见大脑出血、瘀血、水肿，内脏器官无肉眼可见病变。

（3）**实验室诊断** 发现疑似病牛，取脑组织和脑脊液送国家狂犬病参考实验室进行确诊。实验室诊断包括直接染色检查、病毒分离和血清学检验等。

【防 控】 规模牛场发现疑似病例禁止解剖和治疗。当发生疫情时，对所有同群牛进行狂犬病病原检测，阳性牛全部扑杀，无害化处理，阴性牛立即注射疫苗。与狂犬病病牛直接接触的人立即注射狂犬病疫苗。

【治 疗】 无特效治疗药物。

（五）副 流 感

牛副流行性感冒简称牛副流感，又称运输热，是由副流感3型病毒（PI3）引起的一种急性接触性、以侵害呼吸系统为主的传染病。以高热、高度呼吸困难为主要临床症状。流行范围广。

【病 原】 副流感3型病毒（PI3）属于副黏病毒科副黏病毒属成员。

【诊　断】

（1）**流行病学诊断**　本病主要经过飞沫传播，仅发生于牛，多见于长途运输，集中舍饲的牛。外界应激因素是导致该病发生的主要因素。病牛和带毒牛为主要传染源。病毒随分泌物排出，经呼吸道感染健康牛，也可以通过胎盘感染胎儿，引起流产和死胎。该病常与巴氏杆菌混合感染或继发感染，可加重病情。

（2）**症状诊断**　潜伏期为 2～5 天。病牛出现咳嗽，流浆液性鼻液，高热，精神沉郁，食欲不振，呼吸困难、常常并发脓性结膜炎，大量流泪。听诊肺部有湿性啰音，肺泡呼吸音消失，有时还可听到胸膜摩擦音。有些病例发生黏液性腹泻。多数病牛可在 10 天左右痊愈。妊娠母牛可能流产。发病率不超过 20%，病死率一般为 1%～2%。

（3）**实验室诊断**

病毒分离：无菌采集病料送相关实验室进行培养、分离、病毒鉴定。

血清学诊断：抗体检测具有临床意义。

【防　控】　接种疫苗。

【治　疗】　抗病毒药和抗生素联合使用，同时对症治疗。

（六）呼吸道合胞体病

牛呼吸道合胞体病是由呼吸道合胞体病毒引起的一种急性、热性传染病。犊牛发病严重，常继发细菌感染，死亡率很高。

【病　原】　牛呼吸道合胞体病毒（BRSV）为单分子负链RNA病毒目副黏病毒科肺病毒属成员。病毒对酸、碱敏感。

【诊　断】

（1）**流行病学诊断**　BRSV 一直认为是引起牛呼吸系统疾病的重要原因，可以引起犊牛和成年牛在任何季节发病。

（2）**症状诊断**　BRSV 引起牛群发病主要有两种途径：一是对于没有接触过 BRSV 的牛群，在初次接触 BRSV 后，后备牛和成母牛都会表现明显的呼吸道疾病症状；二是 BRSV 在牛群中呈地方流行性，此时，主要侵害后备牛，冬春发病较多。

急性性 BRSV 感染牛群后，主要症状是精神沉郁、食欲减退，高热（40℃～42℃），呼吸困难；犊牛流涎，咳嗽，流鼻液，呼吸困难，高热，张口呼吸，肺水肿。

（3）**实验室诊断** 病毒分离，抗原捕获酶免疫吸附法，血清学方法，PCR 技术等。

【防　控】 最有效的方法是免疫接种。

（七）牛轮状病毒病

轮状病毒病是由轮状病毒感染犊牛所引起的急性肠道传染病。犊牛轮状病毒病又称为牛白痢，以厌食、腹泻、脱水，发病后常在 24 小时内急性死亡为主要特征。

【病　原】 轮状病毒。

【诊　断】

（1）**流行病学诊断** 牛白痢可感染不同年龄牛，成年牛感染一般呈隐性经过，而 0～7 日龄犊牛对本病易感性很高，感染率可达 90% 以上。病牛和隐性患牛是本病的传染源，病毒主要存在于肠道内，随粪便排出污染饲料、饮水、垫草和土壤，经消化道传染给其他牛。痊愈后的牛可以再感染。

该病多发生在晚秋、冬季和早春季节。应激因素，特别是寒冷、潮湿、环境肮脏、营养不平衡以及继发性感染，对该病的严重程度和病死率均有很大影响。

（2）**症状诊断** 本病多发生在出生后 1 周内的犊牛，潜伏期 15～96 小时。病犊精神委顿，体温正常或略高。发病犊牛表现厌食、消化不良、腹泻，粪便黄白色、液状，有时带黏液和血液，脱水快，病死率可达 50%，病程 1～8 天。寒冷潮湿的恶劣气候，常使病犊腹泻后继发肺炎而死亡。

（3）**实验室诊断** 实验室确诊需进行电镜检查或免疫荧光

抗体技术。一般在腹泻开始 24 小时内采小肠及其内容物或粪便，进行 RT-PCR、荧光抗体检查和细胞培养。

【鉴别诊断】 本病应注意与犊牛大肠杆菌病、黏膜病毒病等以腹泻为特征的相似疫病做区别诊断。

【防 控】 给妊娠母牛在分娩前 1～3 个月接种轮状病毒灭活苗，分娩后加强初乳的饲喂管理可使新生犊牛获得坚强的被动免疫。产前，用 0.25% 甲醛、2% 苯酚、1% 次氯酸钠等对产房、犊牛舍和圈舍彻底消毒，保持环境卫生。产后立即隔离犊牛，在 1 小时内，让犊牛吃足初乳。把犊牛放入干燥、清洁、通风良好，保暖的犊牛舍。

【治 疗】 发现病例，应对犊牛舍彻底清扫、消毒，加强保暖等措施，并立即停止哺乳，代以葡萄糖盐水饮用，对病犊要服用抗生素、磺胺，防止继发性细菌感染；静脉输注葡萄糖盐水和碳酸氢钠，以防脱水和酸中毒。当群发腹泻时，可以给腹泻犊牛胃管投服 5 千克，口服补液盐水溶液。

四、奶牛细菌性传染病

（一）布鲁氏菌病

奶牛布鲁氏菌病是由流产布鲁氏菌所引起的人兽共患的一种慢性传染病。主要侵害生殖系统，以母牛生殖道和胎膜发炎、流产，公牛发生睾丸炎和各种组织的局部病灶为主要特征。

【病 原】 布鲁氏菌为革兰氏阴性短小杆菌，是细胞内寄生细菌，主要寄生在巨噬细胞。敏感药物有卡那霉素、庆大霉素、磺胺类，利福平。

【诊 断】

（1）流行病学诊断 布鲁氏菌可分为 10 种，不同种类的布鲁氏菌具有宿主倾向性。奶牛通常因为接触了感染动物的胎盘、羊水或阴道分泌物而感染。感染动物的乳汁，分泌物、排泄物、公牛精液都可以传播疾病。本病一年四季均可发生。潜伏期2周至6个月，呈地方性流行。育成牛6～8月龄出现初情期开始易感，随着年龄的增加，易感性增强。初次感染牛群传播速度极快，往往在3～5个月内使80%的牛感染。流产率超过50%以上，特别是头胎牛易发生流产，产出死胎或软弱犊牛。大多数母牛只流产1次，以后多数可以正常妊娠分娩，不出现流产，但终生带菌，不断感染新的后备牛，导致后备牛流产。

（2）**症状诊断**　感染母牛通常在妊娠5～8月龄流产，流产时表现有分娩征兆，流产胎儿多为死胎，由于发生子宫内膜炎、常导致胎衣不下，乳房炎致使牛奶体细胞数高居不下。流产母牛无明显的全身症状，饮食欲及体温正常。公牛常发生睾丸炎或关节炎、滑膜囊炎，有时可见阴茎红肿，睾丸和附睾肿大。慢性病例可见腱鞘炎、关节炎、跛行等。

（3）**实验室诊断**　当牛群在妊娠后期出现大批牛流产就要怀疑布鲁氏菌病，确诊需要在实验室做血清学诊断和病原学诊断。

①血清学检疫　常用方法是虎红平板凝集试验和试管凝集试验。试管凝集试验在凝集效价1∶50时定为可疑，1∶100以上时定为阳性。全乳环状试验常用于无污染牛群布鲁氏菌病的监测。

②病原诊断　采流产胎儿的胃内容物，脾脏，肝脏，胎衣，阴道分泌物，乳汁涂片，进行柯氏染色，镜检，布鲁氏杆菌呈红色，其他细菌呈绿色。

《布鲁氏菌病防治技术规范》对病牛判定的规定：细菌学诊断阳性（染色镜检、分离鉴定、PCR）；血清学初筛试验阳性反应，并有流行病学史和临床症状或分离出布鲁氏菌，判为病牛；血清学正式试验（SAT、CFT、cELISA）阳性，判为阳性病牛。

【防　控】　扑杀＋加速可疑病牛的淘汰速度＋加强免疫。

（1）**免疫为主**　生产中对引进的所有牛立即用A19疫苗注射免疫，间隔1个月再注射免疫1次，该牛不再免疫，加速淘汰感染牛。在封闭饲养牛群，给妊娠母牛口服 S2 疫苗或 S19 点服，在流产严重的牛群，为追求免疫效果，也可以肌内注射 A19 号疫苗。空怀母牛肌内注射 A19 疫苗，间隔 1 个月再免疫 1 次。平时重点工作是做好新生犊牛第 3，4 月龄的加强免疫。12 月龄再免疫 1 次。连续给所有犊牛免疫注射 10 年以上，直至成年可疑牛全部淘汰为止。（A19 与 S_2 疫苗特征见表 1-7）。

表 1-7   A19 与 S2 疫苗特征

疫　苗	A19	S2
途　径	注射	注射、口服
优　点	保护率高；免疫期长达 5 年	免疫密度高，安全性好，口服可用于妊娠动物；抗体反应弱
缺　点	妊娠母牛不安全；抗体反应强	实验室试验保护率略低于 A19。每年免疫一次

（2）强化检疫、监测和检测

强化检疫：检疫是控制流动造成疫情扩散的一个重要措施。净化区每年检疫 2 次，阳性牛全部淘汰，扑杀，无害化处理，不能流入市场。

布鲁氏菌病的检疫一定要掌握易感个体家畜和畜群的感染状态。要有来源地疫区类别证明，只能由低风险区向高风险区流动。疫区调运需有效的布鲁氏菌病血清学检测证明，免疫家畜原则上需免疫抗体消失后方可流动。奶牛、种畜等引进后要有隔离观察与检测措施。

免疫保护与保护期：布鲁氏菌病免疫期一般是指缓慢下降阶段的时间。免疫程序影响保护率。

保证高度免疫保护力建议：重流行区应加强免疫，用 S2 疫苗，每年全群免疫 1 次。用 A19 疫苗，除 3～8 月龄犊牛常规剂量（≥ 600 亿 / 头）免疫外，其余牛用 10 亿 / 头剂量加强免疫。

A19 免疫后抗体：注射免疫后 1 个月，80% 以上牛免疫抗体达到检测水平。3～8 月龄犊牛免疫后，6 个月抗体基本低于检测水平。成年牛免疫后，抗体可持续一年半。

S2 免疫后抗体：免疫抗体反应低于 A19、M5；注射免疫后 1 个月，30% 以上牛免疫抗体达到检测水平。

免疫后 6 个月抗体低于检测水平，可在免疫后 6 个月采取综合防控措施。

实验条件下，A19 保护率 80% 以上；S2 保护率达 70% 以上。A19 免疫期 5 年，S2 免疫期 3 年。免疫保护率随着时间延长而下降，先是缓慢下降，至一定时间，呈现快速下降。犊牛应该在性成熟前后免疫，重复免疫可提高保护率。

布鲁氏菌病疫苗在体内存活时间：S2 疫苗在体内存活时间多数动物 30 天左右，少数可达 60 天；A19 疫苗在体内存活时间多数动物 60 天左右，少数可达 90 天。M5 疫苗在体内存活时间多数动物 90 天左右，少数可达 150 天以上。

疫苗体外排菌：A19 注射后有部分牛可以从奶中排菌，但正常消毒后的牛奶不会引起人的感染。

S2 疫苗注射方法不可用于妊娠田牛，否则会引起明显副反应。S2 注射免疫的保护率略高于口服，牛可以采用注射免疫，但要注意妊娠母牛不能注射。

对人的安全性：虽然疫苗是弱毒，但大量接触仍可以引起人的一过性感染。疫苗对人感染性 M5>S2>A19。

人感染后的病症：从无症状到有感冒样症状，不超过 3 个月。病症比较轻，不会产生长期性致病。频繁感染者，第一次康复后再接触疫苗可出现变态反应。给牛进行免疫时，要穿防护服，戴口罩、眼镜，做好相应的防护措施。

免疫抗体：布鲁氏菌病疫苗的免疫效果与抗体无关。目前，免疫抗体不能与感染抗体完全区别。

监测：通常指有计划期、长期性的疫情信息收集，目的在于掌握疫情动态。监测可以分全面监测和分项监测，全面监测是有目的、有计划、长期的对疫情及相关因素所进行的调查，为疾病的预测、预报和预防提供科学依据。分项监测是有目的、有计划对疫情某项或某些相关因素所进行的调查。监测净化是布鲁氏菌病防控主要手段之一

《布鲁氏菌病防治技术规范》规定非疫区以监测为主；稳定控制区以监测净化为主；控制区和疫区实行监测、扑杀和免疫相结合的综合防治措施。种用、乳用动物的免疫按国家有关规定执行。

病牛的无害化处理：对布鲁氏菌病病牛或检测阳性个体，必须进行深埋、焚烧；高温（高压、煮沸）；化制；消毒。

【治　疗】预防性治疗：①卡那霉素40毫升，分2点肌内深部注射，每天1次，连续4天。②利福平20毫升一次肌内注射；强力霉素（多西环素）20毫升，一次肌内注射，每天1次，连续6天。妊娠母牛配合黄体酮20毫升，一次肌内注射，每天1次，连续4天。

（二）结 核 病

奶牛结核病是由牛分支杆菌引起的一种人兽共患的慢性消耗性传染病，以组织和器官形成特征性结核结节和结节干酪样坏死为特征。属国家规定的二类疫病。

【病　原】牛结核分支杆菌，无芽孢和荚膜。革兰氏染色阳性菌，对链霉素、利福平敏感。

【诊　断】

（1）**流行病学诊断**　奶牛结核病主要通过呼吸道和消化道传播，以散发性为主，无季节性。感染牛多呈隐性型，长期带菌，牛结核病可以传染人，人结核病可以传染牛。

（2）**症状诊断**　潜伏期长短不一，短者十几天，长者数月甚至数年。常取慢性经过，几乎无临床症状。随着牛分枝杆菌侵袭部位不同，表现出的临床症状不同，有肺结核、乳房结核、腹膜

结核，淋巴结核等。肺结核最常见，患牛通常表现为虚弱、食欲减退、消瘦、波浪热，常发出短而干的咳嗽，严重者体表淋巴结肿大，常见于肩前、股前、腹股沟、颌下、咽及颈淋巴结等。乳房结核，表现为乳房淋巴结肿大，乳腺有无热无痛的硬结，泌乳减少或停止。患肠结核时，牛逐渐消瘦，可见持续性腹泻，粪便带血或脓汁。当生殖器官发生结核时，可从阴道流出黄白色黏液分泌物，性功能紊乱，发情频繁，不孕，流产，公牛的睾丸和附睾肿大有硬结。骨和关节结核会导致局部变硬、变形，有时形成溃疡。

（3）**病理学诊断** 肉眼病变最常见于肺，其次为淋巴结。在肺或其他器官可见结核结节或结节样干酪样坏死。结核结节为增生性炎症，由上皮细胞和巨噬细胞集结在牛分枝杆菌周围，构成特异性肉芽肿，大小为米粒大至豌豆大，呈灰白色，切开后可见干酪样坏死、脓腔、钙化灶。

【检　疫】 结核病监测方法有细菌学诊断、病理学诊断、免疫学诊断和分子生物学诊断（图1-4），最常用的是免疫学诊断。免疫学诊断分为细胞免疫和体液免疫。细胞免疫分为PPD试验和γ-干扰素检测。

（1）**皮试试验（PPD）** 临床上牛结核的监测通常使用牛结

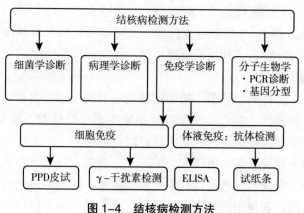

图1-4　结核病检测方法

核菌素（PPD）皮内变态反应，包括测量皮褶厚度、皮内注射牛结核菌素、72 小时后再测量皮褶厚度、计算皮褶厚度增加值等 4 个步骤。

皮试试验操作流程：①剃毛；②在颈侧上中 1/3 交界处；③测量皮皱标记、记录；④ PPD 稀释成 2 万单位 / 毫升，注射 2 000 单位 / 0.1 毫升；⑤皮内注射结核菌素；⑥ 75% 酒精局部消毒；左手提起皮肤，右手持注射器；将针头与皮肤形成 35°～45°缓慢注射。以局部形成丘形隆起；⑦第 72 小时测量皮皱厚度标记、记录。

皮测结果判定方法如表 1–8。

表 1–8　皮试法结果判定

GS / T18645—2002	OIE	
阳性（＋）：皮厚差 ≥ 4 毫米；有症状	· 单皮试	
	阳性（＋）：皮皱厚差 ≥ 4 毫米，有症状	
阴性（－）：皮厚差 ≤ 2 毫米；无症状	阴性（－）：皮皱厚差 ≤ 2 毫米，无症状	
	可疑：＝2～4 毫米；42 天后重作皮试	
可疑（±）：皮厚差 2～4 毫米	· 比较皮试	
	阳性（＋）：（PPD–B 皮皱厚差 –PPD–A 皮皱厚差）≥ 4 毫米	
疑似牛：立即在另一侧用同一批次的 PPD 第二次皮试，72 小时后观察；60 天后复检，连续 2 次复检为可疑及以上反应，判断为阳性	阴性（－）：（PPD–B 皮皱厚差 –PPD–A 皮皱厚差）≤ 0 毫米	
	可疑：＝1～4 毫米；42 天后重作皮试重检测非阴性，则确定为阳性	

结核病的检疫结果判断依据：

阳性反应：局部发热，有痛感，并呈现不明显的弥漫性水肿，质地如面团，肿胀面积在 35 毫米×45 毫米以上，或上述反应较轻，而皱皮厚度在原测量基础上增加 8 毫米以上者，为阳性反应，其记录符号：＋。

疑似反应：局部炎症不明显，肿胀面积在 35 毫米 × 45 毫米以下者，皮厚增加 5～8 毫米，为疑似反应，记录符号：±。

阴性反应：局部无炎性水肿，或仅有无热坚实及界限明显的硬块，皮厚增加不超过 5 毫米者，为阴性反应，记录符号：-。

对呈阴性及可疑反应的牛只，须在原注射部位，以同一剂量进行第二次注射。第二次注射后应于第 48 小时（即 120 小时）再观察 1 次。皮试检验见图 1-5。

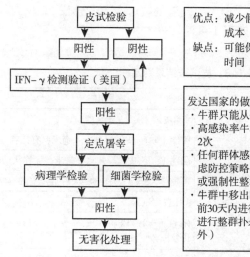

图 1-5　皮试检验

（2）IFN-γ 检测　外周淋巴细胞在结核菌素或者牛分枝杆菌特异性蛋白刺激下，体内释放出 IFN-γ。

全血刺激过夜：抽取全血，将全血移植培养瓶中加入抗原，培养过夜。

IFN～γ 检测（ELISA）：吸取上层血浆进行夹心 ELISA 检测，温育 60 分钟。洗涤，加底物，作用 30 分钟终止反应。检测 OD 值并确定 IFN-g 水平。

（3）**抗体检测** ELISA 方便，快速，适合大批量检测；抗体水平与病程发展呈正比；单种抗体检测的方法敏感性低；多抗原联合使用可显著提高检出率。

抗体快速检测技术试纸条简便、快速、稳定、适合普遍养殖者栏圈旁操作。

（4）**病理学检测** 宰后检测器官和组织的病理变化，可进一步培养鉴定，其灵敏度很低，但成本也低，所以在无结核病或结核病污染国家均普遍应用，是对活体检测的补充，宰后检测的有效性与畜群的可追溯密切相关。国内只进行屠宰检疫，阳性牛群实行全群淘汰。

（5）**细菌分离鉴定** 分离病牛组织样品，获得分枝杆菌，鉴定为细菌基因型。

【防 控】 通用方法是检疫＋扑杀阳性者＋移动控制。制约防控因素是我们牛群内感染率高，大部分阳性牛无症状与病理变化，宿主范围广泛，无疫苗，无金标准方法，政府的有限财力和养殖户缺乏对此病的认识和重视程度低，所以防控效果很不理想。

结核病的防控方案：淘汰双阳性（序列检测，提高灵敏度）。

OIE 牛结核病净化标准：

①牛结核菌感染必须通报，包括圈养或散养的牛、水牛和野牛。

②鼓励报告所有牛结核可疑病例。

③连续 3 年定期检查所有黄牛、奶牛、水牛和野牛的牛结核感染，99.8% 的牛群应为牛结核病阴性，99.9% 的牛应为阴性。

④通过生前与死后检查监测牛结核病。

⑤如果实施上述③④监测计划连续 5 年未检测到结牛结核感染，生前与死后检查的牛结核监测计划还应该坚持。

⑥如果从无牛结核的国家引牛时，必须出具官方兽医开具的表明牛群来自于无牛结核国家或地区的证明，或出示符合相关法规的官方证明。

（三）梭菌性肠毒血症

牛梭菌性肠毒血症是由魏氏梭菌引起的以突然发病、快速死亡、胃肠黏膜广泛出血为临床特征的一种急性毒血症。特征是细菌在肠道中大量繁殖，产生毒素引起休克，忽然死亡。

【病　原】　病原为产气荚膜梭菌，又称魏氏梭菌，革兰氏阳性、厌氧菌，对青霉素，甲硝唑较为敏感。魏氏梭菌分为 A、C、D、E 型，常见 A 型感染。产生的毒素主要有 α、β、ε、ι 型毒素。梭菌主要寄生于土壤和胃肠道。在瘤胃功能紊乱条件下，胃肠道梭菌快速繁殖产生毒素，毒素经胃肠黏膜吸收引起奶牛休克、死亡。

【诊　断】

（1）流行病学诊断　D 型产气荚膜梭菌为土壤常在菌。牛采食了被病原污染的饲料和饮水，芽孢随之进入消化道。本病临床多无症状急性死亡，以成年牛多发，犊牛少发。病的特点是突然发作，急性多系统衰竭，多在几小时内死亡，体温正常，呈阶段性零星发作。

（2）症状诊断　表现为精神沉郁，反刍停止，食欲废绝，排带有血液的稀软粪便，个别病牛出现腹胀、腹痛。心律达 100 次/分钟以上，心律不齐。呼吸达 80 次/分钟以上，高度呼吸困难，黏膜发绀，流涎，有的口鼻流出多量有泡沫的红色水样物，呈现急性肺水肿状。疾病发展迅速，很快出现体温下降，四肢末端发凉、颤抖，站立不稳，倒地哀叫而亡。病程最长不超过 2 小时，多数患牛不见症状，猝死在运动过程中，致死率几乎为 100%。

（3）病理学诊断　主要为小肠和全身实质器官出血。瘤胃和肠臌气，真胃黏膜明显出血、水肿。小肠黏膜弥漫性出血，肠内有少量带血的黏液，肠系膜、淋巴结肿大、出血、心包积液，心外膜和心内膜密布出血斑点。肝肿大，色黄，表面有出血点。肾肿大，被膜下也有散在出血点、易碎如泥。肺瘀血、水肿，间质气肿，表面散布山血点。

犊牛多发生在 1 月龄内，表现为急性死亡，或先出现腹泻，即可猝死。

（4）**实验室诊断**　确诊需要做病原学诊断和血清学诊断。

①细菌学检查　取病死牛的出血病变段小肠和肠内容物，同时无菌采取肝脏和脾脏接种血琼脂平板，在厌氧条件下培养，可见有直径 2～5 毫米、圆形、边缘整齐、灰色、光滑半透明、圆屋顶状菌落生长，菌落周围有溶血环。用牛奶培养基培养后有"暴烈发酵"现象，可用于本菌的快速诊断。

②毒素检查　取肠内容物，用生理盐水稀释 1～3 倍，然后以每分钟 3 000 转、离心 5 分钟，取上清液，给家兔静脉接种 2～4 毫升或小鼠尾静脉注 0.2～0.5 毫升。有肠毒素时，家兔和小鼠会发病或死亡，然后鉴定菌型。可用产气荚膜梭菌抗毒素与病牛肠道内容物处理后的上清液做毒素中和试验。

【预　防】　每年集中全群牛注射梭菌五联疫苗或在干奶 14 天后至预产期前 21 天注射梭菌五联疫苗。犊牛 3 月龄首免，过 28 天再次免疫。

【应急措施】　当牛群出现梭菌病时，全群牛注射梭菌疫苗。疑似病牛注射甲硝唑、头孢菌素，每天注射 2 次，连续注射 4 天，停药后 4 天注射梭菌疫苗。发病牛舍运动场立即消毒，垫沙土 20 厘米厚，再消毒。牛舍清理、消毒，每天 2 次，连续 7 天。对营养不良，精神不佳奶牛灌服产后营养汤，每天 1 次，连续 3 天。高产牛群，减少精饲料 2 千克，增加粗饲料 4 千克，同时每头牛每天增加活性酵母 20 克，酵母培养物 150 克，饲料酶 100 克，脱霉剂适量，连续饲喂 2 周。饮水中添加电解多维，连续 1 周。

（四）炭　疽

炭疽是由炭疽杆菌所引起的人兽共患的一种急性、热性、败血性，高度致死性传染病。以突发性高热、可视黏膜发绀，食欲废绝，迅速衰竭，急性死亡为特征。病理特点为脾脏显著肿大，小肠黏膜出血、溃疡，血液凝固不良，死后尸僵不全。

【病　原】　炭疽杆菌为革兰氏阳性大杆菌。发病时，高温血液常检不出细菌，濒死期远端静脉血液可见细菌呈单个、成双或3～5个菌体相连的短链，菌体两端平截，能形成荚膜，但在体外接触空气后，则很快形成芽孢在土壤中可存活30～40年仍有致病作用。被炭疽杆菌污染的环境可形成永久性疫源地。对青霉素敏感。

【诊　断】

（1）**流行病学诊断**　该病多发生在高温季节，每年6～9月份为高发期。传染来源主要是污染的土壤、坟地，水源和牧草，特别是从疫区购入的苜蓿草，秸秆饲料带入。通过消化道、呼吸道和皮肤黏膜创伤感染牛，常呈散发或地方流行性，群发，体温升高，食欲废绝，多在1～3天死亡。

（2）**症状诊断**　最急性型：突然发病，全身发抖，站立不稳，呼吸极度困难，可视黏膜呈蓝紫色，脉搏加快，常在数分钟内死亡，死后鼻孔、阴道、肛门出血呈煤焦油样，不凝固，尸体迅速腐败，膨大。

急性型　体温迅速高达41℃以上，病初兴奋不安，很快精神不振，食欲废绝，反刍停止，呼吸困难，肌肉震颤，腹泻带血，有时腹痛，妊娠母牛流产，尿血。濒死前体温下降，气喘，天然孔出血，痉挛，一般经1～2天死亡。

病理变化特征为脾脏肿大3倍以上，出血，脾髓及血如煤焦油状，小肠黏膜溃疡，出血，大面积坏死。

（3）**实验室诊断**

①细菌学诊断　病牛耳部消毒后在耳缘静脉取血，病变部取水肿液或渗出液等直接涂片，进行瑞氏或姬姆萨氏染色并镜检或直接接种于普通琼脂平皿和肉汤中，置37℃恒温箱中孵育18～24小时，可形成扁平、灰白色、毛玻璃样、粗糙、表面干

燥、边缘不整齐、直径约 3～5mm 的火焰状菌落。用低倍显微镜观察菌落边缘，呈卷发状。在肉汤中生长良好，典型生长为絮状发育，肉汤透明，无菌膜和壁环。如果在血琼脂培养基上生长菌落周围无溶血环。

PCR 方法可作为病原学诊断的特异性方法用于炭疽病的快速诊断。

②血清学检测　环状沉淀反应（Ascoli 氏沉淀反应）；ELSA 方法。

【防　控】规模化牛场发现疑似病例，一不准解剖，二不准治疗，三不准隐瞒，要彻底扑杀，无害化处理。健康牛立即免疫，过 21 天再免疫注射 1 次，以后每年成年牛免疫 1 次，重点是后备牛须免疫 2 次以上。

没有发生过炭疽病的牧场不需要注射疫苗。经常发生炭疽及受威胁地区的易感家畜应该每年进行 1 次无毒炭疽芽孢苗的免疫注射。

一旦临床确定发生本病，应该立即上报疫情，划定疫点，封锁疫区，隔离病牛。对同群牛注射青霉素，4 天后再接种疫苗。

彻底清理疑似病牛经过的圈舍，进行慢火焚烧、2% 烧碱消毒，再用沙土铺垫，连续消毒 1 周。

【治　疗】牛群一旦确诊为炭疽，病牛立即扑杀，禁止治疗，禁止解剖，立即焚烧、深埋。炭疽杆菌对青霉素、阿莫西林、红霉素和头孢菌素较为敏感，但治疗效果极差，一旦感染多数治疗无效。

（五）副结核病

奶牛副结核病，又称副结核性肠炎，是由副结核分枝杆菌引起牛的一种慢性传染病，以持续性腹泻，肠黏膜增厚并形成皱褶，渐进性消瘦，贫血，水肿，产后反复发作，治疗效果极差为临床特征，是近几年奶牛场最可怕的疾病之一，往往造成大批奶牛被动淘汰。

【病　原】　副结核分枝杆菌，革兰氏阳性小杆菌，对抗生素治疗不敏感。

【诊　断】

（1）流行病学诊断　牛最易感，尤其是产后奶牛和幼龄牛易感，牛群一旦被感染，从粪便、尿液、乳汁排出大量细菌，呈地方性流行性，持续不断出现病牛，呈快速传播状态。发病多在产后100天内，体温正常，反复水样腹泻，急剧脱水，消瘦，最终衰竭而亡。感染母牛可以通过胎盘感染胎儿。

（2）症状诊断　本病潜伏期长，感染初期，病牛一般无任何症状。母牛多在分娩后突然出现症状，表现急性腹泻、似水样，无特殊不良气味，体温正常。由于水和电解质流失，病牛迅速消瘦、泌乳量减少、眼球凹陷、脱水，体况下降明显；严重者出现腹泻与便秘交替出现，粪便带有黏液、气泡、恶臭；直肠检查可以摸到直肠黏膜增厚。

（3）病理学诊断　主要在回肠、空肠和结肠前段为慢性卡他性肠炎，回肠黏膜增厚3～20倍，形成明显皱褶，呈脑回状外观。黏膜黄白或灰黄色，附浑浊黏液。突起的皱襞充血。肠系膜淋巴结肿大如索状，切面湿润有黄白色病灶。

（4）实验室诊断　取直肠粪便送实验室进行病原分离培养、鉴定或者用试剂盒诊断。

【防　控】　每年进行2次副结核菌素皮内变态反应试验检疫，所有阳性牛必须及时扑杀，加强消毒，以逐步净化牛群。目前对本病无有效的治疗方法，不建议治疗。无奈之举就是在干奶期连续抗生素治疗2周，加强产后护理及营养管理。

（六）衣原体病

衣原体病是由衣原体感染引起的一种多症候群、地方流行性的人兽共患传染病，以妊娠母牛流产、犊牛肺炎、肠炎、关节炎和结膜炎为主要症状，又称牛地方性流产。

【病　原】　衣原体是衣原体科衣原体属的专性细胞内寄生微生物。

【诊　断】

（1）流行病学诊断　妊娠期的母牛多数在妊娠中、后期（妊娠7～9个月）突然发生流产，发病前母牛一般不表现任何特殊征兆，产出死胎或无活力的犊牛，发生胎衣不下，子宫内膜炎、乳房炎、输卵管炎，产奶量低。

6月龄以前的犊牛较易感，尤其是在停喂母乳，转入育成牛栏喂养时容易发病。

（2）症状诊断　犊牛主要表现肺肠炎。病犊体温达40℃～41℃，精神沉郁，食欲下降或不食，咳嗽，流鼻涕，呼吸加快，肺部听诊有啰音。腹泻，粪便稀薄带血，病犊严重消瘦，脱水。

犊牛脑脊髓炎。病牛发热，虚弱，运动障碍，共济失调。

犊牛结膜角膜炎。病眼流泪、畏光，眼睑肿胀，眼角多分泌物。有的眼睑外翻，结膜充血、潮红，第三眼睑肿胀并遮盖眼球。炎症发展波及角膜，引起角膜炎和角膜混浊、溃疡。

犊牛常发生多关节炎。多发生在3月龄以内，多个关节肿大、疼痛，患关节局部皮温升高，患肢僵硬，跛行，卧地后驱赶不愿起立。站立则以健肢负重，有的跪下采食。急性期体温升高。

（3）实验室诊断　无菌采取病变组织送相关实验室做病原学诊断和血清学诊断。

【预　防】　适繁母牛在配种前或配种后1个月注射奶牛衣原体灭活疫苗。

【治　疗】　可选用四环素、多西环霉素、土霉素、金霉素、拜有利、环丙沙星等药物进行治疗。

群体性预防：进入干奶期母牛，350克土霉素/吨/日粮，连续饲喂14天，停药40天。犊牛初生第一天，肌内注射拜有利2毫升或环丙沙星5毫升，连续3天。

（七）李氏杆菌病

李氏杆菌病是一种散发性传染病，奶牛主要表现脑膜脑炎、败血症和妊娠母牛流产。

【病　原】　李氏杆菌，革兰氏阳性的小杆菌。

【诊　断】

（1）**流行病学诊断**　本病为散发性，一般只有少数发病。后备牛较易感，发病较急，死亡率高，成年妊娠母牛也较易感，引起流产。

（2）**症状诊断**　临床表现为突然发病，到处狂走，恐慌，东张西望，当发现饲养人员来，就忽然快速向人扑来，遇到颈枷，站立不动，不思饮食，有时见到人来，就逃跑，有时对人发生袭击，随后表现连天昼夜狂叫猛跑，两眼直视，异常兴奋，恐惧；刚发病1～2天，体温升高至40℃后很快降至正常；大量持续性流涎，异常咀嚼，吞咽困难，食欲减退或废绝，频繁喝水，不断张嘴，狂叫，迅速消瘦，肷部凹陷，虚弱，个别见有腹泻；严重者共济失调，步态紊乱，转圈，无目的运动，遇障碍物抵住不动，呆立，低头垂耳，前冲后退，肌肉颤抖，四肢痉挛性抽搐，全身出汗，黏膜发绀，稍有碰触头部，就卧地不起。个别牛出现耳下垂、眼半闭，视力障碍，盲目转圈，遇洞就钻，遇障碍物则以头抵靠不动，最后倒地不起，体温降低，心率较慢，发出呻吟声，四肢呈游泳样动作，病程短的2～3天，长的1周左右死亡。

（3）**病理学诊断**　病尸剖检主要表现为脑膜，脑膜及脑实质高度充血，水肿，局部脑回有针尖大至小米粒大的出血点，脑脊液增多，浑浊。肝脏肿大，胆囊充满。肠系膜淋巴结肿大，出血。脾呈灰白色，表面有少量针尖大坏死灶。肾乳头有大量小米粒至高粱粒大的坏死灶。肺肿大，呈灰白色，尖叶下缘切面有干酪样坏死，挤压时，从支气管断端流出黄白色脓性分泌物。

（4）实验室诊断

①细菌学诊断　无菌采集死亡牛脑病变组织，涂片检查，可见革兰氏阳性的小杆菌，单个分散，或两个菌排成"V"形或互相并列；细菌培养，病料接种在肝汤和肝汤琼脂培养基上，37℃培养，生长良好，菌落呈圆形、光滑平坦、黏稠透明、折光观察，呈乳白黄色；在血液琼脂上，呈 B- 型溶血；接种肉汤，肉汤微显浑浊，出现黄色颗料沉淀。然后对分离菌进行生化及血清型鉴定。

②血清学试验　凝集试验和补体结合试验。

【治　疗】

成年牛处方推荐：

处方1：①甘露醇500毫升＋呋塞米50毫升，20分钟内静脉输完；②25%葡萄糖500毫升＋维生素C 200毫升；25%葡萄糖500毫升＋氢化可的松200毫升；25%葡萄糖500毫升＋复合维生素B 150毫升；25%葡萄糖500毫升＋20%硫酸镁150毫升；③5%碳酸氢钠500毫升；④复方氯化钠500毫升＋20%磺胺嘧啶钠600毫升，10%葡萄糖1 500毫升＋四环素9克；每天早晨静注缓慢一次静脉注射。

处方2：青霉素400万单位×3支，链霉素100万单位×3支，安乃近10毫升×4支。每天下午分2点肌内深部注射，连续5天。

处方3：氯丙嗪8毫升肌内注射，每天2次。后备牛根据体重适当减量。

（八）恶性水肿病

恶性水肿是由梭菌属病菌（如腐败梭菌、水肿梭菌、溶组织梭菌、产气荚膜梭菌）引起的一种急性创伤性传染病。本病的特征为局部发生急剧气性水肿及毒血症。

【病　原】 梭菌属病菌。

【诊　断】

（1）流行病学诊断　本病主要源于外伤，如产道损伤、颈枷创伤、机械创伤、外科手术、注射等消毒不严格而感染，常散发。

（2）**症状诊断**　忽然发病，食欲减退，体温升高，在伤口周围迅速出现炎性水肿，继而弥散扩大。病变部初坚实、灼热、疼痛，后变无热、无痛、手压可听到患处有捻发音。切开肿胀部，皮下和肌间结缔组织内有多量淡黄色或红褐色液体流出，常有气泡，气味腥臭。肌肉呈暗红色。随着炎性水肿急剧发展，病牛全身症状加剧，体温居高不下，呼吸困难，脉搏细数，眼结膜发绀，偶有腹泻，多在1～3天内死亡。

（3）**实验室诊断**　做细菌学诊断。

细菌学诊断：无菌取病灶水肿液或坏死组织（肝脏），制成涂片或触片，染色后镜检可见长丝状菌体的典型形态，肝表面触片尤多。将病料乳剂0.5～1毫升，皮下或肌肉接种于豚鼠，过18～24小时即可死亡，取豚鼠肝脏涂（触）片镜检可见典型病菌形态。将病料接种厌气肉肝汤，37℃培养，分离细菌。分离钝化后进行生化鉴定。

【鉴别诊断】　本病需要与气肿疽、炭疽等病区别。

【防　控】　预防发生外伤。发生外伤后应注意消毒和正确治疗。维护颈枷围栏防止尖锐突出造成外伤。外科手术、注射、助产等均应无菌操作，并做好术后护理。做好平时环境治理和消毒。

【治　疗】　局部治疗方法，局部剃毛、清洗、5%碘酊消毒；在肿胀最软、最高部位用18号针头穿刺，确诊肿胀深度，沿针头垂直切开5～10厘米的切口3～5个，用3%过氧化氢溶液清洗，后用5%碘酊灌洗，创口开放。青霉素800万单位＋链霉素200万单位＋生理盐水50毫升＋2%普鲁卡因10毫升，在肿胀部周围做分点注射。

（九）巴氏杆菌病

巴氏杆菌病又称牛出血性败血病，是由多杀性巴氏杆菌B型菌引起牛的一种高度致死性出血性败血症和由多杀性巴氏杆菌

A 型菌引起的地方性流行性肺炎。牛巴氏杆菌病以急性高热、肺炎、急性胃肠炎、内脏器官广泛出血、急性死亡为主要特征。多杀性巴氏杆菌 A 型感染后，牛主要表现为呼吸系统症状和肺炎，近年来报道，肉牛运输应激综合征是由 A 型巴氏杆菌引起，致死率极高。

【病　原】　多杀性巴氏杆菌革兰氏染色阴性，分为 A 和 B 型，临床多见 B 型感染。本菌对磺胺、土霉素较为敏感。

【诊　断】

（1）流行病学诊断　患病牛和健康带菌牛是主要的传染源。环境应激诱发内源性感染，此外也有被病牛排泄物、分泌物污染造成感染，也有昆虫叮咬致感染，常呈地方流行性。

（2）症状诊断　潜伏期 2～5 天。依据临床症状牛出血性败血病可分为最急性型、急性败血型、水肿型及肺炎型。

①最急性型　生前无任何症状表现而忽然死亡。

②急性败血型　病牛病初体温高达 41℃～42℃，呼吸及心跳加快，鼻镜干裂，皮温不整，食欲减退甚至废绝。病初便秘，后腹泻，粪便始呈粥样，后为液状并混有黏液、血液，恶臭，有时出现血尿。腹泻开始后体温下降，不久即死亡，病程多 12～24 小时。

③水肿型　除呈现一般性全身症状外，病牛颈部、咽喉部及胸前部皮下出现迅速扩展的炎性水肿，同时伴有舌及周围组织的高度肿胀，舌多伸出齿外，呈暗红色，呼吸高度困难，皮肤和黏膜发绀，常因窒息或腹泻而死，病程为 12～36 小时。

④慢性肺炎型　除呈现一般性全身症状外，病牛主要呈现急性纤维素性胸膜肺炎症状。体温升高，呼吸困难，干咳，流泡沫样鼻液，后呈脓性。胸部叩诊有痛感。病初便秘，后腹泻，粪便恶臭并混有血液。

（3）实验室诊断　确诊需要病原菌的分离与鉴定。

①病料采集及处理　无菌采集渗出液、血液、肝脏、脾脏、淋巴结等新鲜病料，及时送检或置冷暗处保存备用。死亡时间较

长的病例可采集长骨骨髓送检。也可现场制备病料涂片或触片，供染色镜检。

②染色镜检　新鲜病料涂片或触片，染色后置显微镜下观察。革兰氏染色发现革兰氏阴性的短杆菌或球杆菌；瑞特氏、美蓝或姬姆萨氏染色法染色时菌体两极浓染。结合临床症状和病理变化，可做出初步诊断。

慢性病例或腐败材料因不易发现典型细菌，须经分离培养后再行鉴定和动物接种试验。

③病原分离鉴定　取采集的病料，分别接种麦康凯琼脂培养基、酪蛋白-蔗糖-酵母（CSY）琼脂培养基和鲜血琼脂培养基，置37℃条件下培养18～24小时后进行鉴定。多杀性巴氏杆菌在麦康凯琼脂培养基上不生长。在血液琼脂培养基上经18～24小时后可长成圆形、光滑、湿润、有灰白色光泽的半透明菌落，直径约1毫米，菌落周围无溶血现象。在CSY琼脂培养基上菌落较大。老龄培养物，特别是在无血培养基上的老龄培养物，形成的菌落较小。取血液琼脂培养基上生长18～24小时的典型菌落涂片，革兰氏染色可见革兰氏阴性的球杆菌。

④生化鉴定　取待检菌少许接种发酵管，置37℃培养，每天观察并记录结果。本病菌可分解葡萄糖、果糖、半乳糖、单奶糖、蔗糖和甘露糖，产酸不产气；大多数菌株可发酵甘露醇、山梨醇和木糖；一般不发酵乳糖、鼠李糖、菊糖、水杨苷、肌醇。MR、VP试验阴性。吲哚试验阳性。

【鉴别诊断】　应注意与牛炭疽、牛气肿疽鉴别。

【防　控】　严格执行自繁自养，封闭管理，不从疫区、病牛群引牛。发现病牛立即隔离治疗和环境消毒，对严重者及时淘汰，不予治疗，无害化处理。受威胁的健康牛群应免疫接种巴氏杆菌病氢氧化铝菌苗。

【治　疗】　四环素、土霉素、金晶康、磺胺类药等有一定疗效。

（十）沙门氏菌病

沙门氏菌病又称副伤寒，是由沙门氏菌引起的一种败血性人兽共患性传染病。以败血症、胃肠炎、呼吸道炎症和流产为主要临床特征。

【病　原】　沙门氏菌属是一大属血清学相关的革兰氏阴性杆菌。对氯霉素类、喹诺酮类较为敏感。奶牛主要是环境污染，经过消化道和呼吸道感染发病。

【诊　断】

（1）**流行病学诊断**　犊牛在出生后30～40天最易感，经常以体温升高，急性腹泻，败血症出现。成年牛较少发生，当发病时多表现为急性腹泻，体温升高，急性败血症，流产。

（2）**症状诊断**　犊牛15日龄后易感，临床表现为急性和慢性两种。

①急性型　犊牛忽然发生急性腹泻，精神沉郁，食欲不振，体温升高至40℃～41℃，粪便恶臭并带有血丝，急性脱水或迅速衰竭，多在2～3天内死亡。

②慢性型　犊牛发病，体温升高，食欲不振，经2～3天出现胃肠炎症状，拉出黄色或灰黄色的稀便，恶臭，带有纤维素，有时混有伪膜，有的可见咳嗽和呼吸困难。一般在出现症状后5～7天内死亡，耐过的犊牛一般发育不良。出生时已经感染的犊牛，常在出生后48小时内发病，迅速衰竭，常在4～5天死亡。

成年牛发病，多为散发，首先表现急性腹泻，体温升高到40℃以上，精神沉郁，食欲不振，产奶量减少。呼吸困难，脉搏频数，迅速衰竭。多数牛病后12～24小时，在粪便中出现血块，恶臭，也可见纤维素和伪膜。发病妊娠母牛可发生流产，常在3～5天内死亡。

（3）**实验室诊断**

①病原学诊断　可采病死牛肝、脾、淋巴结、子宫胎膜、流

产胎儿的胃肠等为病料，送实验室检查。选择培养基一般常用 SS 琼脂，37℃，18～24 小时培养后，形成圆形、光滑、湿润、半透明、灰白色、大小不等的菌落。然后用培养后的典型菌落接种于微量生化反应管，进行生化鉴定。

②血清学检测　一般可采取凝集试验和免疫荧光抗体技术进行快速诊断。

注意与牛球虫病、犊牛大肠杆菌病相区别。

【预　防】　注射疫苗，强化环境治理和消毒。治疗时需做药敏试验选择敏感药物。采取对症治疗，注重全身平衡疗法，即水平衡，酸碱平行，电解质渗透压平衡，葡萄糖平衡。

（十一）大肠杆菌病

大肠杆菌病是由致病性大肠杆菌引起牛的一种急性传染病，主要表现为肠炎、肠毒血症、乳腺炎，产后急性败血症、急性子宫内膜炎等相关性临床症状。

【病　原】　病原性大肠杆菌最常见的血清型为 K99。在引起犊牛腹泻的肠道疾病的血清型中，有肠致病性大肠杆菌、肠产毒素性大肠杆菌和肠侵袭性大肠杆菌等。

【诊　断】

（1）**流行病学诊断**　病牛和带菌牛是主要的传染源。产房环境污染，分娩过程污染和助产过程污染，产后犊牛环境恶劣是疾病发生的主要原因。本病主要侵害 10 日以内的犊牛，主要通过消化道、脐带感染，潜伏期为几小时。母牛在分娩前预混料质量不好或缺乏优质蛋白质；出生后 1 小内吮吸初乳量不足；初乳被污染；寒冷应激；厩舍卫生差；通风不良等因素都能促使本病的发生和流行。

（2）**症状诊断**　犊牛临床主要变现为败血型、肠毒血型和肠型。

①败血型　主要发生于 7 日龄以内未吃足够量初乳的犊牛，

表现发热，体温高达 40℃～41℃，呼吸微弱，心跳加快，精神不振，偶有腹泻，常于症状出现 24 小时内死亡。

②肠毒血症型　产肠毒素性大肠杆菌最常导致 4 日龄以内的犊牛腹泻，潜伏期 12～18 小时，患病犊牛精神沉郁，水样腹泻，内容物呈黄色、白色或绿色，迅速脱水，卧地不起，皮肤发凉，4～12 小时内死亡。有的病牛，不见腹泻，但肠道麻痹，不运动，致使肠道积液，腹围增大，触诊腹部有拍水音。

③肠型　多见于 10 日龄以内，吃过初乳的犊牛。表现为体温升高，食欲下降，严重腹泻，排出大量水样稀便，粪便呈现黄色、白色或绿色并带有气泡，有的还混有未消化的凝乳块、血液、泡沫，粪便气味酸臭。后期排粪失禁，腹痛，肺炎和关节炎症状。

败血型和肠毒血型急性死亡病例常无明显的病理变化。病程长的可见急性胃肠炎的变化，其胃内有大量凝乳块，黏膜充血水肿，覆盖有胶冻状黏液，整个肠管松弛，缺乏弹性，内容混有血液，小肠黏膜充血，出血，部分黏膜上皮脱落，肠系膜淋巴结肿大，切面多汁，肝、肾苍白，被膜下可见出血点。心内膜可见有小点出血。肺和关节也有炎症病变。

泌乳牛大肠杆菌性乳房炎的典型症状是急性乳区炎症或最急性乳区炎症伴随有明显全身症状。病牛表现为体温升高达40℃～42℃，呈稽留热，腹泻，呼吸增数，发病乳区温热、迅速肿大。典型病例的乳汁为"浆液性"或"水样"，嗅之有粪臭味。病牛食欲不振，急性腹泻，精神沉郁，多数治疗效果不好，常死于败血症。

（3）实验室诊断　采用细菌分离鉴定：无菌采集病料（败血型病例采血液、内脏；肠毒血型病例采小肠前段黏膜；肠型病例采发炎肠黏膜；乳房炎牛采集发病乳区的乳汁）分离大肠杆菌，进行分离菌的生化和血清型鉴定。对鉴定细菌进行药敏试验，选择敏感药物进行治疗。

【预　防】

（1）犊牛腹泻的预防　①围产前期 21 天给母牛注射犊牛腹

泻疫苗。②吃好初乳，犊牛出生后 30 分钟，用胃管投服合格初乳 4 千克，过 6 小时每灌服 2 千克，停乳 16 小时。③做好脐带护理促进脐端伤口愈合。出生后，在脐带根部 1 厘米处结扎，5 厘米处剪断，喷洒 10% 碘酊。④保护胃肠黏膜：出生后 24 小时，口腔喷洒毒瘟清增强胃肠道黏膜免疫力。⑤做好新生犊牛舍环境干净，保温，通风，舒适。⑥及时消毒犊牛岛。⑦给母牛供给优质预混料。

（2）泌乳牛急性大肠杆菌型乳房炎的预防 大肠杆菌属于环境性病原菌。大肠杆菌乳房炎发生的主要原因是环境治理、消毒、维护不到位引起。特别是产房卫生和卧床卫生。故要加强饲养管理提高奶牛抵抗力。每月初每头牛每天日粮中添加惠孚 75 克，体细胞高的每天 100 克 / 头。月中旬每头牛每天日粮中添加乳炎康 75 克 / 头，体细胞高的每天 100 克 / 头。体细胞超过 200 万 / 毫升的牛，肌内注射头孢噻呋钠。加强检测监督采取 DHI 和 CMT 检测。加强挤奶台管理。挤奶必须做到"一洗二浴三挤四擦五套六洗七浴八站立"管理模式。做好设备维修与消毒工作。预防接种乳房炎疫苗母牛产前 21 天和产后 7 天注射大肠杆菌乳房炎疫苗。增强母牛免疫力。补充维生素 E 和硒元素，补充维生素 A 或胡萝卜素，添加腐殖酸钠。科学干奶，及时检测隐乳与注射干奶针。科学饲养，满足营养需要与分群饲养，头胎牛设立独立产房。

（十二）牛支原体病

牛支原体病主要有两种，一种为传染性胸膜肺炎，简称牛肺疫，是由丝状支原体丝状亚种小菌落型引起牛的一种高度接触性传染病，以高热、咳嗽、渗出性纤维素性肺炎和浆液纤维素性胸膜肺炎为特征。属于国家规定的一类疫病；另一种是由支原体感染引起的相关性疾病，临床表现为乳房炎、肺炎、关节炎等，是异地运输过程中常发的严重疾病。

【病　原】　病原为丝状支原体丝状亚种，细小、多型，常见球状，革兰氏阴性。牛支原体为支原体属成员，是一类无细胞壁的原核微生物。常寄生在鼻腔和乳腺。

【诊　断】

（1）流行病学诊断　在自然条件下主要侵害牛（包括奶牛、黄牛、牦牛、犏牛等），其中3～7岁多发，犊牛少见。通过呼吸道感染，也可经消化道或生殖道感染。非疫区常因引进带菌牛发生暴发性流行，而老疫区因牛对本病具有不同程度的抵抗力，发病缓慢，通常呈亚急性或慢性经过，呈散发性流行。以冬春两季多发。

（2）症状诊断

①牛肺疫的诊断：潜伏期2～4天，体温升高达40℃～42℃，呈稽留热型。病势来势凶猛，多系统迅速衰竭，尤其以肺部症状明显，出现高度呼吸困难，可视黏膜发绀。食欲废绝，反刍消失。胸部叩诊，有浊音或水平浊音，并有疼痛反应，听诊呈湿性啰音。病至后期，胸前部及肉垂水肿，尿少，便秘与腹泻交替出现，2～3天，多数病牛常因窒息而死亡，死亡率超过50％。②支原体感染性疾病的诊断：成年牛感染多数以融合性支气管炎、化脓性肺炎、凝固性坏死性肺炎及胸腔积液和乳腺炎为特征。犊牛多数以融合性支气管炎、化脓性肺炎凝固性坏死性肺炎和关节炎为特征。发病初期病牛体温升高至41℃左右，咳嗽、流清亮鼻液、流泪、精神沉郁、食欲剧减。随着病程的延长，出现脓性鼻液、腕关节肿大、跛行、腹泻、心力衰竭等症状，多数治疗无效死亡。

（3）实验室诊断　无菌采取病变组织送相关实验室做病原学诊断和血清学诊断。

【防　控】　不从疫区引进牛只及牛产品。需要引进牛时，要严格检疫。定期用牛肺疫兔化弱毒菌苗或牛肺疫兔化绵羊化弱毒菌苗注射。此外，疫区牛场，应做好牛群的净化工作。

犊牛主要是由母乳感染，因此，母乳必须灭菌后饲喂。犊牛出生后第二天连续注射拜有利或者环丙沙星，连续注射 3 天。

【治　疗】　支原体缺乏细胞壁，对 β-内酰胺类抗生素不敏感，对磺胺也不敏感。临床推荐使用拜有利、四环素类、喹诺酮类（环丙沙星、氧氟沙星）、大环内酯类（泰乐菌素、替米考星、红霉素）和支原净（泰妙菌素）进行早期连续对症治疗。

（十三）附红细胞体病

附红细胞体病是由专性血液寄生物附红细胞体寄生于奶牛红细胞表面及血浆中引起的一种血液传染病，以高热、贫血、黄疸，多系统衰竭为特征。

【病　原】　附红细胞体属于支原体科支原体属，血虫净（贝尼尔）是首选治疗药物。

【诊　断】

（1）流行病学诊断　牛附红细胞体病一般在 7～9 月份为发病高峰期，以地方性流行和散发为主，蚊、蝇及吸血昆虫是主要传播媒介。大小牛都易感，人常被感染。

（2）症状诊断　发病牛体温升高 40℃ 左右，食欲、反刍减少，尿液变黄；中后期可见乳头皮肤变苍白，尿液暗红，阴道黏膜黄染、苍白，粪便干硬或拉稀便。妊娠母牛发生流产、早产、胎衣不下等。夏季病牛经用青霉素、链霉素、磺胺药、抗病毒药和解热药治疗一停药，体温就升高，反复发作，应怀疑发生了附红细胞体病。

（3）实验室诊断

①血液涂片染色镜检法　采牛耳静脉血在载玻片上涂成血液涂片，经瑞氏染色或姬姆萨氏染色后进行镜检。瑞氏染色时红细胞呈淡紫红色，附红细胞体呈天蓝色。姬姆萨氏染色后红细胞呈紫红色，附红细胞体有折光性，外周有白环。中度感染时每个红细胞表面上有附红细胞体 6～7 个，重度感染时有 20 个以上，

红细胞的染虫率在重度感染时可达 100%。

②血液涂片直接镜检法 采耳静脉血做成血液涂片，不进行染色直接镜检，镜检时将显微镜光圈调小在较暗的视野下检查附红细胞体，此种检查方法可减少因染色后血片过度着色而出现的假阳性判断。

③血液压片镜检 采耳静脉血滴于载玻片上，加等量生理盐水稀释以降低血浆浓度，避免红细胞重叠，盖上盖玻片，在 1 000 倍油镜下观察附红细胞体形态特点及活动情况。在血液压片中可以发现大小不一、大部分为黄褐色、深褐色发光的圆形、球形、短杆状小体，以单个或多个聚合在一起。悬液中的附红细胞体运动活跃，呈翻滚或扭转运动。形成聚合体的附红细胞体运动力减弱，仅呈滚动、扭动、摆动现象，红细胞失去固有的形态。确诊需要做 PCR 病原学诊断。

【防　制】 应采取支持疗法、杀虫疗法和预防性措施相结合的方法，阻断传播途径和再感染的发生，保持圈舍卫生，牛舍定期消毒和粪便的堆积发酵和灭蝇蚊工作。

【治　疗】

杀虫剂：贝尼尔（三氮脒、血虫净）、盐酸咪唑苯脲。

抗生素类：土霉素、四环素、强力霉素等。

色素制剂：黄色素、吖啶黄等。

建议：当一个奶牛场已确诊为牛附红细胞体病后，应立即对全场牛群进行预防性投药，首选药物为强力霉素，剂量 20 毫克 / 千克体重拌料饲喂 5 ～ 7 天。

对附红细胞体病牛，建议用药：①盐酸咪唑苯脲，剂量 1.5 毫克 / 千克体重，用生理盐水配成 2% 注射液，深部肌内注射，每天 1 次，连用 2 ～ 3 次。②血虫净（贝尼尔、三氮脒），用生理盐水溶解配成 5% 浓度，肌内注射，7 毫克 / 千克体重，每天注射 1 次，连用 2 ～ 3 天。个别牛发生过敏反应，可肌内注射肾上腺素或注射硫酸阿托品进行解救。③长效土霉素（长效抗菌剂、得力米先、附红康、康科得注射液）肌内注射。④对并发弓形虫病的牛在用上述药物的同时，还需用磺胺类药物治疗。⑤对存在严重贫血黄疸的牛，可肌内注射维生素 B_{12} 或内服硫酸亚铁，或者肌内注射含硒生血素以促进机体造血功能的恢复，同时使用维生素 C、维生素 K_3、止血敏（酚磺乙胺）。对大便干燥者可用人工盐、大黄苏打片，酵母培养物等。内服进行健胃、轻泻，以促进患牛瘤胃功能的恢复。

（十四）坏死杆菌病

坏死杆菌病是由坏死梭杆菌引起多种动物共患的慢性传染病。牛常见有犊牛白喉和成年牛腐蹄病。犊牛白喉特征是口腔、咽喉部大面积溃疡。腐蹄病特征是患蹄蹄踵部位及趾间皮肤、组织坏死、溃疡，受侵害组织凝固性坏死，严重跛行。

【病　原】　坏死梭杆菌为革兰氏阴性菌。

【诊　断】

（1）**流行病学诊断**　坏死梭杆菌广泛存在于土壤中，在污染的土壤中可存活 10～30 天。损伤的皮肤、黏膜（特别是蹄部伤口）是本菌的入侵门户。在夏季发病率较高，常引起群发性腐蹄病和犊牛传染性口腔疾病。

（2）**症状诊断**　潜伏期 1～3 天，犊牛表现为白喉，成年牛表现为腐蹄病。

①犊牛"白喉"　犊牛口腔糜烂、流涎、口臭、发热，咽喉周围出现大片伪膜，溃疡。

②腐蹄病　症状多为一肢跛行，趾间、蹄踵和蹄冠部发生热痛性肿胀，随后溃烂，流出恶臭脓性分泌物。有时病变向深部扩展，可波及腱带、韧带、关节和骨骼，甚至蹄匣脱落。

（3）**实验室诊断**　采取病健组织交界处的病料，制作病料涂片进行鉴定。

【治　疗】　犊牛白喉的治疗：小心除去口腔黏膜上的伪膜，

用 0.1% 高锰酸钾水溶液清洗口腔，涂擦碘甘油。或 2% 普鲁卡因喷洒在口腔或注射在面侧咬肌上。咽喉部皮下，氨苄西林 2 克＋生理盐水 10 毫升＋地塞米松 5 毫升＋2% 普鲁卡因 5 毫升混合，分点注射，每天 1 次，连续 4 天。严重者要输液，对症治疗。10% 葡萄糖 500 毫升＋四环素 3 克，复方氯化钠 500 毫升＋维生素 C 100 毫升；5% 碳酸氢钠 200 毫升，一次静脉注射，每天 1 次，连续 4 天。

腐蹄病治疗方法：将奶牛赶进削蹄车内保定，对蹄部进行清洗，削蹄，患部用 3% 双氧水（过氧化氢）清洗后，用 0.1% 高锰酸钾再清洗，擦干净，10% 碘酊消毒，涂抹防腐生肌散，包扎，3 天换药 1 次。肌内注射抗生素，福尼辛镇痛。平时每周用 5% 硫酸铜浴蹄和 2% 甲醛溶液交叉浴蹄。加强运动场旋耕、干燥、晾晒和消毒。日粮中添加有机锌进行预防。

（十五）放线菌病

放线菌病是由放线菌感染引起的一种慢性传染病。以上、下颌部发生增生性肉芽肿和慢性化脓为特征，偶尔见乳腺硬肿。

【病　原】　病原为放线菌属的牛放线菌和林氏放线杆菌。革兰氏染色中间为阳性紫色，周围膨大部为阴性红色。牛放线菌主要侵害骨骼，常见是面部，林氏放线菌主要侵害皮肤和软组织，常见是舌头形成"木舌症"。

【诊　断】

（1）**流行病学诊断**　放线菌常寄生在牛呼吸道和皮肤上。病牛为主要传染源，当面部损伤后易感染，多为零星发作，无季节性，以青年牛多发。

（2）**症状诊断**　该病根据临床症状即可确诊。临床可见上、下颌骨肿大，界限明显，触诊坚硬，肿胀缓慢，无热无痛，体温、脉搏、呼吸正常。病的后期，面骨严重增生变性，肿胀中心部位化脓、破溃、恶臭，乳房患病时，呈现弥漫性硬肿，抗生素治疗效果不明显。少见舌头肿胀,吞咽困难,流涎的"木舌状"。

（3）**实验室诊断** 取病变组织涂片染色镜检,可见形态特殊的牛放线菌和林氏放线菌。

【防　控】 该病为零星发生的疾病,传播不强,一般只需要对病牛进行适当治疗,隔离消毒即可。当发病较多时,可淘汰病牛,加强消毒即可。

【治　疗】

碘化钾疗法：碘化钾 10 克,淀粉 100 克,温水 1 000 毫升,混合一次灌服,每天 1 次,连续 7 天,停药 1 周,重复 7 天,连续 3 个疗程。

局部封闭疗法：青霉素 400 万单位×2 支,链霉素 100 万单位×2 支,生理盐水 40 毫升,2% 普鲁卡因 10 毫升,在肿胀周围多点皮下注射,每天 1 次,连续 5 天。

硬结和瘘管的手术摘除：①麻醉与保定：氯眠灵 4 毫升肌内注射进行全麻,在病变基部皮下 0.5% 普鲁卡因 100 毫升做周围浸润麻醉。站立保定或进行自然卧地保定。②切开皮肤：从肿胀最高点柔软部十字形切开,在球状肉芽肿底部两侧,沿被毛方向作一大于肉芽肿纵径的梭形皮肤切口。③整体摘除：切开两侧皮肤后,用组织钳或止血钳牵引两侧皮瓣；用刀或剪分离肉芽肿周围组织；再用双股粗丝线或锐齿拉钩将肉芽肿组织提起,并继续分离；向深部分离时,如处在颈静脉分叉处,必须注意避免损伤血管；沿肉芽肿分离周围组织时,不要紧贴索状根蒂,而应多带一些周围组织,以防剥破管壁,造成术部污染；显露肉芽肿根蒂部,仔细分离并向上追踪至腮腺或颌下腺甚至咽喉部病灶中心部；将止血钳夹住根蒂部,用缝线结扎并切除根蒂。④ 2% 碘酊纱布填塞,伤口周围注射 10% 碘仿乙醚或 2% 碘的水溶液。⑤对皮肤进行结节缝合后,结系绷带包扎,或不包扎。

（十六）链球菌病

链球菌病是由链球菌引起的急性传染病，主要包括肺炎链球菌引起的犊牛败血症和无乳链球菌、停乳链球菌和乳房链球菌引起的乳房炎。

【病　原】　链球菌属于革兰氏阳性化脓菌，对青霉素敏感。

【诊　断】

（1）流行病学诊断　本病一年四季均可发生，主要经呼吸道、乳房和受损的皮肤及黏膜感染。3周龄以内的犊牛易感染牛肺炎链球菌病，呈散发或地方流行性。奶牛在干奶期、围产期和泌乳高峰期易感染链球菌性乳房炎。

（2）症状诊断　犊牛肺炎链球菌病有急性或慢性之分。急性感染，病程仅几小时就出现全身虚弱，体温升高至40℃～42℃，呈弛张热；呼吸次数增加至80次/分以上，典型症状是呼吸极困难，气喘、眼结膜发绀、心脏衰弱、对抗生素治疗无反应，继而出现神经紊乱、四肢抽搐、痉挛，几小时内死亡。慢性感染，病程延长1～2天，鼻镜潮红，流脓液性鼻液。结膜发炎，消化不良并伴有腹泻。有的发生支气管炎、肺炎、咳嗽，呼吸困难，共济失调，肺部听诊有啰音。尸体剖检可见浆膜、黏膜、心包出血。胸腔渗出液明显增量并血染。脾脏呈充血性增生性肿大，脾髓呈黑红色，质韧如硬橡皮，即所谓"橡皮脾"，是本病特征病症。

关节炎型：肺炎发作的同时，常伴发腕关节、球节肿大，严重跛行。

牛链球菌性乳房炎：①无乳链球菌作为专性乳腺寄生菌，奶牛群中发生的乳房炎中约有90%是由该菌引起的，故有第一乳房炎链球菌之称。奶牛患无乳链球菌性乳房炎时，很少出现全身症状，但在感染初期患牛可能有发热症状，其发热症状也可能是间歇性出现。无乳链球菌引发的乳房炎所造成的损失主要是产奶量的减少，当大桶乳中的体细胞数突然急增时应首先考虑是否是无乳链球菌性乳房炎正在奶牛群中蔓延。②停乳链球菌没有无乳链球菌的传染性强，但临床症状较之更明显。其被认为是第二乳房炎链球菌。停乳链球菌引起的乳房炎一般为急性临床型乳房炎。常见症状为轻度发烧，乳区肿胀，发热，捏粉样，并伴有异常分泌，乳汁中有块状、片状凝块，CMT呈阳性。③乳房链球菌是奶牛肠道的正常寄生菌，因此广泛分布于粪便、牛床、垫草等环境中。大多数感染发生于泌乳早期或干奶晚期，也可发生在干奶早期。乳头损伤和乳头皮肤皲裂有助于乳房链球菌在皮肤的定植，可增加其感染机会。该菌被列为第三乳房炎链球菌。急性链球菌性乳房炎病例伴有体温升高、食欲减退、乳区肿胀、乳汁中出现凝块和絮片等症状，且其乳汁比正常乳稀薄。其临床症状不具有特征性，有时不够明显。

（3）实验室诊断　采取肺部病料或乳汁送实验室进行细菌分离培养和鉴定。

【治　疗】　链球菌为革兰氏阳性菌，首选药物为青霉素，强力霉素，磺胺类、头孢菌素类等，选择其中一类，每天用药2次，连续用药4天为1个疗程。严重病牛，需要配合输液等对症治疗。

（十七）气 肿 疽

气肿疽是由气肿疽梭菌引起奶牛的一种急性热性地方性传染病。临床特征为在肌肉丰厚部位发生气性肌炎和灶性坏疽，压之呈捻发音，并多伴发跛行，俗称黑腿病或鸣疽。

【病　原】　气肿疽梭菌，革兰氏阳性，厌氧，在体内外均可形成芽孢，能产生不耐热的外毒素。

【诊　断】

（1）临床诊断　本病主要散发，潜伏期3～5天。常突然发病，精神沉郁，食欲废绝，反刍停止，跛行，体温升高到41℃～42℃，呼吸和脉搏加快。在肩部、臀部、腰部、胸部、颈部和大腿上部等肌肉丰满部位发生急性肿胀，初期热、痛，以后变凉，触诊有捻发音，有时形成坏疽，皮肤发黑。切开患部，流出污红色带泡沫酸臭液体。病程 2～3 天，死亡率达 50%～100%。剖检肿胀部位变黑，从肌肉中排出酸臭气体。

（2）**实验室诊断** 确诊需要做病原学诊断和血清学诊断。

①涂片镜检 取心、肝、脾和肿胀部位的肌肉制备触片，镜检可见带有芽孢的革兰氏阳性杆菌，再用免疫荧光法鉴定。

②细菌分离 厌氧培养，该菌在血琼脂上可形成边缘不整、扁平、灰白色纽扣状的圆形菌落，呈 B 型溶血。在厌气肉肝汤中生长时培养基浑浊，产气。

③实验动物接种 取病料悬液接种豚鼠，可以获得该菌的纯培养物。也可以用厌气肉肝汤中生长的纯培养物肌肉接种豚鼠，豚鼠在 6～60 小时内死亡。再采取实质脏器分离细菌进行生化试验鉴定。

【鉴别诊断】 临床上与恶性水肿，草木犀中毒、运输热、炭疽进行鉴别诊断。

【防 控】 发现病牛立即隔离、扑杀。被病牛污染的环境彻底清理消毒。

【治 疗】 一般很少治愈，多数死亡。用青霉素和四环素治疗。

①肿胀局部切开引流：在肿胀最明显处剃毛、消毒，垂直切开 3～5 个切口，长 5～10 厘米，深 3～5 厘米，促进渗出液排出，用 3% 双氧水反复清洗，最后用 0.1% 高锰酸钾清洗，用 5% 碘酊消毒，开放伤口。

②肿胀周围封闭治疗：青霉素 1 600 万单位，生理盐水 30 毫升，2% 普鲁卡因 10 毫升，氢化可的松 10 毫升，于肿胀周围分点注射，每天 3 次，连续 3 天。

（十八）牛传染性角膜结膜炎

牛传染性角膜结膜炎又名红眼病，是由莫拉菌感染引起的一种危害牛眼组织的传染病。其特征是眼结膜和角膜发生明显的炎性症状，眼结膜红肿外翻，伴有大量流泪或分泌物，之后发生角膜混浊、溃疡，甚至失明。

【病　原】　病原为莫拉菌杆菌，革兰氏阳性。

【诊　断】

（1）**流行病学诊断**　本病犊牛发病率较高。牛可以通过直接接触或间接接触而感染，蝇类或飞蛾可机械性传播，污染的饲料可散播本病。本病多流行于夏秋季节。刮风、尘土等因素有利于本病传播，一旦发病传播迅速，呈地方性流行。

（2）**症状诊断**　潜伏期3～7天。初期，牛患眼畏光、流泪，分泌浆液性分泌物，眼睑肿胀、疼痛，后泪液成脓性，眼睫毛粘连，眼睑常闭合，角膜凸起，角膜周围血管充血，结膜和瞬膜红肿。严重者角膜增厚，并发生糜烂、溃疡，形成角膜瘢痕及角膜翳。多数病例起初为一侧眼患病，后为双眼感染。病程一般为20～30天，有时会自然痊愈。病牛一般无全身临床症状，但眼球化脓时往往伴有体温升高、食欲减退、精神沉郁和产奶量减少等症状。多数可自然痊愈，但少数留有角膜薄翳、角膜白斑和失明。确诊需要做病原分离鉴定。

（3）**实验室诊断**　采取病牛眼结膜囊内分泌物，接种于血液琼脂培养基上，33℃～35℃培养24小时后观察菌落形成狭窄的透明溶血环，呈半透明、灰白色，稍有黏性。病料和培养物涂片染色进行病原菌形态观察。对培养物做生化鉴定。

血清学诊断：常使用方法有沉淀试验、凝集试验、间接血凝试验、补体结合试验以及免疫荧光抗体技术等。

【鉴别诊断】　本病要与牛传染性鼻气管炎、恶性卡他热、维生素A缺乏症进行鉴别。

【防　控】　①贯彻预防为主的方针，保持栏舍和奶牛运动场、卧床的干燥卫生，并坚持定期消毒。②加强饲养管理，不从疫区引进牛及产品。引进动物要严格检疫，隔离观察。③在春末、夏秋季节要搞好灭蛾、蝇及防暑工作，避免强烈阳光的照射。④如果发生疫情，立即隔离病牛并予治疗，清除厩粪，堆积发酵，全面消毒牛舍。

【治　疗】局部治疗：用2%～4%硼酸水洗眼，拭干后再用3%～5%弱蛋白银溶液或2%氢化可的松眼膏、滴入结膜囊，每日2～3次。也可滴青霉素溶液（每毫升含5 000单位），或涂四环素眼膏。

眼外角封闭：在眼外角2厘米处，青霉素160万、链霉素100万，生理盐水6毫升，普鲁卡因2毫升，混合溶液肌内注射。

中药治疗：硼砂、硇砂、朱砂各等份，研为细末，用塑料管或竹管吹入眼内，每日1次。或硼砂6克、白矾6克、荆芥6克、防风6克、郁金3克，水煎后去渣，趁温洗眼。

（十九）钩端螺旋体病

钩端螺旋体病是由钩端螺旋体引起的一种重要的人畜共患传染病。以发热、黄疸、血红蛋白尿、流产、皮肤和黏膜坏死水肿为主要临床特征。

【病　原】钩端螺旋体属包括寄生性的问号钩端螺旋体和腐生性的双曲钩端螺旋体2个种。

【诊　断】

（1）流行病学诊断　本病是自然疫源性疾病，几乎所有的温血动物及某些冷血动物（如蛙等）都可感染。患病动物及带菌动物（包括牛、猪、犬）是本病的传染源。其中鼠类感染后带菌长达1～2年，甚至终生，是本病最重要的贮藏宿主和传染源。动物经尿排菌，污染土壤、水源、饲料和用具等，主要通过皮肤、黏膜，尤其是损伤的皮肤入侵机体引起感染，也可经过消化道、交配及吸血昆虫叮咬引起感染。本病的传播方式主要为水平传播，也可垂直传播。

本病一年四季均可发生，7～9月份为流行高峰期，本病的感染率高，发病率低。

（2）**症状诊断**　牛感染本病后一般不出现症状，极少数发病，临床可分为最急性型、急性型和慢性型。其中最急性型多见于犊牛，可见高稽留热，黄疸，尿血，腹泻，常于1天内窒息死亡；急性型较为多见，病牛体温升至40℃～41℃，精神沉郁，采食和反刍停止，阴道黏膜黄疸，乳房松软，乳汁初呈黄色，后变红色，混有血块，腹泻或便秘，尿血，病牛口腔黏膜、乳房和外生殖器的皮肤发生坏死，病程5～20天，妊娠母牛有的流产；慢性型，患牛间歇性发热，发热时贫血加重，黄疸和尿血时隐时现，反复发作，消瘦，病程可达数月。

（3）**实验室诊断**

①钩端螺旋体检查　采集未经治疗处于发热期的患牛的尿液、血液和肝脏等病料直接抹片或压片镜检，暗视野观察，可见C形或S形状的钩端螺旋体，即可做出诊断。此外，利用荧光抗体技术也可以检查尿液中的钩端螺旋体。

②重组DNA探针　可以作为钩端螺旋体属、种分类的一种手段。

③血清学诊断　凝集试验，补体结合试验，酶联免疫吸附（ELISA）试验可做出诊断。

④聚合酶链式反应（PCR）

【鉴别诊断】　本病应与牛出血性败血病、牛血吸虫病相鉴别。

【防　控】　消灭传染源，做好灭鼠工作。对疫区的牛群应定期用单价或多价苗钩端螺旋体疫苗进行预防接种。

【治　疗】　用青霉素、阿莫西林、链霉素、土霉素、四环素、金霉素等抗生素治疗，同时配合对症治疗，有一定的疗效。

（二十）牛生殖道弯曲杆菌病

牛生殖道弯曲杆菌病（简称为牛弯杆菌病）是由胎儿弯曲菌性病亚种引起牛生殖系统的传染病，以病牛胎儿死亡、流产、阴道卡他性炎、子宫内膜炎、屡配不孕为主要临床特征。

【病　原】　胎儿弯曲杆菌。

【诊　断】

（1）流行病学诊断　本病的易感动物有牛（其中肉牛多见）、绵羊和人。病牛和带菌牛是主要的传染源。母牛感染胎儿弯曲菌后1周，即可从生殖道黏液中分离到病菌，分娩后仍可带菌229天。该病主要是通过交配和人工授精传染。多数成年母牛都容易感染，公牛也能感染，且带菌时间长，因此公牛在本病的传播中起重要作用。

（2）症状诊断　病初母牛阴道呈卡他性炎，黏膜发红，黏液分泌增加，有时可持续3～4个月。在病的急性期，不育的情况加重，多数母牛需要重复交配多次方可受孕。很多母牛妊娠后胎儿死亡被吸收或排出。若继续交配，多数会在3个月内妊娠。若牛群已形成慢性病，则多数母牛已有免疫，因此在流行后期多数母牛开始正常妊娠。有些母牛流产，多见于妊娠的第5～6个月，并发胎衣滞留。公牛染病后多无明显的症状，仅见包皮黏膜暂时性潮红。

（3）实验室诊断

①细菌诊断

涂片镜检：以流产胎膜涂片染色镜检，可见形态为S形、螺旋形、弧形弯曲的杆菌。

细菌分离：将无菌采集的牛包皮垢、阴道分泌物或胃内容物放在含有抗生素（万古霉素、甲氧苄啶、多黏霉素B或C）的培养基上，37℃培养，48小时内进行检查。

②血清学试验　采取流产牛的血清或子宫颈阴道黏液，用试管凝集反应检查抗体，有助于本病的诊断。此外，还可用ELISA和荧光抗体技术对该病进行诊断。

③分子生物学诊断　有条件的实验室还可用PCR检测胎儿弯曲菌性病亚种，该方法特异性强、敏感性好。

【鉴别诊断】 本病应注意与牛衣原体病和布鲁氏菌病相区别。

【防　控】 淘汰感染该病的种公牛。肉牛、奶牛的繁殖均采用人工授精可以明显降低发病率。该病尚无商品疫苗。

【治　疗】 牛群中发生本病时，应暂停配种3个月，同时用抗生素治疗病牛。流产母牛，特别是胎衣不下的病例，可按子宫内膜炎进行常规处理，子宫内投入链霉素和四环素，连续用药5天。

第二章
奶牛寄生虫病防治

寄生虫病是由寄生虫引起的疾病。寄生虫对宿主引起的损害主要有机械性损伤、掠夺营养、传播病原，使机体致敏等。

一、原 虫 病

(一) 球 虫 病

球虫病是由艾美耳属球虫引起牛的一种消化道原虫病。临床上以急性或慢性出血性肠炎为特征，表现为渐进性贫血、消瘦、血痢，以3～6周龄的犊牛易发。

【病　原】　主要为邱氏艾美耳球虫和牛艾美耳球虫。球虫主要寄生于牛的盲肠、结肠和小肠（前者还寄生于直肠）。其生活史须经3个阶段：①无性生殖阶段，在寄生部位的上皮细胞内，以裂殖体增殖；②有性生殖阶段，在宿主上皮细胞内雌、雄两性配子融合为合子；③孢子生殖阶段，即合子变成卵囊后随粪便排到体外，在外界合适的温度、湿度条件下进行孢子增殖，形成含有4个孢子囊（每个又含2个子孢子）的感染性卵囊，牛吞食了这样的卵囊便受到感染。

【症　状】　球虫主要寄生在小肠下段和整个大肠。急性多在1～2天内死亡。多数犊牛发病，初期表现为粪便稀薄带血、恶臭、体温升高，精神沉郁，逐渐出现脱水、消瘦、贫血、发育迟滞。

【诊　断】　根据流行病学特征和症状可做出初步诊断，确诊需要做粪便检查虫卵。

【治　疗】　磺胺、百球清，林可霉素，呋喃西林等抗生素，并结合消炎、止痛、收敛、止泻，补液等对症治疗。

（二）隐孢子虫病

隐孢子虫病是由隐孢子虫引起犊牛以腹泻为特征的疾病。

【病　原】　主要有安氏隐孢子虫、微小隐孢子虫、牛隐孢子虫和猫隐孢子虫，属于细胞内寄生虫。

【流行病学特征】　隐孢子虫生活史包括裂殖生殖、配子生殖和孢子生殖3个阶段，均在同一宿主内完成。隐孢子虫的流行不受季节和地域限制，主要感染断奶前犊牛，3～4日龄至3～4周龄的犊牛易发生，表现急性腹泻，5～15日龄犊牛最易感。

【症　状】　首先表现腹泻，体温正常，粪便初为灰白或黄色，水样粪便，有大量的纤维素、血液、黏液，迅速脱水，精神沉郁，食欲下降，运动失调。抗生素和磺胺药物治疗无效。10日龄后，腹泻症状减轻，粪便变稠。单纯隐孢子虫感染死亡率低，合并感染大肠杆菌，轮状病毒时，死亡率很高。

【诊　断】　根据流行病学特征和症状可做出初步诊断，确诊需要做粪便检查和免疫学方法诊断。

【治　疗】　目前无特效治疗药物。阿奇霉素，磺胺嘧啶钠，复方穿心莲可作为首选药。

【预　防】　及时喂给量足质优的初乳，做好产房、犊牛保育栏卫生，通风和消毒是有效措施。

（三）弓形虫病

奶牛弓形虫病是由弓形虫所引起奶牛的寄生虫原虫病。是人兽共患传染病，多呈隐性感染，显性感染的临床特征是高热、呼吸困难、中枢神经功能障碍、早产和流产。

【病　原】　弓形虫。人和多种动物是其中间宿主，猫科动物是其终末宿主。

【流行特征】　隐性感染的猫能排出卵囊，而且卵囊又能够在外界环境中长期存活，故是最危险的传染源。急性感染阶段病例的精液、乳汁、肉含有其滋养体，其他动物食入其包囊可引起感染。

感染可分为先天性感染和后天性感染。先天性感染是通过胎盘感染，后天性感染主要是通过消化道感染。

弓形虫发病具有明显的季节性，多发生在气温 25℃～27℃ 的 6～9 月份，幼龄犊牛容易发生。

【症　状】　牛弓形虫病例较少见。1～6 月龄犊牛通常忽然发作，最急性 36 小时内死亡。多数病牛表现食欲明显减少，体温升高达 40℃～41.5℃，呈稽留热，呼吸困难，很快出现四肢僵硬，步态不稳，共济失调，并很快死亡。成年牛多数只发生流产，在乳汁中检出弓形虫。

【诊　断】　必须在实验室查出病原体或特异性抗体方可确诊。

【治　疗】　磺胺类药物和氯苯胍较为敏感，是首选药物，对症连续治疗。

（四）新孢子虫病

新孢子虫病是由犬新孢子虫寄生于牛细胞内而引起的一种原虫病。主要特征是造成母牛流产、死胎及新生犊牛运动神经系统疾病。本病可以垂直传播，带虫母牛通过胎盘将病原传给胎儿，故危害极大。

【病　原】　犬新孢子虫。

【流行病学】　牛是中间宿主，犬是终末宿主，胎盘是最主要的传播途径。

【症　状】　妊娠母牛流产，以妊娠 5～6 月流产较多，或分娩出死胎、弱胎、木乃伊胎。新生犊牛出生后表现为不能站立，四肢僵直，1～2 周后出现神经症状后死亡。

【诊　断】　通常需要实验室病理组织学、免疫学和分子生物学诊断方可确诊。

【治　疗】　目前无特效药，复方新诺明为首选药，结合临床症状对症治疗。

（五）胎儿滴虫病

胎儿滴虫病是由寄生在牛生殖器官内的胎儿三毛滴虫引起的牛生殖道寄生原虫病，奶牛较常见。特征是导致奶牛早期胚胎死亡、流产和不孕，主要表现是脓性卡他性阴道炎、子宫内膜炎。

【病　原】　胎儿三毛滴虫。

【流行病学】　主要发生在母牛妊娠 3～5 月龄。

【症　状】　公牛无全身症状，只表现包皮肿胀、流脓。母牛阴道红肿、屡配不孕、发情周期紊乱，妊娠母牛流产。

【诊　断】　确诊需要采病料送实验室进行病原学诊断。

【治　疗】　口服二甲硝咪唑、甲硝唑（灭滴灵），结合临床症状对症治疗。

二、绦　虫　病

绦虫病是由绦虫的成虫或幼虫寄生于奶牛体内引起的寄生虫病。绦虫成虫主要寄生在肠道。幼虫的囊尾蚴和裂头蚴可在皮下和肌肉内引起结节或游走性包块，若侵入眼、脑则形成严重伤害，棘球蚴在肝肺可造成严重危害。

（一）莫尼茨绦虫病

莫尼茨绦虫病是由裸头科莫尼茨属的扩展莫尼茨绦虫和贝氏

莫尼茨绦虫寄生在小肠中引起的一种寄生虫病。本病呈地方性流行，对犊牛危害严重。

【病　原】　扩展莫尼茨绦虫和贝氏莫尼茨绦虫。

【生活史】　寄生在小肠内的成虫，其孕卵节片脱落后，随粪便排出体外。在外界环境中被破坏，释放出虫卵。虫卵被某些种类的地螨吞食后，卵中的六钩蚴在中间宿主体内生长发育成具有感染能力的似囊尾蚴。牛、羊吞食了含有似囊尾蚴的中间宿主地螨后，幼虫吸附在牛、羊的小肠黏膜上，40天左右发育为成虫，成虫在牛、羊体内可寄生2～6个月，随后自肠内排出。本病3～7月份多发。

【症　状】　牛多为慢性经过，最初，犊牛被毛逆立，体质消瘦，四肢无力，体温升高达39.8℃以上。空嚼、口吐白沫，腹泻，贫血，阴道黏膜苍白，体表淋巴结肿大，最终衰竭死亡。成虫长达数米，宽1～2厘米，大量寄生时，聚集成团，造成肠腔狭窄，发生肠梗阻，肠破裂而死亡。

【诊　断】　确诊需要在粪便中检出虫卵或虫体。

【治　疗】　首选药为硫双二氯酚、氯硝柳胺（灭绦灵）、丙硫咪唑（阿本达唑）口服。预防措施是驱虫和控制地螨。

（二）牛脑多头蚴虫病

脑多头蚴又名脑包虫，是寄生于犬、狼等肉食兽小肠内的多头绦虫的幼虫。脑多头蚴病是脑多头蚴寄生于牛、羊脑组织内引起的一种绦虫蚴病，能引起明显的转圈症状。

【病　原】　脑多头蚴。

【流行病学】　多头绦虫寄生于犬等动物的小肠内，不断脱落孕节片随犬粪便排到外界环境中，污染草料，牛吞食了含大量虫卵的孕卵节片而感染。进入牛消化道的虫卵，卵膜被溶解，六钩蚴逸出、并钻入肠黏膜的毛细血管内，而后随血流被带到脑内，继续发育成囊泡状多头蚴。由感染到发育成多头蚴，需要2～3

个月。犬吞食了含有多头蚴的牛或羊的脑，即感染多头绦虫。寄生于小肠内的多头绦虫可以存活几年，它们不断排出孕卵节片成为牛感染多头蚴病的来源。

【症　状】　初期无症状，后期当多头蚴发育到一定体积压迫脑组织引起脑部组织萎缩形成囊腔，颅内压升高才出现一系列神经症状，表现为做转圈运动，视力下降，体温正常，不思饮食，呆立，共济失调，衰竭死亡。

【诊　断】　一般根据流行病学特征，结合临床症状可以初步诊断，确诊需要开颅找到囊肿，制片镜检发现脑多头蚴即可确诊。

【治　疗】　吡喹酮、丙硫咪唑生理盐水溶液，注射在颅内。或者采取手术切开颅腔后，将牛仰面保定，用止血钳夹住包囊膜轻轻摆动即可取出虫囊。

三、线虫病

奶牛线虫病是由线虫纲的各种线虫寄生于牛体内所引起的寄生虫病。犊牛常见有弓首蛔虫病（牛新蛔虫病），消化道园线虫病（血矛线虫病、钩虫病、结节虫病）等。

（一）园线虫病

牛、羊等反刍动物的皱胃及肠道内，经常有不同种类和数量的线虫寄生，并可引起不同程度的胃肠炎、消化功能障碍，患畜消瘦、贫血，严重者可造成畜群的大批死亡。

【病　原】　血矛线虫（又称捻转胃虫），仰口属线虫（又称钩虫），食道口线虫，毛首属线虫（又称鞭虫）。

【生活史】　血矛线虫寄生在牛的第四个胃，随宿主粪便排出的虫卵污染土壤和草料，在适宜的温、湿度下，经数日发育成感染性幼虫（第三期幼虫），牛、羊吞食了感染性幼虫后，幼虫在皱胃里经半个多月直接发育为成虫。

【症　状】　大量虫体刺伤胃壁，引起蠕虫性胃肠炎，表现为贫血、消瘦、消化不良、下颌水肿、下痢与便秘交替发生。一般体温正常，四肢脱毛，如开水烫过的脱毛状，眼结膜苍白，高度贫血，顽固性下痢，犊牛腹围增大，呈"大腹病"。

【诊　断】　实验室用粪便浮集法检查虫卵。

【治　疗】　丙硫咪唑，左旋咪唑，伊维菌素口服。

（二）肺丝虫病

牛肺丝虫病是由网尾科和原圆科的线虫寄生于牛呼吸器官（气管、支气管、细支气管和肺泡）内而引起的一类线虫病，特征是咳嗽、气喘和肺炎。

【病　原】　胎生网尾线虫。

【生活史】　寄生在宿主细支气管和肺泡内的雌虫产卵并孵出幼虫，幼虫移行到口腔，再被吞咽到胃肠道，随粪便排出。在适宜的温度和湿度下，幼虫经过二次蜕化变为感染性幼虫。牛在吃草或饮水时摄入感染性幼虫后，幼虫在小肠内脱鞘，钻入肠壁，由淋巴液带至淋巴结，在该处进行第3次蜕化。此后经血管进入血液循环，到心，转入肺，出毛细血管进肺泡，到达细支气管和支气管。在肺部进行最后一次蜕化。

【症　状】　最初症状为咳嗽，逐渐出现呼吸困难，听诊有啰音，最终导致肺气肿。

【诊　断】　在粪便、唾液或鼻腔分泌物中发现第一期幼虫，即可确诊。

【治　疗】　丙硫咪唑，左旋咪唑，伊维菌素口服或肌内注射。

（三）犊牛新蛔虫病

犊牛新蛔虫病的病原体为牛弓首蛔虫寄生于犊牛的小肠内引

起的线虫病。临床上以肠炎、腹泻、腹部膨大和腹痛为特征。

【病原体】 牛弓首蛔虫。

【生活史】 母牛吞食感染性虫卵后，幼虫在小肠中从卵壳内钻出，穿过肠壁，移行至肝、肺、肾等器官组织中，进行第二次蜕化，变为第 3 期幼虫，并停留在该组织中。待母牛妊娠 8.5 个月左右时，幼虫又开始移行至子宫，进入胎盘羊膜液中，进行第 3 次蜕化，变为第 4 期幼虫，该幼虫被胎牛吞入小肠中发育。犊牛出生后，幼虫在小肠内进行第 4 次蜕化，经 25～31 天变为成虫。成虫在犊牛小肠中可寄生 2～5 个月，以后逐渐从宿主体内排出。现在认为，犊牛哺乳了含有蛔虫幼虫的乳汁会被感染。

【症 状】 犊牛出生 2 周后为受害最严重时期，常见食欲不振，腹泻；因肠黏膜损伤，可见排出多量黏液或血液，有特殊臭味。患犊腹部膨大，消瘦，精神不振，后肢无力，站立不稳。虫体太多时可造成肠阻塞或肠穿孔而死亡。

【诊 断】 根据临床症状，结合犊牛的年龄及临床症状和粪便化验找到虫卵即可确诊。

【治 疗】 左旋咪唑 10 毫克 / 千克体重，一次内服；丙硫苯咪唑 15～20 毫克 / 千克体重，一次内服；伊维菌素内服与皮下注射，一次量为 0.2 毫克 / 千克体重；驱蛔灵（哌嗪）200 毫克 / 千克，一次口服。

【预 防】 对患犊应于 15～30 日龄时驱虫，早期治疗不仅对保护犊牛健康有益，并可减少蛔虫虫卵对环境的污染，应将母牛和犊牛隔离饲养，减少母牛受感染的机会。

四、血孢子虫病

奶牛血孢子虫病是指一类由寄生在牛血液系统的孢子虫所引起的血液寄生原虫病。称梨形虫病，以前称焦虫病。奶牛主要见于双芽巴贝斯虫和环形泰勒虫病，两者症状相似，治疗方法相同。

牛巴贝斯虫病是由多种巴贝斯虫寄生于牛红细胞内引起的一种血液原虫病。临床上以体温升高、贫血、黄疸和出现血红蛋白尿为特征的一种血液寄生虫病。

【病原体】 双芽巴贝斯虫和牛巴贝斯虫。虫体寄生于牛红细胞内，虫体长度大于红细胞半径，其形态有梨籽形、圆形、椭圆形及不规则形等。典型的形状是成双的梨籽形，尖端以锐角相连。每个虫体有一块染色质。虫体多位于红细胞的中央，每个红细胞内虫体数目为1～2个，很少有3个以上。红细胞染虫率为2%～15%。虫体经姬姆萨染色后，胞浆呈淡蓝色，染色质呈紫红色。

【生活史】 牛双芽巴贝斯虫在微小牛蜱体内发育、繁殖，待虫体发育到感染阶段时，当带虫蜱再叮咬健康牛时即可感染健康牛。

【症　状】 巴贝斯虫的致病作用是由虫体及其代谢产物——毒素的刺激造成的，常使宿主各器官系统与中枢神经之间的正常生理关系遭到破坏。由于虫体对红细胞破坏严重，可以引起溶血性贫血。潜伏期8～15天。病牛体温升高到40℃～42℃，呈稽留热型。食欲消失，反刍停止，便秘或腹泻，排黑褐色、恶臭粪便。病牛迅速消瘦、贫血、黏膜苍白和黄染。由于红细胞大量破坏，出现血红蛋白尿，尿色呈棕红色或黑红色。病牛消瘦，贫血，血稀如水，红细胞大小不均，着色淡。重症时治疗不及时可引起死亡，死亡率可达50%～80%。

【病理变化】 皮下组织及脂肪均呈黄色胶样水肿状，各内脏器官被膜均黄染。皱胃和肠黏膜潮红并有点状出血。肝、脾肿大，胆囊扩张。肾肿大，被膜容易剥离，表面有点状出血。膀胱膨大，存有多量红色尿液，黏膜有出血点。肺瘀血，水肿。心肌柔软，呈黄红色，心内外膜有出血点。

【诊　断】 发病多在夏、秋，且外地引入牛容易发病，发病急，全身症状明显，牛身上可以找到蜱在叮咬，即可确诊。病牛体温升高 1～2 天，耳尖静脉采血涂片检查，在红细胞内可发现少量圆形的和变形的虫体；在血红蛋白尿出现期检查，可在血片中发现较多的梨籽形虫体。

【治　疗】　常用药物有：①咪唑苯脲，治疗剂量为 1～3 毫克 / 千克体重，配成 10% 溶液肌内注射。②三氮脒（贝尼尔），血虫净，剂量为 3.5%～7.0 毫克 / 千克体重，配成 5%～7% 溶液，作深部肌内注射。本药对某些奶牛有副作用，如出现起卧不安、肌肉震颤等，可肌肉注射肾上腺素或地塞米松，妊娠奶牛应慎用地塞米松。③肌内注射维生素 B12，硫酸亚铁。④用 0.1% 敌百虫溶液喷洒杀虫，清理粪便并堆积发酵，消毒环境。

【预　防】　预防本病的关键在于消灭蜱，可手工摘蜱或用药物杀蜱，异地注射焦虫疫苗，2 周后运输引入。可应用咪唑苯脲进行药物预防。发病季节注射 1 次可产生 60 天的保护作用。

五、奶牛肝片吸虫病

奶牛肝片吸虫病是由肝片吸虫寄生于牛胆管所引起的一种蠕虫病。多呈地方性流行，犊牛多发，临床上以贫血、消瘦、水肿、异食癖为特征。

【病　原】　肝片吸虫和大片形吸虫。

【生活史】　寄生在牛肝脏胆管中的片形吸虫成虫产的卵随胆汁进入肠腔，随粪便排出体外，在适宜的条件下经 10～25 天孵出毛蚴并游动于水中，遇到中间宿主椎实螺便钻入其中，经胞蚴、雷蚴，最后发育成尾蚴，尾蚴离开螺体在水生植物或水面下脱尾形成囊蚴。牛在吃草或饮水时吞入囊蚴而遭感染。幼虫穿过肠壁，经肝表面钻入肝内的胆管发育成熟。

【症　状】　肝片吸虫主要刺激胆管、肝细胞或微血管，引起急性肝炎和肝出血，同时虫体分泌有毒物质引起肝炎，毒素进入血中可引起红细胞溶解，发生全身中毒、贫血、浮肿、消瘦等症状。急性发病时，体温升高，食欲消失，腹痛，腹泻，迅速发生贫血，可是黏膜苍白，突然死亡。慢性症状主要表现消瘦，容易脱毛，前胃弛缓，贫血，下颌水肿，流产等。

【诊　断】　急性病例在粪便中找不到虫卵，可用免疫学方法诊断。慢性病例在胆管中检出成虫，即可确诊。

【治　疗】　硫双二氯酚，硝氯酚，丙硫咪唑为首选药。

六、外寄生虫病

奶牛外寄生虫病是由寄生于奶牛体表的外寄生虫引起的疾病。常见有螨与蠕形螨病和虱病。

（一）螨与蠕形螨病

1. 螨病　螨病是由多种寄生于奶牛皮肤内的疥螨和寄生于体表的痒螨引起的慢性皮肤寄生虫病。

【病　原】　牛疥螨，牛痒螨和牛足螨。

【流行病学】　犊牛最易感，主要通过与病牛接触或围栏、用具感染发病。潮湿、阴暗、拥挤的厩舍常使病情恶化。

【症　状】　剧痒，皮肤发炎，局部被毛结痂、脱毛、皮肤增厚，消瘦。

【诊　断】　采取健康与患病交界部的痂皮，检查有无虫体，才能确诊。

【治　疗】　隔离病牛，患部彻底清洗、剃毛、清除结痂和污垢，可用螨净、双甲咪涂擦在患部，同时0.1%伊维菌素皮下注射。同时注射抗过敏、抗炎药物。

2. 蠕形螨病　蠕形螨病又称毛囊虫病或脂螨病，是由牛蠕形螨寄生于奶牛的毛囊和皮脂腺内引起的顽固性皮肤病。

【病　原】　牛蠕形螨。

【流行病学】 蠕形螨的全部发育过程都在宿主体上进行，包括卵、幼虫、两期若虫和成虫。主要通过接触感染。

【症　状】 毛囊、皮脂腺发炎，皮肤增厚。多数出现在头部，颈部有小黄米大结节，逐渐变大，很快发展到肩胛、背部、臀部、体侧等部位。病牛痒觉不明显，无大面积脱毛现象。

【诊　断】 采取病变部皮肤结节，置载玻片上，加甘油水，再加上盖玻片，低倍显微镜检查，发现虫体即可确诊。

【治　疗】 局部清创，双氧水清洗，双甲咪涂抹，同时 0.1%伊维菌素皮下注射。

（二）虱　病

牛虱病是由寄生于牛体表各种牛虱引起。

【病　原】 常见有牛血虱、牛鄂虱、牛毛虱等。

【症　状】 牛经常舔食背部、颈部、肩部和尾部，出现痒觉、消瘦、不安。

【诊　断】 在牛体上找到牛虱即可确诊。

【治　疗】 0.1%敌百虫溶液对牛体患部分批次清洗，防治中毒，同时 0.1%伊维菌素皮下注射。

第三章

犊牛疾病防治

犊牛疾病主要发生在新生犊牛期和断奶犊牛期，其中严重威胁犊牛生命的疾病有犊牛腹泻，犊牛肺炎和关节炎等。

一、犊牛保健技术

（一）犊牛饲养目标

犊牛饲养的目标是，无疾病发生，生长发育好，日增重不低于 750～800 克，60 日龄断奶体重是初生日体重的 2 倍以上。其中瘤胃发育好是犊牛饲养的终极目标。

（二）犊牛保健技术

犊牛的保健技术主要包括初乳的饲喂，提高新生犊牛非特异性免疫力，提高断奶犊牛抗应激能和注射疫苗等。

1. 饲喂初乳　初乳是新生犊牛唯一的营养，是决定犊牛健康的首要因素，喂好了初乳，也预示着犊牛健康的开始。犊牛出生后必须立即喂给初乳。带血、乳房炎牛的初乳不能用；头胎牛或 5 胎以上的经产牛的初乳最好不用；产前漏奶或产犊前挤奶的牛初乳减少；干奶期超过 90 日龄或少于 40 日龄的初乳也不合格。

（1）初乳的饲喂方法　可分为鲜初乳直接饲喂和冷藏冻初

乳饲喂。①新鲜初乳的饲喂母牛分娩后，立即清洗消毒后躯和乳房，挤去三把奶、检验初乳正常，立即挤出 4 升，直接喂给新生犊牛。②冷冻初乳饲喂将冷冻的初乳提前 3～4 小时溶热在水溶液内解冻，待犊牛分娩后，将冷冻初乳溶热后 35℃～38℃胃管投入新生犊的胃中。

（2）初乳保存与使用　分娩后立即剂出初乳，用初乳测定仪进行检验，初乳温度 21℃～27℃，免疫球蛋白含量 52～140（绿）质量最好、30～51（黄）质量合格可以冻冷，30（红）以下质量不合格。优质初乳 –20℃冷冻保存。解冻使用水浴锅 45℃～55℃。

（3）初乳饲喂模式　犊牛初乳饲喂采取3+2+2的模式或4+2模式。即犊牛出生后 1 小时灌服 3 升优质初乳，初乳温度 38℃～39℃，或灌服 4 升，6 小时后再灌服 2 升，再过 6 小时灌服 2 升。如果犊牛在出生后 1 小时内不能自行饮奶，采用初乳灌服器灌服，初乳喂过 16 小时后，才转入常初饲喂，每天分 3 次，每次 2 升，温度 38℃～39℃，24 小时供水，自由饮用。

（4）初乳饲喂量和时间　在犊牛出生后的最初 12 小时内，应该喂给占犊牛体重8%～10% 的初乳；并在出生后的 30 分钟内喂给犊牛，确保有效的吸入量。初乳有通便作用并促使消化系统正常，更重要的是饲喂初乳的量和饲喂时间对小牛的成活有极大影响。刚出生的牛犊其抗体的吸收率平均为 20%（6%～45%）。随着小牛对抗体消化的增加，小肠细胞对抗体的通透性急剧下降。出生 24 小时后，小肠黏膜封闭小牛无法吸收完整的抗体。若没能使小牛在出生后 12 小时内吃到初乳，就很难使小牛获得足够的抗体以提供足够的免疫力。出生 24 小时后才饲喂初乳的小牛，其中会有 50% 的小牛因不能吸收抗体而不能受到保护，以致这些小牛中有许多会死亡。为保护小牛免受疾病感染，血液中的 IgG 浓度至少应为 10 毫克 / 毫升血清。在刚出生 1 小时内和出生后 12 小时各饲喂 4 升初乳，才能使犊牛获得足够的 IgG。

若初乳的量少于 2 升或第一次饲喂延迟，血液中的 IgG 含量就会短缺（少于 10 毫克 / 毫升血清）。

（5）**新生犊牛管理** 犊牛需要温暖、干净、干燥、卫生、无菌的环境，因此，新生犊牛经过急救处理后立即隔离，以防母牛疾病传给犊牛。新生犊牛需要的温度为 25℃～30℃。新生犊牛需要专人护理，预防疾病。犊牛出生 72 小时，血清免疫球蛋白≥ 10.0 毫克 / 千克为合格。

2. 提高新生犊牛非特异免疫力 在新生犊牛腹泻严重的牛场，犊牛出生第一天注射开元 5 毫升，提高体液免疫和细胞免疫，提高消化道黏膜的免疫力，促进受损伤消化道黏膜的修复能力，在消化道内膜形成微膜具有收敛作用，预防大肠杆菌病、巴氏杆菌病、沙门氏菌病、支原体病，黏膜病毒病、轮状病毒病、冠状病毒病，球虫病感染。

3. 提高断奶犊牛抗应激能力 为了减少犊牛断奶应激造成的不良反应，在犊牛 40 日龄饲喂培根至 75 日龄，每天 15 克，促进瘤胃微生物菌群的进一步建立，增强瘤胃乳头与黏膜的增长，提高营养素的吸收。要减少断奶应激反应，促进瘤胃和肠道环境的适应性，减少瘤胃臌气，腹泻、肺炎、水中毒、外伤的发生。

4. 注射疫苗 给犊牛免疫可以大大降低犊牛疫病的发生。犊牛免疫的主要疾病是口蹄疫，布鲁氏菌病，黏膜病毒病，鼻气管炎等。

口蹄疫免疫程序：每年 11 月份至翌年 3 月份出生的犊牛，45 日龄注射口蹄疫三联苗，75 日龄注射口蹄疫三联苗。所有后备牛每年 9 月 1 日全部注射口蹄疫三联苗，9 月 20 日，注射口蹄疫三联苗，12 月 15 日注射口蹄疫三联苗。

布鲁氏菌病免疫程序：犊牛第 75～90 日龄，120～135 日龄，12 月龄分别注射布鲁氏菌 A19 号疫苗。

黏膜病毒病—鼻气管炎病免疫程序：犊牛 75 日龄、110 日龄分别注射黏膜病毒病—鼻气管炎病二联疫苗。

二、犊牛常见疾病防治

（一）新生犊牛缺氧（窒息）

新生犊牛缺氧是指分娩时，由于分娩无力，产程延长或者难产致使犊牛严重缺氧，呼吸障碍形成的酸中毒状态。

【原　因】　接产不及时，难产，倒生，母牛产力不足，产程延长等原因引起的。

【症　状】　犊牛出生后活力不足，呼吸缓慢，意识淡薄，反应迟钝，精神沉郁，吮乳无力。

【急　救】

（1）**清理呼吸道**　用消毒好的纱布清理口腔、鼻腔、咽部、气管和食道内的羊水、胎粪等异物。或者将犊牛倒提起来来回摇摆，轻轻拍击犊牛胸部，促进气管和食道及瘤胃内羊水排出，一般只持续 15～20 秒钟，即放平犊牛，以防长期倒挂使犊牛内脏气管压迫膈肌及心肺造成犊牛死亡。

（2）**兴奋呼吸中枢**　常采用尼可刹米 2～4 毫升肌内注射，肾上腺素 4 毫升肌内注射。或者用稻草刺激犊牛鼻腔，以引起犊牛咳嗽反射。

（3）**解除酸中毒**　在无条件输氧时，静脉注射 5% 碳酸氢钠 200 毫升，糖盐水 500 毫升加樟脑磺酸钠 5 毫升。

（二）新生犊牛骨折

新生犊牛骨折是指在助产或者难产时，将铁链或者较细麻绳系在犊牛的前肢指掌部，强行牵拉致使掌骨骨折。这种骨折多见为非开放性骨折。

【原　因】　正生胎儿过大，母牛过肥，过早强行牵拉，用力不均造成。

【治　疗】　用塑料网固定骨折处上下关节，再用宽胶带固定塑料网。或者用石膏绷带固定骨折部位的上下关节。

肌内注射青链霉素，安痛定或者氟尼辛。肌内注射维生素D，维丁胶性钙10毫升，每天1次，连续5天。

犊牛隔离管理或者进入犊牛岛，让其自由活动。

（三）脐带疾病

临床常见脐带疾病有脐带出血、脐带漏尿、脐带感染、脐带化脓及脐带脓肿，脐带愈合不良形成脐疝，脐尿管瘘。

新生犊牛的脐带有3根管，分别是脐带动脉、脐带静脉和脐带尿管。其中脐带动脉，脐带静脉直接连接在犊牛的肝脏，脐带尿管直接连接在犊牛的膀胱。出生时，脐带动脉、静脉和脐带尿管均被拉扯断，由于其内膜的收缩，立即形成栓塞，不见流血和流尿。

【原　因】　一般是由于先天性发育不良和后天性脐带感染所致。

【症　状】　出生后30分钟还见脐带断端出血不止或者流尿不止。犊牛出生后10天后，见脐带断端肿大、疼痛、发热、食欲不振。

【治疗】　犊牛出生后立即在脐带根部2厘米处结扎，在结扎线外4厘米处断脐，断端涂抹5%碘酊。

脐带发炎可以在脐带周围采用青霉素240万单位，链霉素100万单位，生理盐水20毫升，混合均匀，再加上2%普鲁卡因5毫升，注射在脐带周围的皮下。或者，氨苄西林2克，生理盐水20毫升，混合均匀，分2点，肌内注射，每天2次，连续3天。

脐带化脓形成脓肿，需要手术切开脓肿，用3%双氧水清洗脓肿腔，开放治疗。

如果并发脐疝，需要根据情况，一般先切开脓肿，清理后，再进行脐疝整复术。

（四）犊牛白肌病

犊牛白肌病是由于母体内硒缺乏或犊牛出生后硒供给不足引起犊牛肌肉变性而表现的一系列综合征。主要特征是犊牛出生以后骨骼肌失灵不能站立和心肌变性，心动过速，剖检可见心脏肌肉出现虎斑心。

【原　因】　母牛日粮中硒的含量低于 0.3 毫克 / 千克干物质。或者饮水，土壤中缺硒。

【症　状】　犊牛出生后肌肉无力，不能站立，心率高达 120 次 / 分以上，心音混浊，心律失常，粪便带血，腹泻，突然死亡等。

【治　疗】　亚硒酸钠 5 毫升，分 2 点肌内注射，1 周后再次肌内注射亚硒酸钠 5 毫升。预防措施是给母牛提供足够量的有机硒。

（五）新生犊牛腹泻（胃肠炎）

新生犊牛腹泻是指犊牛出生后 10 日龄以内的腹泻。特征是粪便中水分增多，排便次数增多，量增大，严重者激发胃肠炎，粪便恶臭。

犊牛出生后 1 周内发生腹泻多数是大肠杆菌感染，出生后 15 日龄以后多数是隐孢子虫和沙门氏杆菌感染，出生后 40 日龄，多数是球虫感染。但生产中多数是混合性感染，死亡率较高，损失严重。

【病　因】　新生犊牛腹泻分为营养性腹泻和传染性腹泻，大肠杆菌是引起新生犊牛腹泻的主要病原菌。其次初乳喂量不足，初乳被污染，初乳饲喂不及时，初乳饲喂温度过低，初乳抗体含量低下，饲喂抗生素奶，乳房炎奶，饲喂过量；环境温度过低，频换更换饲养人员，饲喂不定时，牛圈肮脏，饲喂用具消毒不严是常见病因。

【症　状】　犊牛出生后不久就出现粪便细软或黄白稀粪，但食欲正常。后期出现胃肠炎，表现粪便恶臭、带血、带脓、脱水、眼球下陷、精神沉郁、走路摇摆，甚至急性死亡。严重的新生犊牛腹泻一定会出现高钾血症，酸中毒和严重的脱水。高血钾可以引起心律失常和心动迟缓是致死的主要原因。

【诊　断】　临床上表现为腹泻，排出黄白稀便，迅速脱水、衰竭、急性死亡，即可临床确诊（表3-2）。

表3-2　犊牛腹泻流行病学与症状特征

序号	疾病类型	流行病学与症状特征
		犊牛传染性腹泻流行病学特征
1	犊牛大肠杆菌病	由致病性大肠杆菌引起7日龄内犊牛急性传染病，犊牛多死于毒血症。大肠杆菌革兰氏阴性。大肠杆菌的抗原可分为菌体抗原（O）、鞭毛抗原（H）、表面抗原（K），常见为K99。犊牛感染途径是消化道和脐带。感染几小时内出现脱水、肌肉无力、精神极度沉郁，在4～12小时内发生休克、死亡。体温正常，心律不齐。病死犊牛，胃肠道轻度充血、水肿，肠内容物混有血液和气泡、恶臭
2	犊牛轮状病毒病	犊牛出生后立即被母牛感染，主要是G和P血清型。腹泻一般发生在10～15日龄，寒冷季节容易暴发，多与隐孢子虫混合感染。症状有亚临床型、轻度、中度和重度感染，没有细菌感染时，体温多正常。重度感染治疗不及时，可发生休克甚至死亡
3	犊牛梭菌性肠炎	由B型魏氏梭菌（又称产气荚膜梭菌）引起新生犊牛的一种急性肠毒血症，以急性死亡和出血性、坏死性肠炎为临床特征。魏氏梭菌可分为A、B、C、D、E、F共6型，侵害犊牛的为B型，革兰氏阳性。细菌在粪便、土壤中广泛存在。病菌在消化道产生强烈的外毒素，导致高度致死。潜伏期极短，最急性的犊牛没有任何病象，忽然死亡。有的犊牛出现沉郁、腹泻、体温正常、粪便带血、呼吸困难、肌肉震颤、倒地四肢划动、很快死亡。特征性病变是全身实质器官出血，特别是小肠黏膜出血、坏死明显

续表 3-2

序号	疾病类型	流行病学与症状特征
4	犊牛沙门氏菌病	由多种血清型的沙门氏菌引起的急性或慢性传染病，临床主要特征是发热、腹痛、腹泻和胃肠炎，妊娠母牛流产。以 15 日龄以后犊牛易感，表现为体温升高 40℃～41℃，腹泻，脱水迅速，卧地不起，排出恶臭水样粪便，有时粪便灰白色，带有血液，黏液，经过及时治疗多数可以恢复。腹泻期间，并伴发腕关节和跗关节肿大，支气管炎、肺炎
5	犊牛冠状病毒病	冠状病毒可以引起犊牛腹泻、呼吸道疾病和成年牛冬痢。腹泻主要发生在 14 日龄左右。主要从口腔感染，引起小肠结肠炎症。冠状病毒引起犊牛腹泻比轮状病毒严重，如果治疗不当可造成较高的死亡率
6	犊牛黏膜病毒病（BVDV）	黏膜病毒病母牛以流产、腹泻和黏膜糜烂为特征。以 6～18 月龄后备牛易感，病牛呈现典型的双相热，体温 40℃～42℃。母牛可以胎盘传染给胎儿，犊牛出生即成为 BVDV-PI 牛，PI 犊牛初生体重较小，死亡率高，生长发育迟缓，终生带毒，并感染其他牛只。因此，犊牛出生后经过检测，阳性犊牛扑杀

犊牛寄生虫性腹泻的流行病学与症状特征

序号	疾病类型	流行病学与症状特征
7	隐孢子虫病	属于肠道原虫病。感染奶牛的隐孢子虫有安氏隐孢子虫、微小隐孢子虫、牛隐孢子虫和猫隐孢子虫 4 种。微小隐孢子虫主要感染断奶前犊牛，安氏隐孢子虫主要感染青年牛和成年牛，牛隐孢子虫和猫隐孢子虫主要感染断奶后犊牛。犊牛 3～28 日龄最易感，发生急性腹泻，发病率一般在 50%，病死率达 16%。抗生素和磺胺类药治疗无效。阿奇霉素和磺胺间甲氧嘧啶有效
8	球虫病	是由孢子虫纲真球虫目艾美耳科艾美耳属的多种球虫寄生于肠道黏膜上皮内引起的寄生虫病。临床上以急性或慢性出血性肠炎为特征，表现为渐进性贫血、消瘦及血痢。以 3～6 周龄的犊牛易感染，主要发生在 10～15 日龄，初期腹泻，后期高热，体温升至 40℃以上，粪便变黑，贫血，消瘦，黏膜苍白。死亡率较高。犊牛感染主要原因是环境中的垫草、污物污染牛乳房而感染犊牛

续表 3-2

序号	疾病类型	流行病学与症状特征
		犊牛过食性腹泻的临床特征

主要原因是犊牛饮食不当或乳品质量不良造成消化功能障碍和消化器官性变化的综合性病变。特征是初期出现消化不良和排出稀便、脱水、消瘦。直接原因多数是奶温过低，代乳粉过期，天气骤变、寒冷所致。主要症状是消化不良，体温正常，腹泻，粪便水样、酸臭、混有没有消化的凝乳块或饲料。严重者，体温升高，食欲废绝，全身无力，精神沉郁，心跳加快，衰竭而亡

【机　理】　消化道内的液体 80% 是由腺体分泌的，20% 由外界摄入。分泌消化液的腺体有唾液腺、胃腺、胰腺、肝脏及大、小肠腺。95% 进入消化道的液体被吸收，只有 5% 排出体外。目前认为腹泻是粪便内水分增加或排出粪便的体积增大或两种因素兼有。腹泻表明水分和电解质的吸收和分泌失调，如果分泌增多而吸收减少，即可导致严重的腹泻。

离子运输障碍、被动吸收障碍、肠蠕动性减退、渗透压改变、组织流体静压和通透性增加，这些因素的某一因素或多种因素复合作用都可引起腹泻。

【治　疗】

腹泻造成犊牛主要病理变化是电解质丢失、脱水和酸中毒，血液 HCO_3^- 浓度降低，pH 值降低，葡萄糖、Cl^-、Na^+ 浓度下降，K^+ 浓度升高，血浆体积下降，红细胞压积上升，血浆蛋白浓度升高。

（1）**治疗原则**　中止病因的致病作用，阻断恶性循环，补充营养物质，促进机体酸碱平衡、渗透压平衡、离子平衡、水平衡和葡萄糖平衡及维生素平衡，提高细胞的耐受性。

（2）**用药原则**

①消灭病原　选择广谱抗生素和抗病毒药物，驱虫药，一次灌服，或肌内注射、静脉注射。

②补充水和电解质 0.9%生理盐水3 000～5 000毫升，5%葡萄糖500毫升，缓慢静脉注射，或者口服补液盐加水3 000～5 000毫升配制成等渗液，胃管一次灌服。

③对症治疗 消炎、止痛、收敛、止泻，助消化。

（3）治疗方法

①抗生素的应用原则 对犊牛腹泻应采取综合治疗，单纯应用抗生素而不补充体液和纠正酸中毒往往引起死亡。对于病因尚未查明的急性腹泻，应首先将病犊和母牛隔离，使犊牛停止吃奶24小时。有些犊牛在停奶后不久便停止腹泻，尤其是过食性腹泻和病毒性腹泻，停奶的效果很好。细菌性腹泻和病毒性腹泻应用抗生素是有益的，在后者可防止继发感染。急性腹泻最好注射给药，因为胃肠道的急性炎症使胃肠道给药的药效下降。亚急性腹泻和慢性腹泻可经胃肠道给予抗生素。

②补液原则 补充体液和电解质的目的是恢复体液的正常容积和成分，纠正酸中毒，可根据临床实际和病犊脱水程度选择药物的种类和用量。补充液体的途径有静脉、腹腔和口服。对于不能口服的犊牛应采用静脉或腹腔输液的方法，在危重病例腹腔输液可减轻心肺负担，但对液体的种类和浓度有比较严格的限制。脱水严重（体重的8%～12%）的病犊可用等渗盐水（0.85%）和等渗碳酸氢钠溶液（1.3%）等量混合后静脉输入，在最初6小时内每千克体重给予100毫升，在其后的20小时内给予维持量每千克体重140毫升。中度脱水（体重的6%～8%）的，最初6小时内静脉输入每千克体重50毫升，在其后的20小时内给予维持量每千克体重140毫升。如果犊牛能够自饮，可经口给予。口服营养电解质溶液有多种，联合国世界卫生组织推荐的口服补液盐（ORS）治疗犊牛腹泻有较好的疗效。成分为氯化钠3.5克，碳酸氢钠2.5克，氯化钾1.5克，葡萄糖20克，加常水1升。

口服营养电解质粉的配方如下。

配方 1：葡萄糖 56.7，蛋白质 19.9，碳酸氢钠 12.68，氯化钾 3.6，甘氨酸 3.12，氯化钠 2.84，磷酸钙 1.33，硫酸镁 0.76（以上均为百分数），每 200 克加常水 4 升，液体 pH 值 7.5，每天给病犊饮 2～3 次，每次 1～2 升。

配方 2：葡萄糖 67.53，氯化钠 14.34，甘氨酸 10.3，柠檬酸 0.81，柠檬酸钾 0.21，磷酸二氢钾 6.8（以上均为百分数），取以上混合物 32 克溶于 1 升水中，所配液体为等渗溶液，pH 值 4.3，有增强真胃凝乳的作用。

配方 3：氯化钠 117 克，氯化钾 150 克，碳酸氢钠 168 克，磷酸钾 135 克。总量 570 克，取该混合物 5.7 克，加水 1 升，在溶液中再加 510 克葡萄糖，溶液 pH 值 7.0。补充液体的原则是首先补足已丢失的体液，然后再随丢随补，丢多少补多少，估计困难时可粗略按每千克体重 100 毫升补充，口服液体的温度应为 30℃～35℃。停止喂奶，静脉注射或口服液体的犊牛，如有希望康复，在 6～10 小时内即表现为明显的改善，病牛精神好转，脱水得到控制并开始排尿；恢复无望的犊牛仍然沉郁，大多不排尿，表现不可逆的肾衰竭，即使液体连续治疗 3 天也不见效，最终死亡。

根据经验，无论是细菌性腹泻还是病毒性腹泻，及早补充液体是至关重要的，补液晚或补液量不足往往贻误治疗时机，致使病犊衰竭，形成不可逆的器质性病变，这是造成死亡的重要原因。

③中药及维生素　用抗生素治疗效果不好的大肠杆菌性腹泻，可用中药配合液体治疗。中药处方为：马尾莲、黄柏、黄芩、猪苓、泽泻、车前子、罂粟壳、茯苓、白芍、地榆、神曲、麦芽、石榴皮、党参、当归、黄芪、熟地黄、甘草各 10 克，水煎口服 2～3 次。

已确诊为病毒性腹泻的，可选用地榆槐花汤：地榆、槐花、苍术、金银花、连翘、甘草各 30 克，乌梅、诃子、猪苓、泽泻各 50 克，煎汤灌服。

成年奶牛在临产前 21 天肌内注射维生素 AD 30 毫升（含维生素 A 5 万单位，维生素 D 20.5 万单位）；犊牛于出生后肌内注射维生素 AD 5 毫升。对预防犊牛腹泻也有一定作用。

治疗处方：

处方 1：出现腹泻后，立即禁食 24 小时，口服补液盐或者电解质多种维生素补充剂加入 35℃ 5 升水中，胃管灌服，连续 2 天。

处方 2：乳酶生片 5 克＋次硝酸铋 5 克＋木炭末 10 克，温水 2 升，一次灌服，每天 1 次。

处方 3：阿托品 10 毫升，肌内注射，每天 1 次，连续 3 天。

处方 4：复方穿心莲 10 毫升，肌内注射，每天 1 次，连续 3 天。

处方 5：严重脱水：0.9% 生理盐水 500 毫升＋维生素 C 20 毫升；0.9% 生理盐水 500 毫升＋地塞米松 10 毫克；5% 葡萄糖 500 毫升＋维生素 B_1 10 毫升；5% 碳酸氢钠 200 毫升；糖盐水 500 毫升＋三磷酸腺苷（ATP）1 克；10% 葡萄糖酸钙 250 毫升，一次静脉注射，每天 2 次，连续 3 天。

处方 6：伊维菌素 0.2 毫克 / 千克体重，肌内注射，7 天后再注射 1 次。

【点　评】犊牛腹泻多数是大肠杆菌为主，但实际中是混合性感染。所以，治疗时，首先选择抗革兰阴性菌为主的抗生素，比如庆大霉素、卡那霉素、氟苯尼考，诺氟沙星等。为了防止耐药菌的产生，使用口服、肌肉、静脉给予抗微生物药物时，必须坚持抗生素使用原则，即首次选用的药物要对症，最好做病原分离、鉴定和药物敏感试验。确定药物后，首次使用剂量要加倍量；每天使用 2 次，连续使用 3～4 天，中间不能停药，也不能随意更换药物。同时，要补充维生素和营养剂，提高机体细胞的耐受性。

在治疗犊牛腹泻时，脱水是犊牛腹泻死亡的直接原因，所以，口服电解质多种维生素加一定剂量的温水是非常有效的方法；同时，静脉输液一定要缓慢注射，并且要足够量，否则，效果不佳。

静脉注射碳酸氢钠，调节酸碱平衡十分重要。

禁止注射氯化钾，因为腹泻过程中，已经造成高血钾，再注射氯化钾会导致心跳骤然停止，加速死亡。

【预　防】

（1）妊娠母牛的饲养管理　母牛在围产期前 24～21 天，注射犊牛腹泻联苗。分娩前注射维生素 ADE 30 毫升。母牛进入围产期，要强化环境卫生，做到圈舍干净、干燥，特别是要保持乳房干燥、干净，在围产前期建设卧床是非常有效地防止雨雪天乳房被污染的方法。

妊娠母牛，特别是妊娠后期母牛饲养管理得好坏，不仅直接影响到胎儿的生长发育，也影响到初乳的质量及初乳中免疫球蛋白的含量。因此，对妊娠母牛要合理供应饲料，给予足够的蛋白质、矿物质和维生素饲料，确保母牛有良好的营养水平，使其产后能分泌充足的乳汁，以满足新生犊牛的生理需要。可于产前给母牛接种大肠杆菌病疫苗、冠状病毒病疫苗等，以使犊牛产生主动免疫；干奶期要保证供给优质干草喂量，严格控制精饲料喂量，防止母牛过肥和产后酮病的发生；要保持牛舍清洁、干燥，母牛要适当运动；产房要宽敞、通风、干燥、阳光充足，消毒工作应经常持久。产圈、运动场要及时清扫，定期消毒，特别是对母牛产犊过程中的排出物和产后母牛排出的污物要及时清除。凡进入产房的牛，每日刷拭躯体 1～2 次，对母牛后躯进行喷洒消毒，使牛体清洁。

（2）犊牛出生后的管理

①灌服初乳犊　牛出生后采取"14233 管理"，即犊牛出生后 1 小时内灌服初乳 4 升，2 小时内挤出母牛的初乳，3 小时内将犊牛体表烘干，3 日龄内保持犊牛舍温度在 15℃～21℃并具有

良好的通风条件。

②牛乳饲喂　犊牛在 30～40 日龄，牛奶喂量可按初生体重的 1/10～1/15 计算，1 月龄后逐渐使全乳喂量减少一半，用等量的脱脂乳代替。60 日龄后，停止饲喂全乳，每日供给 1 次脱脂乳，同时补充维生素 A、维生素 D 及其他脂溶性维生素。饲喂酸化乳能有效预防犊牛腹泻。酸化乳制作方法是将乳重量 1% 的甲酸或 0.7% 的醋酸与牛奶混匀，在发酵罐发酵足够时间，让犊牛自由采食。保证饮乳卫生和饮乳质量，严禁饲喂劣质牛奶和发酵、变质、腐败的牛奶。应将初乳和牛奶加热到 36℃～38℃后饲喂。

③补喂颗粒精饲料　犊牛出生后 7 天左右，开始训练吃颗粒精饲料。

④补喂粗饲料　犊牛出生后 100 天开始饲喂优质粗料，如苜蓿、燕麦草。

（六）犊牛感冒

感冒是由突受寒冷袭击诱发（引起）的急性上呼吸道（鼻、咽、喉）黏膜炎症。临床表现以鼻流清涕、流泪、皮温不整、咳嗽呼吸加快及发热为特征。

【病　因】寒冷刺激；饲养密度过大，通风不良；初乳饲喂不足或质量低下、抵抗力降低等。

【症　状】忽然发作，咳嗽、喷嚏、流浆液性鼻液；眼结膜发红，流泪、多分泌物。脉搏增快（120 次 / 分以上），呼吸增数，体温升高，不定热型，可达 39℃～40℃及以上；继发支气管炎、支气管肺炎时出现呼吸困难、剧烈咳嗽；精神沉郁，多卧少立，不愿运动，食、饮欲减少。

【诊　断】根据病史与流涕、泪、咳嗽、皮温不整及发热等症状做出初诊。

【治　疗】治疗原则是除去病因、镇痛解热、防治继发症；加强饲养管理，通风，保温、多晒太阳。

抗菌消炎：用青霉素 240 万单位，链霉素 100 万单位，生理盐水 10 毫升，地塞米松 5 毫克，混合，一次肌内注射。穿心莲注射液或鱼腥草注射液 10 毫升，一次肌内注射，每天 1 次。

解热镇痛：30% 安乃近 10 毫升，肌内注射；或安痛定 10 毫升，肌内注射；阿司匹林 5 片，口服，2 次 / 日；柴胡注射液 10 毫升，肌内注射，1 次 / 日。

（七）气 管 炎

气管炎是指气管黏膜表层或深层的炎症。临床上以咳嗽，胸部听诊有啰音为主要特征。按病程可分为急性气管炎和慢性气管炎。

【病　因】　常由感冒蔓延而来。病因主要为受寒感冒或受各种理化因素的刺激而发病。继发性病因常见继发于肺炎、喉炎、腺疫、鼻疽、流感、肺丝虫等某些传染病和寄生虫病。

【症　状】

（1）急性支气管炎　主要特征是咳嗽，当受冷空气刺激或触压喉、气管时，可引起强力咳嗽。病初，咳嗽干、短而痛，3～4 天后随渗出物增多而变为湿性长咳，且疼痛减轻。此外，病初呈浆液性鼻液，以后变成黏液性或黏液脓性，咳嗽时鼻液排出增多。肺部听诊，初期肺泡呼吸音粗粝，2～3 天后可出现啰音，开始为干性啰音，以后随渗出物增多和变稀薄而呈现湿性啰音；但啰音出现的部位并不稳定，常因咳嗽或体位改变而消失或转移。肺部叩诊常无明显变化。大多表现精神不振，食欲减退，体温稍升高（升高 0.5℃～1.0℃），结膜充血，呼吸稍增，还可呈现前胃弛缓症状。当细支气管炎时，症状较重，体温可升高达 39℃ 以上，食欲明显下降或拒食，明显的呼吸障碍（以呼气性呼吸困难为主），脉搏增数，结膜显著充血或发绀，甚者引起急性肺泡气肿。

（2）慢性气管炎　病程较长，可达数月或数年。其主要表现为持续性咳嗽、流鼻液，症状时重时轻；当受冷空气刺激后，咳嗽加剧。严重病例，常继发肺泡气肿，肺部常呈现各种啰音，肺部叩诊界扩大。

急性支气管炎的病程一般为1～2周，如能合理治疗，1周左右即可恢复。细支气管炎易转化为支气管肺炎，预后宜慎重。慢性病例，若迁延日久致肺组织出现形态学改变者，常难以完全恢复。

【诊　断】　本病主要根据临床症状即可做出诊断。

【治　疗】

（1）**去除病因**　加强通风，环境治理，消毒，降低饲养密度。

（2）**抗菌消炎**　青霉素240万单位、链霉素100万单位，生理盐水20毫升，混合，一次肌内注射，每天2次，连续4天或者气管内注射；头孢唑啉钠1.0克，生理盐水20毫升，混合，一次肌内注射，每天2次，连续4天。病情严重时，可选用四环素、卡那霉素、庆大霉素或红霉素等。配合应用地塞米松、氢化可的松，能提高消炎效果。

（3）**平喘、止咳、化痰**　肌内注射氨茶碱，每次0.5克，每天2次。同时口服复方甘草片，每次10片，每天2次。

（4）**制止渗出和促进炎性渗出物吸收**　可用氯化钙或葡萄糖酸钙静脉注射，以制止渗出。也可用碘化钾内服或碘化钙溶液静脉注射，以促进炎性渗出物的吸收。

（5）**抗过敏**　地塞米松，每次10毫克，每天1次。

（6）**补液、强心**　可用5%葡萄糖溶液或5%右旋糖酐生理盐水，10%安钠咖（苯甲酸钠咖啡因）注射液，适量静脉注射。

犊牛常用治疗方剂为：

氨苄西林0.5克×6支，安乃近10毫升×2支，地塞米松5.0毫克×4支，混合肌内注射，每天2次，连续3天。复方氯化钠500毫升，20%磺胺嘧啶钠60毫升；25%葡萄糖200毫升＋维生素C 20毫升；10%葡萄糖酸钙150毫升；一次静脉注射，每天 1 次，连续 3 天。氯化铵片 0.5 克×5 片，复方甘草合剂 150 毫升，杏仁水 20 毫升，人工盐 50 克，加水 500 毫升，缓慢灌服，每天 1 次，连续 4 天。其中药物剂量可根据犊牛体重的大小适当调整。

（八）卡他性肺炎

卡他性肺炎是支气管或细支气管与肺小叶群同时发生卡他性炎症。由于炎症主要侵害肺小叶或小叶群，故又称为小叶性肺炎。临床特征是咳嗽，流鼻液，体温升高呈弛张热，听诊肺部有捻发音，叩诊呈局灶性浊音区。

【病　因】　由某些病毒、细菌（如金黄色葡萄球菌、溶血性链球菌、肺炎球菌、克雷伯氏杆菌、埃希氏大肠杆菌、绿脓杆菌、棒状杆菌、梭形杆菌、牛型结核分枝杆菌、放线菌）、真菌（如白色念珠菌、烟曲霉菌、组织胞浆菌、球孢子菌）、寄生虫（如弓形虫、嗜气毛细线虫、圆线虫）和支原体等的感染所致。

可继发于感冒、喉炎、支气管炎等上呼吸道疾病；也可继发于子宫内膜炎、乳房炎等部分化脓性疾病，以及某些传染病；过敏性反应；异物的吸入等引起。

【症　状】　病初呈急性支气管炎症状，全身症状重剧，表现为精神沉郁，黏膜充血或发绀，食欲大减或消失；呼吸浅表，增数至每分钟 40～100 次，且有混合性呼吸困难，呼吸困难的程度常与发病的肺小叶面积成正比；心音增强，脉搏加快达每分钟 100 次以上；体温在发病后 2～3 天内高达 40℃以上，且呈弛张热。胸部听诊，病初在病灶部，肺泡呼吸音减弱，有捻发音，随病程发展，由于渗出增多，可听到干性啰音或湿性啰音；当病灶互相融合且被炎性渗出物所充满时，则肺泡呼吸音消失并出现支气管呼吸音。其健康部肺脏因代偿而肺泡音增强。

【诊　断】　根据临床症状，结合实验室检验结果即可做出诊断。

【治　疗】　原则为抗菌消炎、止咳化痰、制止渗出、促进渗出物的吸收和排除及相应的对症治疗。

（1）**抗菌消炎**　氨苄西林2克，地塞米松10毫克，生理盐水10毫升，一次混合肌内注射，每天2次；或肌内注射头孢拉定，每次1.0克，每天2次。也可选用甲硝唑注射液100毫升或盐酸四环素按20毫克/千克体重，每天1次，静脉注射。重症者可静脉滴注红霉素，每次6.0克，每天2次，一般用药2～3天后体温可恢复正常，但仍应继续用药2天。

（2）**止咳化痰**　对于刺激性咳嗽剧烈的犊牛，可以肌内注射可待因，每次20毫克，每天2次。

（3）**制止渗出**　可用10%葡萄糖酸钙溶液120毫升，静脉注射，每天1次。

（4）**促进渗出液的吸收和排出**　可用利尿剂如呋塞米等，也可用10%安钠咖溶液、10%水杨酸钠注射液和40%乌洛托品溶液按1∶10∶6比例混合后适量静脉注射。

（5）**真菌性肺炎**　可选用两性霉素B静脉注射，犊牛的用量为20毫克/千克体重，7天为1个疗程。

（6）**支持疗法**　静脉滴注5%葡萄糖氯化钠溶液适量，每天2次；以补充机体必需的营养物质。

（7）**对症治疗**　高热者肌内注射复方氨基比林，每次10毫升，每天2次。

常规方剂为：

5%碳酸氢钠200毫升；复方氯化钠200毫升+20%磺胺嘧啶钠60毫升；25%葡萄糖200毫升+四环素50万×2支；10%葡萄糖酸钙250毫升，依次静脉注射，每天2次，连续3天。维生素C 10毫升，呋塞米注射液10毫升，地塞米松15毫克，分别肌内注射，每天1次，连续4天。

（九）犊牛心肌炎

心肌炎是伴有心肌兴奋性增加和心肌收缩功能减弱为特征的

心肌炎症。按炎症性质分为化脓性和非化脓性；按其病程分为急性和慢性。临床上常见犊牛口蹄疫引起的急性非化脓性心肌炎和硒缺乏引起的白肌病和心肌炎。

【病　因】　急性心肌炎通常继发于某些传染病（如口蹄疫、钩端螺旋体病、结核病等），寄生虫病（如弓形虫病等）、代谢病（如硒和维生素 E 缺乏症等）、脓毒败血症、风湿病、贫血等疾病的过程中。慢性心肌炎是由于急性心肌炎、心内膜炎反复发作而引起。

【症　状】　急性非化脓性心肌炎以心肌兴奋异常增高为主要特征。表现脉搏疾速而充实，心悸亢进，心音高朗。稍做运动，心跳加快，即使运动停止，仍持续较长时间。这种心功能试验，往往是诊断本病的依据之一。

心肌细胞变性心肌炎多以充血性心力衰竭为主要特征，表现脉搏疾速和交替脉。第一心音强盛、混浊或分裂，第二心音显著减弱，多伴有缩期杂音，其原因为心室扩张、房室瓣口相对闭锁不全所致。心脏代偿能力丧失时，黏膜发绀，呼吸高度困难，体表静脉怒张，颌下、四肢末端发生水肿。

【诊　断】　根据病史和临床症状诊断。

心功能试验是诊断急性心肌炎的一个指标，其做法是在安静状态下，测定病牛的心率，随后令其急走 5 分钟，再测其心率，如为心肌炎，停止运动 2～3 分钟后，心率仍继续加快，较长时间才能恢复原来的心率。心脏听诊出现心音浑浊，节律不齐。

【治　疗】　治疗原则是去除病因，减轻心脏负担，增加心肌营养，抗感染和对症治疗。首先应使病牛安静，给予良好的护理，避免过度兴奋和运动。多次少量喂给易消化、富含营养和维生素的日粮，并限制过多饮水。可用磺胺类药物、抗生素疗法治疗原发病。促心肌代谢可用 ATP 100 毫克、辅酶 A 50 单位或肌苷 50 毫克，肌内注射，1～2 次 / 天，或细胞色素 C 30 毫克加入 10% 葡萄糖溶液 200 毫升中，静脉注射。伴有高热、心力衰竭时，可试用氢化可的松 20 毫升，静脉注射，1 次 / 天。伴有水肿者，可应用利尿剂。

（十）瘤胃臌胀

犊牛瘤胃臌胀是指瘤胃内异常发酵产气致使瘤胃内气体聚集过量，胃壁扩张变薄压迫膈肌和脏器而引起的病症。

瘤胃臌胀依其病因可分为原发性和继发性两种类型；依其性质又可分为非泡沫性和泡沫性膨胀两种。

【病　因】

（1）**原发性急性瘤胃臌胀**　多发生于采食大量的发酵饲料，如苜蓿、燕麦草、三叶草、豆科种子，经霜、雪、冰冻霉败的饲草以及易发酵的青贮料，特别是豆科植物，含有多量的蛋白质、皂苷、果胶和半纤维素等物质，改变了瘤胃内容物的理化特性，使瘤胃内菌群共生关系、动态平衡关系失调，以及机体神经反应性降低，导致本病发生。

（2）**继发性瘤胃臌胀**　可继发于食道阻塞、瘤胃内异物，前胃弛缓，肠梗阻等病过程中。

【症　状】　常发生于大量采食易发酵饲料后不久就发病。病牛腹围急剧增大，左腰旁窝突起，严重者可高出脊背。叩诊瘤胃紧张而呈鼓音。食欲、反刍和嗳气很快停止，瘤胃蠕动初期增强，很快减弱或消失。呼吸高度困难，口中流出多量混有泡沫的口涎，呼吸每分钟可达 80～100 次，心跳每分钟可达 100 次以上。结膜充血后发绀，脉搏快而弱，静脉怒张，体温正常。

泡沫性瘤胃臌胀，常见有泡沫唾液从口中逆出或喷出。胃管排气或瘤胃穿刺时，只能断断续续排出少量气体，瘤胃液常阻塞穿刺针孔，排气困难。病至后期，站立不稳，心力衰竭，血液循环障碍，静脉怒张，呼吸困难，最后由于窒息或心脏麻痹而死。

慢性瘤胃臌胀，多由继发因素引起，病情时好时坏，瘤胃中等臌胀或反复臌胀，病情发展缓慢。

【诊　断】　根据临床症状，结合病史即可确诊。临床上应区别原发性和继发性的原因，继发性的瘤胃膨胀还表现原发病的症状；还应确诊是泡沫性还是非泡沫性的瘤胃膨胀。

治疗原则是瘤胃排气消胀，理气止酵，强心输液，健胃消导、镇痛，预防心肺衰竭。

（1）瘤胃排气　在左侧肷部瘤胃隆起最高点，剪毛、5%碘酊消毒，用18号针头垂直刺入瘤胃，放气时用食指适当摁压排气孔，以防放气过快引起急性脑贫血。放气时瘤胃强烈收缩，一定要用长针头，防止针头划破瘤胃。急性瘤胃膨胀多数为泡沫型鼓气，食糜常常阻塞针孔，要不断地用注射器冲开针孔阻塞物，并向瘤胃内注射稀释过的消气灵30～50毫升。

也可以用瘤胃放气套管针，在使用时，首先在左侧肷部隆起最高点剪毛，5%碘酊消毒，切开皮肤2～3厘米，然后垂直插入套管针进入瘤胃，拔出针芯排气。在危急情况下也可切开瘤胃放气急救，随后进行瘤胃修补术。在放气的同时，可以用开口器打开口腔，插入胃管或胶皮管进行瘤胃内排气。

（2）镇痛镇静　安乃近30毫升，肌内注射；20%安钠咖10毫升，肌内注射；

（3）制止发酵，清理胃肠　小苏打15克，加温水1 000毫升，一次灌服；1小时后灌服下列药物：硫酸镁100克，消胀散20克，酵母片15片，大黄酊15毫升，姜酊15毫升，诺氟沙星粉5克，加水1 000毫升，混合，一次灌服。

【点　评】　瘤胃异常直接导致微生物群系破坏，细菌大量繁殖，发酵产气。灌服药物要以调节瘤胃内环境为主，同时灌服抗生素杀菌，抑制酶类异常发酵。急性膨胀多为泡沫型，制止发酵药物以二甲硅油为主。由于瘤胃膨胀压迫胸腔，适当减少输液量，以防心力衰竭。慢性膨胀多为游离型，以灌服鱼石脂加酒精制止发酵为主。

（十一）犊牛瘤胃内异物

犊牛瘤胃内异物是指犊牛发生异食癖时，将牛毛、塑料、棉布、毛巾吞入瘤胃，引起瘤胃机能异常。

犊牛异食癖是指犊牛吞食牛圈垫料、沙石、牛毛等现象。由于犊牛瘤胃黏膜还没有发育完全，异物进入瘤胃后，刺激瘤胃黏膜，引起瘤胃黏膜的出血性炎症。异物阻塞网瓣孔会引起瘤胃膨胀致死。异物进入真胃，引起真胃黏膜溃疡，导致消化不良、腹泻、真胃出血、溃疡、穿孔等。

【病因】

①饥饿。犊牛食欲很强，定时饲喂量不能满足其营养需要时引起异常采食。

②寄生虫病、维生素缺乏症或矿物质不足，特别是维生素C、维生素D缺乏时会引起异食癖。

③舔食习惯。犊牛有舔食习惯，在饥饿条件下会吞食异物。

【症 状】 多发生在20～60日龄。犊牛平时就表现有异食现象，消瘦，贫血，腹泻，瘤胃臌胀，反复发作。体温、呼吸、心跳正常；常发生低血糖，当静脉注射高糖后，精神好转，停止输液后反复发病，最终因营养衰竭或瘤胃臌胀死亡。

【诊 断】 瘤胃内异物常可根据病史和临床体检，反复性瘤胃臌胀做出初步诊断。胃内有较大异物时，用手触诊可觉察，必要时做瘤胃切开探查。

【治 疗】 瘤胃异物需要切开瘤胃，取出异物。当真胃积沙，需要从右侧肷部切开，拉起幽门，恢复幽门状态，幽门部网膜腹膜外固定，常规关闭腹壁切口，常规护理。术后灌服硫酸镁100克，加水5升，加酵母等健胃剂。

【预 防】 犊牛采取全天采食法，供给酸化奶，避免饥饿；饲喂代乳粉；饲喂平衡日粮，供给充足的矿物质、维生素；设立盐槽，舔砖，供给食盐，小苏打自由采食。

（十二）犊牛真胃扩张

犊牛真胃扩张或扭转是由于真胃幽门阻塞或移位，使真胃排空受阻，体积变大，导致真胃内容物不能后送的疾病。真胃扭转后很快发生真胃扩张，因此称之为胃扩张—扭转综合征。其特征为真胃内积气积液体积变大胃内压增加，排空受阻和休克。

【病　因】　常见于异食癖、吞入泥沙、异物阻塞幽门。瘤胃异常发酵，产气过多；钙、磷比例失衡等营养因素。

【症　状】　由于幽门部闭塞而发生急性真胃扩张。腹部叩诊呈鼓音或金属音。腹部触诊，可摸到球状囊袋。急剧冲击真胃下部，可听到拍水音。病牛呼吸困难，脉搏频数，腹痛、弓腰、伸腿、踢腹，饮食欲废绝，腹围变大，粪便减少。

【诊　断】　主要根据临床症状确诊，叩诊结合听诊出现钢管音来确诊。

【治　疗】　应尽早进行右侧腹部开腹手术，先用导管排出真胃内气体，再拉起幽门，幽门部大网膜腹壁外固定。为防止发生休克，静脉注射等渗盐水，加皮质激素类药物。术后以生理盐水250毫升＋氨苄西林每千克体重50毫克＋2% 普鲁长因20mL混合右侧腹腔注射。皮下注射甲基硫酸新斯的明10毫克/次，2次/天。口腹胃复安（甲氧氯普胺）片10片，酵母片10片等。

（十三）犊牛真胃溃疡

犊牛真胃溃疡是指犊牛真胃黏膜甚至肌层发生局灶性的坏死、脱落和缺损称真胃溃疡。特征是持续性腹泻粪便发黑，严重的消化障碍。

【病　因】　犊牛的真胃溃疡病可能与饲养管理有关，特别是颗粒饲料质量差是引起真胃溃疡最主要原因；颗粒饲料饲喂过早；异食癖造成大量沙石淤积在真胃；环境剧变等应激因素引起。

【症　状】　病牛精神沉郁，体质虚弱，被毛粗乱，欠光泽，逐渐消瘦。粪便颜色深黑，便中带血；瘤胃反复发生臌胀，严重时瘤胃积液，前胃弛缓。食欲下降，饮欲增加，可视黏膜色淡，表现贫血。

【诊　断】　本病无特异性症状。①胃内异物时，完全拒食，胃部触诊敏感，偶尔可摸到异物。②慢性胃炎，解剖检查才可确定真胃粘膜呈弥漫性花斑状，黏膜充血、水肿、糜烂和出血等。

【治　疗】

（1）食物疗法　①不宜饲喂劣质颗粒料，宜多饲喂牛奶。②对急性真胃出血，可口服云南白药，胃复安酵母片等健胃药口服。

（2）药物治疗

①制酸药　可溶性抗酸药，灌服碳酸氢钠 10 克。不溶性制酸药，灌服氢氧化铝凝胶，氧化镁、次磷酸铋，多酶片。

②抑制胃酸与胃蛋白酶分泌药剂　可选用阿托品 5 毫克，颠茄酊 15 毫升，鞣酸蛋白 2 克，胃蛋白酶 5 毫克，一次灌服。

③消炎止血　庆大霉素 10 毫升，一次肌内注射，维生素 K_3 5 毫升，一次肌内注射。

（十四）犊牛断奶应激综合征

犊牛断奶应激综合征是指由于断奶刺激引起犊牛一系列病理表现。

【病　因】　断奶时的饲养环境，日粮发生改变，引起瘤胃微生物菌群和肠道微生物菌群发生改变。

【症　状】　断奶初期，犊牛出现肌肉震颤、惊恐、发抖、被毛逆立、腹泻、瘤胃空虚，有时表现瘤胃臌胀；3～4 天多数犊牛出现腹泻，消化不良，精神沉郁等。在以后的 1 个月内，采食量低下，生长受阻，发育不良，体况下降，毛色变红，甚至被毛粗糙，免疫力下降，呼吸系统疾病增多等病理表现。

【治　疗】　维生素 ADE 5 毫升，黄芪多糖 10 毫升，肌内注射。灌服酵母产品，益生菌等助消化药和健胃剂。

【预　防】　强化犊牛饲养管理，严格执行犊牛培育制度。犊牛出时后及时灌服初乳，7 日龄开始添加优质颗粒饲料，30 日龄前不要限制牛奶喂量。提高犊牛舒适度；采用巴氏奶、酸化奶、代乳粉饲喂，尽可能少喂或者不喂抗生素奶、乳房炎奶；犊牛30 日龄以上要逐渐限制牛奶喂量，增加优质颗粒料饲喂量，进一步促进瘤胃快速发育；犊牛 55 日龄开始减少牛奶喂量，当犊牛每日采食颗粒饲料超过 1.2 千克以上，即可断奶；一般 60 日龄停止饲喂牛奶，冬季可在 75 日龄断奶；在断奶前 3 天适当限制颗粒料饲喂量，正常饮水，并饲喂酵母类产品等瘤胃功能促进剂。断奶后要设置过渡圈舍，每圈 8～10 头，保持颗粒料一致，营养尽可能来自于颗粒料；断奶后及时驱虫，免疫，分群管理等措施，确保顺利过渡。此期，可以给犊牛添加优质燕麦草，尽可能少喂苜蓿等灰尘大的粗饲料，以防发生呼吸道疾病。

（十五）肠 痉 挛

肠痉挛是由于受某种刺激而引起肠壁平滑肌发生痉挛性收缩，并以明显的间歇性腹痛为特征的一种真性腹痛。

【病　因】　主要病因是受冷，如突然饮冷水，气温降低，出汗后淋雨或被冷风侵袭等。饲喂冰冻、霉烂腐败及虫蛀不洁的饲料，肠道寄生虫等也可引起本病。

【症　状】　常在采食及饮水后突然发病。特征为腹痛呈间歇性，发作期病牛起卧不安，后肢踢腹，回头顾腹，严重时全身出汗，呼吸加快，发作期约持续 5～15 分钟，间歇期腹痛消失且有食欲，几乎与健牛无异，间歇期 10～30 分钟。随病程的延续，间歇期愈来愈长。病牛腹围正常，发作期肠蠕动音亢进，连绵不断，音响高朗，甚者于数步之外都可听到，尚有金属音。排粪次数增多，粪便稀软或粪球带水，附有黏液，有酸臭味。口腔湿润，色青白，结膜正常或潮红，耳、鼻、四肢末梢冰冷。若腹痛突然增剧并转为持续性时，并且不见粪便，粪便水，直肠检查干涩，多为继发肠变位及肠套叠或肠阻塞或腹腔肿瘤。

【诊　断】　依据间歇性腹痛，高朗连绵的肠音，松散稀软的粪便以及眼结膜颜色正常、口腔湿润、腹痛间歇期精神食欲正常等相对良好的全身状态，可做出肠痉挛的论证诊断。

【治　疗】　治疗原则以解痉镇痛为主，辅以制酵清肠。

（1）**解痉镇痛**　30%安乃近注射液 10 毫升，皮下肌内注射；安痛定或复方氨基比林注射液 10 毫升，皮下或肌内注射；阿托品注射液 10 毫升，肌内注射；生理盐水 250 毫升，青、链霉素，2% 普鲁卡因注射液 50 毫升，腹腔注射。

（2）**制酵清肠**　鱼石脂 15 克，酒精 15 毫升，姜酊 15 毫升，陈皮酊 15 毫升，藿香正气水 10 毫升，一次灌服。

常规治疗方剂：

①糖盐水 500 毫升 +20%安钠咖 10 毫升 +30%安乃近注射液 10 毫升，一次静脉注射。②阿托品注射液 10 毫升，肌内注射；③腹腔封闭，方法同上。④小苏打 100 克温水溶化，一次灌服，过 1 小时后灌服鱼石脂 10 毫升 + 酒精 15 毫升 + 酵母片 20 片 + 大黄酊 15 毫升 + 姜酊 15 毫升 + 陈皮酊 15 毫升 + 水 1 000 毫升，混合一次灌服。

（十六）脐　疝

脐疝是指脐孔出生时没有完全闭合致使肠管脱致皮下。

【病　因】　脐疝一般以先天性原因为主。犊牛的先天性脐疝多数在出生后数月逐渐消失，少数病例愈来愈大。发生原因是脐孔发育不全、没有闭锁、脐部化脓或腹壁发育缺陷等。手术治疗一般选择在 2 月龄以后。

【症　状】　脐部呈现局限性球形肿胀，质地柔软，也有的局部皮肤紧张，但缺乏红、痛、热等炎性反应。病初多数能在挤压疝囊或改变体位时疝内容物能还纳到腹腔，并可摸到疝轮。听诊疝囊可听到肠蠕动音。随着年龄的增大犊牛脐疝由于结缔组织增生及腹压大，往往摸不清疝轮。脱出的网膜常与疝轮粘连，或肠壁与疝囊粘连，也有疝囊与皮肤发生粘连的。

【诊　断】　应注意与脐部脓肿相区别，必要时可慎重地做穿刺诊断。

【治　疗】　见手术部分。

（十七）犊牛铜缺乏

犊牛铜缺乏症是由于铜供给不足或吸收障碍而引起的临床上以贫血、腹泻、运动失调及被毛褪色和繁殖障碍为特征的疾病。

铜的生理功能主要是构成许多酶的活性成分，如细胞色素C、酪氨酸酶、超氧化物歧化酶等，参与造血功能，蛋白质的交联等。

【病　因】　原发性缺铜主要是饲料或牧草中铜不足所致。牧草干物质含铜低于3毫克/千克就可以引起牛铜缺乏。3～5毫克/千克为临界值，10毫克/千克以上可满足犊牛生长需要。牧草、饲料中铜不足的原因：一是土壤中铜不足，多见于沙质土、泥浆土，土壤含铜低于6～15毫克/千克；二是土壤中钼过高，拮抗铜的吸收而引起铜缺乏症。

继发性原因属于饲料内拮抗铜的某些元素含量过高，最明显的是牧草高钼，一般认为牧草钼在3毫克/千克以下是安全的。牛饲料中铜、钼比应为6～10：1，若降至2：1就会出现钼中毒，继发铜缺乏。此外，锌、锰、硫、硼过多，均对铜有拮抗作用。

【症　状】　犊牛生长发育缓慢，关节变形，运动障碍，持续腹泻，排黄绿色乃至黑色水便（称"泥炭泻"）。其次是贫血、运动失调、骨与关节变形、被毛褪色等一系列变化。贫血是不同牛原发性铜缺乏症的共性，血红蛋白可下降至50～80克/升，红细胞下降至（2.00～4.00）×10^{12}/升。骨质矿化不良，骨骼变形，关节畸形，临床上出现四肢僵硬，关节肿大等。被毛褪色、角质化生成受损是牛的又一特点。牛铜缺乏常见眼眶周围毛褪色，黄毛变灰、变白等。缺铜可使犊牛心力衰竭，心肌纤维变性，心力衰竭突然倒地，瞬间死亡。

【诊　断】　根据病史、临床主要症状（如贫血、运动障碍、骨质异常、毛褪色）以及土壤、饲料及肝铜测定可确诊。

【治　疗】　内服硫酸铜，成年牛 250～300 毫克，犊牛 50～150 毫克，每日 1 次。每服 14～21 天停药 7～14 天，直到症状消失。

【预　防】　饲料中铜的需要量，牛 5～10 毫克／千克。硫酸铜有一定毒性，量大可引起中毒。

（十八）犊牛猝死症

犊牛猝死是指犊牛没有征兆忽然死亡，或者在较短时间内死亡。

【病　因】　常见电击、梭菌病、急性大肠杆菌毒血症，炭疽，李氏杆菌病、狂犬病、中毒性心肌炎，口蹄疫性心肌炎，牛出血性巴氏杆菌病，牛运输应激热等疾病往往造成犊牛无症状死亡。

【症　状】　犊牛多数在几分钟或几小时内死亡。

【预　防】　查找原因，分析病原，做针对性防控。

（十九）犊牛脱毛症

犊牛脱毛症是指各种原因引起犊牛皮肤脱毛的现象。

【原　因】　引起犊牛脱毛的常见原因是皮肤发炎，致病因素有湿疹、真菌性皮炎、寄生虫性皮炎和营养性皮炎。

【症　状】　奶牛皮肤真菌病是由多种小孢子菌和毛癣菌引起的一种脱毛、鱼鳞屑为特征的慢性、局限性皮肤炎症，俗称"钱癣"，主要侵害奶牛的被毛和皮肤，主要症状是脱毛、痒感和痂皮。主要是小孢子菌和毛癣菌属的多种真菌。发病牛的皮肤病多发生在头部，特别是眼的周围、颈部等部位，不久遍及全身。病初成片脱毛区域如小硬币大小，有时保留一些残毛，随着病情的发展，皮肤出现界限明显的秃毛圆斑，一部分皮肤隆起变厚形似灰褐色的石棉状，病初不痒，逐渐出现发痒表现。

实验镜检方法：刮取患部痂皮连同受害部的毛，浸泡于20%氢氧化钾溶液中，微加热3～5分钟，然后将所采病料置于载玻片上滴蒸馏水1滴，加盖玻片镜检，可看到分隔的菌丝或成串的孢子。

螨虫性脱毛、胃线虫性脱毛、虱病性脱毛症状见寄生虫病。另外还有湿疹性脱毛等。

【防　治】

（1）**分群隔离**　对所有牛只逐头保定检查，有临床症状的牛只全部转群集中在同一牛舍内，固定人员饲养，不得串舍。

（2）**强化消毒**　采取全方位的卫生清理和消毒，牛舍要求每天上、下午2次清扫，2次用消防水龙头冲洗，2次用来苏儿、百毒杀更替消毒，舍外用具及场地等每天进行1次清扫和消毒。

（3）**治疗**　真菌性皮炎的治疗。治疗工作分为3个疗程，每个疗程7天。用灰黄霉素原粉饮水，每头5克/次，2次/天。先用温来苏儿溶液浸泡过的毛巾对患部浸润→用牙刷去掉患部痂皮→用5%～10%碘酊涂擦患部→最后达克宁外涂。将去除的痂皮集中，洒油烧掉，保定牛只用具、人员和场地消毒处理。寄生虫性皮炎，首先驱虫，再对局部对症治疗。湿疹性脱毛可使用脱敏剂，如扑尔敏（氯苯那敏）、糖酸钙、维生素C、氯丙嗪等外用软膏进行治疗。

（4）**预防**　对于健康牛只饮用添加灰黄霉素原粉的水，每头4克/次。平时加强环境治理，消毒和驱虫工作。

第四章
奶牛营养代谢病防治

一、妊娠毒血症

奶牛妊娠毒血症也称为母牛肥胖综合征、牛的脂肪肝和肥胖牛酮病。

【病　因】　主要是由于上个泌乳期繁殖出问题，没有及时妊娠，最后非正常干奶，长期无奶饲养造成；干奶时间过长，日粮能量水平过高；分群不及时，能量过剩引起。

【症　状】　这种疾病多发生在围产前期，由于分娩应激，造成产前2周左右出现食欲废绝、胃肠蠕动停止，间有黄疸为特征，还表现为酮血、酮尿、酮汗、酮乳、酮气，病牛表现出酮病特有的衰弱、神经症状、乳房炎和卧地不起，死亡率高，剖检见严重的肝、肾脂肪变性。

脂肪肝患牛体质较差，骨盆腔过量的脂肪直接影响奶牛分娩。

【防　治】　将病牛隔离，以粗饲料为主配给一定量的预混料和蛋白质饲料，粗饲料主要以秸秆饲料为主，日粮中添加过瘤胃胆碱和烟酸。产前，产后对所有肥胖牛灌服丙二醇、丙酸钙，连续7天。

二、产前瘫痪

【病　因】　下列情况易发生产前瘫痪：如产前过度肥胖，体重过大；当腰椎受损，肌肉损伤或炎症；奶牛在分娩期甲状旁腺素大量分泌，致使骨盆骨钙加速溶解，骨盆骨变软；干奶期钙、磷不足或不平衡，预混料质量差，围产前期血钙调控失衡，日粮高钾，产前低钙血症，引起产前低血钙；产前干物质采食量极度减少，造成营养负平衡，低血糖；产前腹围异常大，双胎，羊水过多症；年老体弱，体况评分 2.5 分以下；胸前水肿、乳房水肿、心力衰竭；产前阴道脱出等。

【诊　断】　奶牛在预产期前 1 周出现卧地不起，体温、心率，呼吸正常，饮、食欲减少。

【治　疗】　按照以下组合顺序，依次静脉注射，并且重复给药，同时根据症状增减。

①前列腺素 0.6 毫克或地塞米松 20 毫克肌内注射促进分娩。

② 5% 氯化钙 750 毫升；50% 葡萄糖 500 毫升＋氢化可的松 250～300 毫升静脉注射。

③生理盐水 500 毫升＋10% 氯化钾 8 克，静脉注射，每天 2 次，连续 4 天。

④补充维生素 C 100 毫升，维生素 B_1 50 毫升、维生素 B_{12} 20 毫升、三磷酸腺苷（ATP）等，静脉注射。

⑤硫酸镁 300 毫克＋产后营养汤 500 克＋水 20 升灌服；肥胖牛再加烟酸 15～20 克，氯化胆碱 20～30 克连续灌服 3～5 天。

三、产前水肿

产前水肿是指液体蓄积于乳腺间质组织，为浆液性水肿。特征是肿胀部无热无痛，指压留痕，痕迹缓慢恢复。

【病　因】产前乳房水肿的发生大多是由于妊娠后期供应子宫的大量血液急剧地流入乳房，乳静脉血压上升，静脉及淋巴系统回流受阻，从血管内渗出的液体成分，大量蓄积于皮下，就会发生乳房水肿，一般产后10天左右自愈。其次是围产前期日粮中高钾、高盐、低蛋白质造成。心肾异常，中毒也会引起。

【症　状】本病仅限于乳房水肿，一般无全身症状。大多数发生于高产牛，从分娩前1个月到接近分娩期间突然出现乳房水肿、增大，随着病情发展病牛起卧困难。由于乳房和乳头极易受损伤，有时能引起乳房炎。从乳头基部和乳池皮肤周围开始，水肿波及乳房全部，皮肤紧张带有光泽、无热痛感，按压乳房出现凹陷，水肿乳头变得粗而短，使挤奶发生困难。严重时水肿波及腹下部、胸下部、四肢或会阴部。除此之外，还发生乳房中隔水肿的。多数病牛从分娩前就表现食欲不振，到分娩后7天左右期间，乳房膨胀，急剧下垂，使后肢张开站立，母牛运动困难，易遭受外界损伤，并发乳房炎后，症状显著恶化。

乳房水肿病程延长时，水肿部位由于结缔组织增生而变硬，逐渐蔓延到乳腺小叶间结缔组织当中，使后者增厚，引起腺体萎缩，当整个乳房肿大变硬时，产奶量显著降低。所以，产后乳房减压消肿是保健的一个重要环节，主要措施是每天挤奶4～6次。

【诊　断】根据病史和症状即可诊断。应与乳房血肿、乳房淋巴外渗、乳房炎、乳房皮下蜂窝织炎、腹壁疝等进行鉴别。

【治　疗】对治疗本病比较有效的方法是：①亚硒酸钠维生素E30毫升，分3点深部肌内注射。②葡萄糖酸钙2000毫升静脉注射。③25%葡萄糖500毫升＋维生素C100毫升；25%葡萄糖500毫升＋樟脑磺酸钠50毫升＋呋塞米50毫升，一次静脉注射。④产后牛，地塞米松30毫克，一次肌内注射。以上药物可以连续给药3天。

【预　防】围产前期日粮中添加阴离子盐。使日粮阳离子浓度减去阴离子浓度后，保持在 -100～-150 毫克当量/每千克干物质，控制尿液 pH 值为 6.0～6.6。产前减少食盐、小苏打、苜蓿的喂量。

四、奶牛分娩应激综合征

分娩应激是指临产母牛在分娩过程中对分娩环境刺激、胎儿对母体的刺激，母体子宫对胎儿的挤压，以及助产刺激所产生的应答反应而表现出的神经内分泌变化、软硬产道变化、胎儿排出等特殊生理过程中所发生的生理和行为上的特异性或非特异性反应，是牛的一种保护性反应。

分娩应激综合征是由超强时间的分娩应激异常刺激导致机体损害而诱发的酸中毒、急性低血钙、低血糖；疼痛、脱水、电解质流失、维生素不足；产道感染、乳房感染；消化道瘀血水肿造成功能紊乱等潜在性疾病的发生。

分娩的发生是由内分泌、神经、机械及免疫等多因素间复杂的相互作用，彼此协调所促成的。其中胎儿的丘脑下部 - 垂体 - 肾上腺轴系，对于发动分娩起着决定性作用，也就是说，胎儿启动了分娩。分娩时母体的孕酮（黄体酮）水平下降，雌激素、前列腺素、皮质醇、缩宫素、松弛素分泌增多促使分娩正常进行。当产程延长和难产往往加重母牛的应激反应，引发很多潜在性疾病的发生。所以，分娩是重要的应激原，分娩时母体处在强烈的应激状态，当刺激过强，时间过久会使分娩母牛失代偿而发病。

【原　因】

（1）**分娩启动的超常刺激**　分娩启动过程中，胎儿与母体的相互作用是奶牛分娩应激最主要的应激原。

分娩过程对母体来说是一个持续长期的过程，必然导致机体内一系列神经内分泌改变。在分娩过程中，胎儿是母体的一个特殊应激原，胎儿在母体子宫内发育成熟，受到母体子宫张力、宫内环境变化的作用而引起胎儿应激反应；同时，胎儿及其胎盘组织分泌的促肾上腺皮质激素释放激素（CRH）和胎儿皮质醇进入母体血液是正常分娩的原始动因，也是分娩应激的开始。分娩时母体由于母体自身内分泌变化，引起血浆中去甲肾上腺素、肾上腺素和CRH、ACTH、糖皮质激素水平升高。因此，分娩应激是由母体自身内分泌变化引起的主动应激和胎儿CRH和胎儿皮质醇进入母体引起的被动应激两方面构成。

（2）干物质采食量降低　围产前期奶牛干物质采食量下降30%，造成奶牛营养整体负平衡，引起奶牛免疫力下降是引起分娩应激的直接原因。

正常母体皮质醇75%与肝脏产生的类固醇结合和球蛋白结合，15%与白蛋白结合，10%呈游离状态。围产前期，母牛干物质采食量下降30%，同时母牛启动泌乳、合成初乳，消耗大量营养物质，致使母牛出现能量负平衡、负氮平衡、乳房炎以及其他可能导致CRH结合蛋白、类固醇结合球蛋白和白蛋白下降的因素，均会导致游离皮质醇水平升高，加重分娩应激，诱发多种围产期疾病，如奶牛生产瘫痪引起的昏迷可能与产后肾上腺皮质功能减退综合征有关。

（3）形成初乳　分娩前10天左右开始产生初乳，乳房开始变大。多数临产母牛就已经出现了乳房充盈，漏奶等现象，泌乳的启动会引起母牛应激反应。如果奶牛产前乳房过度水肿，乳房炎等就会加重奶牛分娩应激。

（4）强烈的疼痛刺激　分娩过程中，强烈的疼痛是分娩应激综合征的核心原因。

子宫发生强烈阵缩，如产道异常，胎儿异常时，致产程延长、难产、接产等因素刺激，必然引起剧烈疼痛，致使血浆中肾上腺素和去甲肾上腺素升高，以及皮质醇、血糖、血钙浓度等变化而发生应激反应。分娩应激会使机体产生一系列变化，如心率加快、呼吸急促、肺内气体交换不足，致使子宫缺氧、子宫收缩乏力、宫口扩张缓慢、产程延长，致使母牛体力消耗过多，同时也促使母牛神经内分泌发生变化，交感神经兴奋，释放儿茶酚胺，血压升高，导致胎儿缺血、缺氧，出现胎儿窘迫、窒息、出生后胎儿活力不足、弱胎、死胎。

（5）**分娩环境的改变**　环境改变的直接后果是分娩过程中激素分泌失调和健康水平下降，这种现象从出现分娩征兆就开始了。调查发现，多数分娩奶牛、特别是头胎奶牛分娩，对分娩环境有恐惧反应。特别是临产牛进入产房，接近陌生人或其他动物的惊扰，日粮突然改变，环境温度过高或过低，都呈现一系列损伤性变化，引起奶牛发生强烈的分娩应激。

（6）**助产、接产刺激**　过早助产和接产影响分娩神经内分泌的调节功能，加重奶牛分娩应激。

【症　状】　奶牛异常的分娩应激常造成奶牛以下损害，兽医要在第一时间内补救分娩过程中造成的这种损伤。

（1）**惊恐**　当分娩母牛受到分娩应激后，其冲动通过大脑皮质到达下丘脑，出现自主神经、交感神经兴奋性增高，儿茶酚胺释放到血液循环中增多，这样母牛便会出现惊恐反应，使母牛处于一种"戒备"状态。此时，母牛心跳加快，呼吸加深、加快，血糖和血压升高，瞳孔扩大。通过这些变化可以动员机体的防御功能，应付内外环境的急剧加强。所以，在分娩前创造奶牛分娩期最佳的环境是预防惊恐的有效手段。

（2）**疼痛**　在分娩过程中，机械性损伤和致疼物质致使疼痛加剧。如分娩中产生大量血管活性物质，如组织胺，5-羟基色氨酸，缓激肽等致疼物质，或者产道损伤产生疼痛。故在产后注射氟尼辛葡甲胺，美佳达，阿司匹林等可以起到抗炎镇痛作用。

（3）**微循环缺血**　如果分娩应激原持续强烈作用，则母牛下丘脑分泌促肾上腺皮质激素释放增多，通过垂体门静脉系统转运到垂体前叶，使垂体前叶分泌促肾上腺皮质激素增多，刺激肾上腺皮质束状带细胞分泌产生皮质类固醇激素，并很快释放到血液中去。在皮质类固醇的作用下，水排出减少，血容量增多，血压升高，血沉加快。这样，可以维持血压，保证心脑等重要生命器官的血液供应，提高机体对应激原的抵抗力。如果分娩异常，皮质类固醇长期增多，则又可引起微循环缺血，导致休克和重要器官的损害，并能使机体的免疫中枢发生损伤，减缓抗体的产生，使母牛容易发生潜在性疾病的发生，如难产、低血钙、感染、严重脱水和电解质流失，最终导致微循环缺血引起休克。临床上在分娩后要大量静脉给予等渗溶液或灌服营养汤。

（4）**胃肠道运动迟缓**　分娩应激反应可以加重分娩时胃肠道贫血后的瘀血、水肿、出血、微循环缺血，痉挛等，致使胃肠黏膜上皮细胞变性和坏死，降低胃肠道的屏障功能，并可使肠道内的毒性物质透过黏膜入血，引起毒血症和顽固性前胃弛缓等。产后应给母牛 10% 浓盐水，维生素 B_1，新斯的明等。

（5）**免疫力下降**　分娩应激时，肾上腺分泌物肾上腺素、糖皮质激素、胰高血糖素等使抗胰岛激素增多，使血糖升高，糖代谢率增高，并可产生大量能量，为机体应付紧急分娩所利用。当分娩异常时，部分牛由于胰岛素相对不足，而蛋白质的分解加强，糖原异生增多，如持续时间过长则可造成机体营养物质大量消耗，出现负氮平衡，使奶牛出现贫血、消瘦、免疫力降低等一系列不良后果。分娩后应给母牛微量元素和维生素。

（6）**分娩酸中毒**　当发生分娩障碍，如产程延长、难产造成母牛大量出汗，体液流失，导致微循环灌流量减少，组织细胞缺氧，无氧酵解加强，使乳酸等酸性代谢产物蓄积，同时又由于尿少，不能充分排出，而产生代谢性酸中毒。分娩后应给母牛静脉注射 5% 碳酸氢钠或灌服小苏打。

（7）**虚脱**　分娩应激会导致母牛严重脱水、消耗大量能量，造成大血管急性血容量不足引起虚脱。分娩后应给异常母牛静脉注射右旋糖酐、等渗溶液，强心、升压、利尿等。

（8）**诱发低钙血症**　分娩促使催乳素大量分泌和动员机体贮备，骨骼代谢活跃，表现为母牛的骨盆软弱，骨钙动员加强。如果甲状旁腺代谢异常，不能有效启动骨钙代谢，往往出现急性低钙血症、胎衣不下、胃肠弛缓、真胃变位、子宫全脱等。分娩后应给母牛静脉注射 5% 氯化钙溶液，10% 葡萄糖酸钙溶液，维生素 D 等或灌服钙剂。

【诊　断】　奶牛进入分娩期如果出现以上任意一个症状，导致食欲异常，精神不振，心率加快，分娩异常等病症就可以诊断为分娩应激综合征。

【治　疗】　奶牛分娩综合征的病症主要为分娩酸中毒，低血糖，脑贫血，急性低血钙，疼痛，脱水，电解质维生素大量消耗，产道损伤等。

治疗原则：为解除分娩酸中毒，镇痛，补钙，补糖，补水、电解质和维生素，促进子宫收缩，预防子宫感染，解除肠道缺血痉挛，恢复瘤胃内环境为主。

产后用药准则：补钙，补高糖，解除分娩酸中毒，减轻疼痛，补充水、盐、电解质，提高细胞耐毒性，预防感染，瘤胃微生物复活，预防酮血症发生等。

具体做法：母牛分娩半小时后，灌服产后营养汤：益康 XP 500 克，丙酸钙 300 克，氯化钾 50 克，丙二醇 300 毫升，硫酸镁 200 克，小苏打 120 克，食盐 50 克，加水 20 升，胃管投服；母牛分娩后 2 小时内挤出乳房内初乳，检验抗体，合格初乳冷藏；母牛分娩后 4 小时，肌内注射氟尼辛葡甲胺，一次 20 毫升；产道有撕裂者，连续注射 3 天，并配合注射抗生素 4 天，同时清洗消毒会阴部；如果会阴部撕裂，要及时吻合，装塑料纸结系绷带，后海穴连续封闭 4 天。母牛分娩后 12 小时，胎衣不下者，肌内注射缩宫素 5 支，连续 3 天，1 天 1 次；母牛出现严重应激反应，走路摇摆者，推荐以下处方进行治疗。

处方 1：产后第一次处方主要是解决低血钙和低血糖、酸中毒。5% 氯化钙 500 毫升（20% 葡萄糖酸钙 1 500～2 000 毫升）；25% 葡萄糖 2 000 毫升，氢化可的松 120 毫升，维生素 B_1 50 毫升，维生素 C 100 毫升；5% 碳酸氢钠 500 毫升，依次静脉注射。

处方 2：第二次用药，一般间隔 8 小时，目的是解决低血钙，提高血糖，促进电解质平衡和水平衡。5% 氯化钙 250 毫升（20% 葡萄糖酸钙 1000 毫升）；25% 葡萄糖 1000 毫升，氢化可的松 120 毫升，维生素 B_1 50 毫升，维生素 B_{12} 30 毫升；10% 浓盐水 500 毫升；复方氯化钠 500 毫升，20% 樟脑磺酸钠 40 毫升，呋塞米 40 毫升；5% 碳酸氢钠 500 毫升；复方氯化钠 500，氯化钾 8 克，依次静脉缓慢注射。

处方 3：治疗或者预防腹腔和子宫炎症。生理盐水 1000 毫升＋氨苄西林 10 克＋2% 普鲁卡因 100 毫升，一次右侧腹腔注射。连续灌服益母生化汤，每天 1 次，连续 3 天。

五、产后瘫痪

瘫痪是指骨骼肌失灵，形成原因主要分为肌肉型瘫痪，骨骼性瘫痪，关节损伤性瘫痪和神经损伤性瘫痪。

产后瘫痪是指母牛产后 1～5 天，因急性低血钙引起的卧地不起，低血钙症是奶牛产后高发的第一类疾病。奶牛的正常血钙范围为 8.8～10.4 毫克／分升，当血钙浓度 < 6 毫克／分升时，出现临床低血钙症。血钙为 6.2～7.5 毫克／分升，为亚临床低钙血症。产后低血钙会造成母牛血浆皮质醇增高和免疫细胞应答能力减弱，诱发产后瘫痪、胎衣不下、前胃弛缓、真胃变位、子宫全脱，子宫复旧不全，子宫炎等。

【原　因】　①干奶前期日粮钙磷不足，致使母牛骨钙贮备不足；②围产前期缺乏血钙调控手段，致使产前甲状旁腺激素不足，干物质采食量低下，能量负平衡；③肥胖；④分娩应激常诱发产后急性低血钙、分娩虚脱；⑤急性低血钾，酮血病，低血镁，低血磷等。

【诊　断】　根据临床特征可做出初步诊断，准确的诊断需要检测血钙浓度。

①流行病学特征是 2 胎以上母牛，产后 3～5 天发生卧地不能自行站立。

②产后母牛昏迷是由于一时性脑贫血形成急性脑缺氧，母牛出现意识障碍。

③瘫痪母牛体温降低，有时会低于 36℃以下，表现为，全身出汗，体表温度下降，休克等症状。

【治　疗】　奶牛产后低血钙往往引起产后瘫痪是一种急性营养代谢病。产后瘫痪特征是急性低血钙、急性脑贫血、急性低血糖等代谢紊乱。治疗原则：迅速补钙，解除脑贫血和分娩酸中毒、脱水、血容量不足和低血糖。治疗顺序如下：

（1）**操作一**　目标是迅速解除奶牛低血钙、低血糖、分娩酸中毒和脱水。用 5% 氯化钙 1 000 毫升（或 10% 葡萄糖酸钙 2 000 毫升）；25% 葡萄糖 2 000 毫升＋氢化可的松 120 毫升＋维生素 B_1 50 毫升；5% 碳酸氢钠 500 毫升，依次静脉注射。

第一时间补足钙剂，恢复血钙浓度。10% 硼葡萄糖酸钙，按每千克体重 3 毫升或 5% 氯化钙每千克体重 1 毫升静脉注射。由于产后瘫痪的实质是甲状旁腺激素分泌不足，骨钙溶解缓慢，大量的血钙流入乳腺，造成血钙浓度急性降低不能维持血钙浓度，加上机体代谢紊乱，故首次补足钙 6～8 小时之后，又会出现血钙流失，血钙再次降低，必须在第一次补钙后 6～8 小时再次补钙，同时肌内注射维生素 D 10 毫升。

钙剂的量过大或注射速度过快，可使心率增快和节律不齐。钙过量，要及时补充钾和镁离子。对钙疗法无反应或反应不明显（包括复发）的病例，除诊断错误或有其他并发症外，主要原因是静脉注射钙量不足或者诱发低血钾。

（2）**操作二**　解除急性脑贫血：奶牛产后瘫痪出现严重意识障碍，甚至昏迷，主要原因是脑缺氧。脑缺氧的主要原因是分娩后胃肠道急性充血，和乳房充血，致使大血管发生急性血容量不足，造成脑供血减少所致。故补钙的同时进行乳房送风，通过乳房内增加气压，迫使乳房血液进入大血管缓解脑缺血。

乳房送风操作：向乳房内打气之前，先洗干净乳房，挤净乳房积奶并消毒乳头；将消过毒的乳导管针插入乳头管内，通过乳房导管针向每个乳区注入生理盐水氨苄西林溶液 40 毫升后，用消毒的纱布隔离乳导管口，再接上打气筒，依次向 4 个乳区注射空气，乳房内注入的空气量以乳房皮肤紧张为宜。也可以不使用乳房导管针，用纱布隔离乳头孔，直接向乳房内打气。注入空气不够，不会产生效果，注入空气过量，可使腺泡破裂，空气逸出并逐渐移向腹部皮下组织，发生皮下气肿。打气之后，用宽纱布条将乳头轻轻扎住，防止空气逸出，2 小时后将纱布条解除。

绝大多数病牛在乳房注入空气后 10 分钟，鼻镜开始变湿润，15～30 分钟眼睛睁开，开始清醒，头颈姿势恢复自然状态，反射及感觉逐渐恢复，体表温度也升高，很快站起来。

（3）操作三　瘫痪牛第二次用药目的是继续解除低血钙和提高血糖及维持血液离子平衡，同时进行瘤胃调控，疏通胃肠道。在连续对症，重复静脉输液治疗时，要注意水平衡、电解质平衡、能量平衡、防治心脏衰竭、肾脏水肿，及时强心利尿。常用方剂为：5% 氯化钙 250 毫升（10% 葡萄糖酸钙 1 000 毫升）；25% 葡萄糖 2 000 毫升＋氢化可的松 120 毫升＋维生素 B_1 50 毫升＋维生素 B_{12} 30 毫升＋20% 安钠咖 20 毫升；10% 浓盐水 500 毫升；5% 碳酸氢钠 500 毫升；复方氯化钠 500 毫升＋氯化钾 8 克，依次一次静脉注射。呋塞米 40 毫升，一次肌内注射。小苏打 130 克、产后营养汤加水 15 升用胃管瘤胃内投服。

（4）操作四　产后瘫痪牛第三次用药的目的是预防腹腔和子宫炎症，促进子宫收缩。生理盐水 1 000 毫升＋氨苄西林 10 克＋2% 普鲁卡因 100 毫升，右侧腹腔注射。益母生化散 1 剂，加温水灌服。

母牛产后爬卧综合征是指母牛产后瘫痪以后，经过及时、足够量的 2 次连续钙剂治疗，仍然不能站立起来的非损伤性生产代谢性瘫痪。研究表明，母牛产后爬卧综合征主要原因是产后急性低血钾导致骨骼肌兴奋性降低性瘫痪，在上述配方中增加复方氯化钠 500 毫升 +10% 氯化钾 80 毫升配合治疗。

六、酮 血 症

奶牛酮血症是由于体内碳水化合物及挥发性脂肪酸代谢紊乱所引起的一种全身性功能失调的代谢性疾病，其特征是血液、尿、乳汁中的酮体含量增高，血糖浓度下降，消化功能紊乱，体重减轻，产奶量下降，间有神经症状。

奶牛酮血症可分为原发性和继发性，或者分为 1 型和 2 型酮病，1 型又称原发性酮病或者营养性酮病，2 型又称为肥胖型酮病。

原发性酮血症是因奶牛生理性营养需求增大，而从消化道吸收到的能量相对过少，奶牛体脂肪分解过快、过多，致使脂肪代谢紊乱，体内酮生成增多，多发生在产后 20～35 天。如围产前期、分娩期奶牛干物质采食量急剧减少，产后胃肠道瘀血、水肿、消化能力降低，采食量不高，奶牛又处于大量泌乳期，致使奶牛处于能量负平衡状态，其特征是血液中胰岛素浓度很低，但肝脏正常。

2 型酮病是由于肥胖所致，多发生在产后 7 天左右。酮病还可以继发于其他疾病，如奶牛发生皱胃变位、子宫炎、乳房炎等疾病，引起奶牛采食量下降、血糖浓度降低，导致体脂肪分解、脂代谢紊乱，酮体产生增多。其特征是血液中胰岛素浓度很高，肝发生严重的脂肪肝，治疗效果较差。

【病　因】

（1）由高产引起　奶牛产后泌乳峰值大多出现于分娩后 4～6 周，此时奶牛的食欲和采食量尚未恢复，摄入的能量不能满足高产的需要量，奶牛产后 90 天内，处于严重的能量负平衡，尤其是高产奶牛，往往导致酮血症的发生。

（2）**日粮因素**　产后泌乳高峰期日粮供应不足，品质低劣、单纯，如饲喂低蛋白质、低能量水平的日粮时易发生本病，此时发生的酮病也称为消耗性或饥饿性酮病。青贮质量低劣，日粮中含有过多的丁酸（即生酮物质），如劣质青贮饲料含丁酸较高，多汁饲料制成的青贮饲料所含的生酮物质多，所含乙酸、丁酸转化成丙酮，造成牛酮病的发生。饲料中的钴、碘、磷等矿物质缺乏。

（3）**产前过度肥胖**　干奶期过长；繁殖障碍牛干奶前提前进入干奶圈，并且停留时间过长引起肥胖；干奶期日粮能量水平过高等使干奶牛过度肥胖。肥胖牛酮血症常常发生于分娩后 1～3 周，初期为亚临床型的酮病，之后逐渐转变为临床型，这种酮病的发生与体内碳水化合物代谢障碍，不能有效地转化成为葡萄糖有关。

（4）**管理因素**　围产前期瘤胃功能发育不良，瘤胃微生物群系和瘤胃乳头、黏膜生长不良，导致从瘤胃消化、吸收的营养物质减少或不足，诱发酮血症；产后日粮精粗比例、日粮能量与蛋白质比例、钙磷比例、纤维比例、含水量等不适宜有直接关系。

（5）**应激因素**　热应激、寒冷应激、分娩应激、过度挤奶等因素均会促进奶牛发病。

（6）**继发于其他疾病**　常见继发酮血症的疾病有皱胃变位、瘤胃内存有异物、创伤性网胃炎、皱胃积沙、皱胃炎、子宫内膜炎等疾病，引起牛食欲减退，干物质采食量不足，机体得不到必需的营养物质所致。

【流行病学】　本病多发生于产犊后的第一个泌乳月内，尤其在产后 3 周内。各胎龄母牛均可发病，尤其以高产牛发病最多，第一次产犊的青年母牛也常见。无明显的季节性，一年四季都可发生。

在高产牛群中，临床酮病的发病率一般占产后母牛数的 2% ～ 20%，亚临床酮病的发病率一般占产后母牛的 10% ～ 30%。亚临床酮病虽无明显的临床症状，不易观察到，但会引起母牛群体泌乳量下降、乳汁质量降低、乳汁体细胞数增高，体重减轻，子宫复旧缓慢、子宫炎和其他疾病发病率增高，发生延迟，屡配不孕等。

【临床特征】 临床型酮血症牛常具有急性低血糖症，酸中毒（血浆游离性脂肪酸升高酸中毒），严重的前胃弛缓，血、乳汁、尿酮体浓度增高等症状。

（1）**临床型酮病** 牛血清中酮体含量一般为 3.0 毫摩尔 / 升以上，牛表现为产奶量下降，不食精饲料，迅速消瘦，呼出的气体、乳汁以及尿中带有酮味，间有神经症状出现。

本病根据临床症状分为 3 个类型，其共有症状是特殊的酮味。

①消化型 病牛呈现顽固性消化障碍，不食精饲料。个别严重者见到精饲料就跑，仅吃少量干草和青草。有的病牛饮食、饮水均废绝，发生异嗜现象，反刍减少，瘤胃蠕动减弱或消失，体温一般无变化，产奶量急剧下降，很快消瘦。

②神经型 常在消化型的基础上进一步发展而来，出现神经症状，初期兴奋、哞叫，不听指挥，顶人、顶墙、跳槽，听觉过敏，眼肿，视力降低、流涎，高度兴奋，耳直立，全身肌肉颤抖，后可能转入沉郁阶段，对周围事物淡漠，患牛血中异丙醇（由 β- 羟丁酸经脱羧作用或丙酮还原而生成）含量升高。据报道，神经症状主要是由于异丙醇含量升高所致。

③生产瘫痪型 病牛常常卧地不起，脊椎骨呈 "S" 状弯曲，头部常置于肘部。许多症状与生产瘫痪类似，但病牛产奶量高、消瘦、体重减少、食欲不振，一般称生产瘫痪型酮病。

（2）**亚临床型酮病** 牛血清中酮体含量为 1.4 ～ 3.0 毫摩尔 / 升，大多不表现临床症状。血液中酮体含量增加者称为酮血症；

尿中酮体含量增加者称为酮尿症，尿中乙酰乙酸的测试应用广泛，如果尿颜色变紫色，说明有乙酰乙酸存在，可确定为酮尿症；乳汁中酮体含量增加者称为酮乳症。

【诊　断】　临床型酮病产生于围产期，低血糖、高血酮并伴有食欲骤减，产奶量下降和神经症状等，检测血酮含量大于3.0毫摩尔/升。

亚临床型酮病的3个特征：高产母牛产后10～30天内多发，而40天后少见；饲养管理不当，日粮配合不平衡，特别是日粮能量不足使母牛处于能量负平衡；血液酮体含量在1.4～3.0毫摩尔/升。

【鉴别诊断】　奶牛酮病主要与前胃弛缓及生产瘫痪相区别，前胃弛缓没有神经症状、无酮味，尿、乳汁检查无大量酮体；生产瘫痪多发生于产后1～3天，体温下降，病初多呈抑制状态，呼出气、乳汁及尿中无酮体，通过补钙治疗有效，而酮病通过补钙疗效不显著。

【治　疗】

（1）原则　提高血糖、提高饲料中丙酸及其他生糖物质；减少体脂动员，主要措施有补充葡萄糖、激素、生糖物质等。主要治疗方法是采取补糖、适当应用糖皮质激素和胰岛素、缓解机体酸中毒、镇静及其他辅助治疗。

（2）方法　补高糖，解除代谢性酸中毒，缓解胃肠弛缓，保肝促进酮体分解，补钙，调控瘤胃，增加营养。

① 50%葡萄糖500毫升＋科特壮25毫升，静脉注射。丙二醇600毫升，每天口服1次，连用3天。

② 25%葡萄糖2 000毫升＋维生素B_{12} 20毫升＋氢化可的松150毫升＋维生素C 120毫升＋维生素B_1 100毫升；5%氯化钙250毫升；10%氯化钠500毫升；复方氯化钠1 000毫升＋20%硫酸镁100毫升＋呋塞米40毫升；5%碳酸氢钠500毫升，依次静脉注射，输液速度控制在10分钟/瓶。

③口服治疗推荐处方：小苏打 100 克、丙二醇 600 毫升、酵母片 200 片、硫酸镁 400 克、酵母 150 克，饲料酶 100 克，加水 10 000 毫升，一次胃管灌服。

【预　防】

（1）**加强饲养管理，供应平衡日粮**　根据牛不同生理阶段分群管理，调整日粮配方比例，重视饲料质量，及时进行体况评分。防止奶牛过肥，围产前期体况保持在 3.5 分。妊娠不满 195 天就停止哺乳的母牛，不能进入干奶牛圈舍，这些牛常常是因为流产或者上个泌乳期不孕，提前停止泌乳，这些牛以前称为非正常干奶，现在称为干奶前无乳牛，这些牛要独立组群限饲饲养。

（2）**酮体监测**　加强临产和产后牛的健康检查，建立牛群的酮体监测制度，检测血清 β- 羟丁酸。

（3）**调整日粮结构，增加生糖物质**　分娩母牛从产前 7 天添加固化丙二醇 300 克 / 天·头至产后 20 天，可以降低酮病发病率。奶牛从产前 21 天开始，添加瘤胃宝，40 克 / 天·头至产后 40 天可以降低酮病发病率。奶牛分娩后，连续 3 天灌服丙二醇 600 毫升，可以降低酮病发病率。肥胖牛从产前 21 天添加烟酸，12 克 / 天·头至产后 40 天，可以降低肥胖牛酮病发病率。肥胖母牛产后每天喂过瘤胃葡萄糖 50 克，可以减少酮病发生，提前泌乳峰值。

（4）**控制能量负平衡**　母牛妊娠 4～6 月龄进行分群，控制体况为 3.25～3.5 分；建立无乳牛群；严格妊娠母牛 220 天进入干奶期饲喂；干奶期严格分群；围产前期促进瘤胃黏膜增长，促进瘤胃自我修复能力，提高干物质采食量。

第五章
奶牛消化系统疾病防治

一、前胃疾病诊疗技术

我国现代奶牛在舍饲限饲、分群、散栏、TMR 日粮、自由采食、集中挤奶模式下奶牛前胃疾病发生率发生了很大改变，常发生的前胃疾病有前胃弛缓、瘤胃酸中毒、瘤胃臌气、前胃炎、瘤胃内异物积存，而瘤胃积食、创伤性网胃腹膜炎、迷走神经紊乱症很少发生。更为重要的是前胃疾病的治疗理念随之发生了质的变化，以往治疗前胃疾病都是以健胃、止酵轻泻为主的治疗理念被现代的养瘤胃所替代，预防前胃疾病被促进瘤胃发育所代替。前胃疾病治疗理念是以恢复瘤胃内环境的稳定为目标。

随着我国奶牛集约化程度的提高，奶牛舍饲条件的改善，奶牛生活环境的可控性增强，奶牛疾病的发生越来越被人们可预测、可预防，特别是与营养有关的疾病。所以，兽医工作者的临床视野要由传统型的诊疗思想向系统健康循环体系转变。

系统健康循环体系就是按照机体系统健康循环的需要，提供其所需的一切条件，使细胞处在最适宜的环境中发挥最佳的生理功能。

养好牛就是养好瘤胃，治疗牛消化系统疾病最重要的就是养瘤胃。目的是为瘤胃微生物正常活动提供适宜条件，实现瘤胃内微生物区系的稳定。提供瘤胃微生物所需最适合的内环境就是治疗的目的。

前胃疾病治疗的目标：恢复瘤胃 pH 值、渗透压、温度、厌氧等。将恢复瘤胃内环境贯彻于各种疾病治疗的始终。瘤胃微生物死，奶牛必死。

（一）前胃疾病的诊断

1. 奶牛的正常生理指标

（1）体温　成年牛直肠体温为38℃～39.2℃，小犊牛、兴奋状态的牛或暴露在高温环境的牛体温可达39.5℃或更高，若超出这个范围均视为异常。发热可分为稽留热、弛张热、间歇热、回归热。稽留热是一旦体温升高即维持数天，昼夜温差不超过1℃为特征。弛张热是温度忽高忽低，昼夜间有较大的升、降变化（变化幅度1.0℃～2.0℃），但不会低至正常范围；间歇热是在一天之内有时恢复到正常温度范围，第二天重复前一天的温度模式；回归热的特点是发热几天隔1天或数天体温正常，以后又重新升温。发热是机体的一种破坏消灭微生物和激发保护性防御机制的手段，不应一发现发热就使用抗炎或退热药物，而是利用发热有利于机体的功效，同时要查明发热的原因。

（2）脉搏率　成年牛正常脉搏率为60～80次/分，犊牛为72～100次/分。多种环境因素和牛的状态（运动，采食等）均可影响脉搏率。热性、代谢性、心脏器质性、呼吸系统、疼痛性疾病及毒血症都引起心动过速。饥饿、垂体肿瘤，迷走神经性消化不良等可以引起心动徐缓。脉搏率、心音、心动节律及其强度变化也可以提示心脏代谢性疾病。

（3）呼吸频率　成年牛安静时的正常呼吸频率为18～28次/分，犊牛为20～40次/分。正常呼吸的次数、深度受多种环境因素和状态等影响，呼吸的次数、深度、特征可作为多种疾病的依据。兴奋、运动、缺氧时呼吸的深度增加；代谢性酸中毒会导致呼吸深度和频率增加；胸、膈、前腹疼痛时，呼吸变得浅表；

牛的正常呼吸应该是胸腹式，腹膜炎和腹部膨胀、腹部疼痛时，妨碍腹部参与呼吸运动，引发胸式呼吸，同样胸部及肺部疾患则发生腹式呼吸。

（4）消化系统生理指标 健康牛瘤胃蠕动每分钟 1～3 次，瘤胃内容物 pH 值 5～8.1，一般为 6～6.8，每昼夜反刍 6～8 次，每次 4～50 分钟，每口咀嚼 20～50 次，每分钟嗳气 17～20 次。

2. 前胃的诊断方法 瘤胃的检查和评估是通过对左侧瘤胃进行视诊、听诊、触诊和叩诊来完成的。

（1）视诊 站在距离牛 2 米内，用肉眼看瘤胃充盈状态，肷部状态，有无瘤胃隆起，瘤胃整体隆起可能是瘤胃臌气，瘤胃无整体隆起，只看到肋骨后缘有半圆形球状隆起，为真胃左方变位。

（2）听诊 连续用听诊器听诊瘤胃 5 分钟，确定瘤胃收缩的次数和性质。

①瘤胃蠕动次数判断 健康牛的瘤胃每分钟蠕动 1～2 次。用百分制换算，5 分钟瘤胃蠕动 10 次，得 100 分，说明瘤胃 100% 的健康，依次类推瘤胃所处状态，如果以 60 分及格，那么低于 60 分就意味着瘤胃不健康。

②瘤胃蠕动持续时间判断 瘤胃的每次蠕动是从网胃开始，顺时针由前向后，经过瘤胃前背囊至瘤胃后背囊，到瘤胃腹下背囊，做短暂停留，再从瘤胃腹下背囊逆时针，经过瘤胃背囊至网胃即瘤胃 1 次收缩，一般需要 20～30 秒钟，正常瘤胃蠕动声音是"莎莎"声。蠕动一次持续 30 秒钟为 100 分，瘤胃状态为优，25～30 秒钟为良、15～20 秒钟为中，低于 15 秒钟为差。如果在左侧听到有金属音、流水音多为小肠蠕动音或者是真胃蠕动音。

③瘤胃蠕动收缩强度判断 瘤胃在蠕动过程中，声音强、力度大为健康状态（优）；瘤胃在蠕动过程中，收缩声音沙哑乏力为亚健康状态（中）；瘤胃在蠕动过程中，蠕动音消失或很弱、无力为严重病理状态（差）。

（3）**触诊** 用拳头紧贴左侧腹壁，触诊左侧肷部和下腹部。正常瘤胃触诊相对坚硬，肷部充盈，无瘤胃积气；触诊左下腹部瘤胃充盈，感觉不到液体存在。异常情况有：触诊左侧肷部，瘤胃内有气体，可见急性瘤胃臌气、慢性前胃弛缓；触诊瘤胃左侧腹下部，感知瘤胃内有大量积液，可见前胃炎、真胃右方严重扭转、幽门异物阻塞、肠道阻塞、肠扭转。触诊右偏右有坚实样硬块回荡，可见妊娠胎儿或真胃积食，真胃阻塞；触诊瘤胃空虚，腹腔中部有坚实样硬肿回荡，可见肠系膜肿瘤、肾脏肿大。

（4）**叩诊** 用叩诊锤或木把改锥叩击左、右侧 4～12 肋间、左、右侧肷窝部、腰荐部，结合听诊器听诊，有时听到鼓音或钢管音。鼓音可见于瘤胃臌气；金属钢管音可见于真胃变位、小肠积气、盲肠积气、子宫腐败积气、瘤胃积气、腹腔积气、腹膜炎等。

3. 前胃疾病的鉴别诊断

（1）**前胃弛缓** 前胃弛缓是一个症候，准确的前胃弛缓是原发性前胃弛缓，主要是由于分娩应激、日粮改变、营养离子供给不平衡所引起前胃神经兴奋性下降，致使前胃蠕动力降低所引起前胃消化能力减弱为特征。

（2）**瘤胃积食** 瘤胃积食主要是指奶牛忽然采食过量不容易消化的新鲜粗饲料或干硬粗饲料，导致瘤胃体积增大，胃壁受压、蠕动力降低，排空能力降低的急性功能紊乱症。特征是采食了大量难以消化的粗饲料。如玉米皮、小麦秸秆、稻秸秆、大豆秸秆，新鲜青贮玉米秸秆时易发。

（3）**瘤胃酸中毒** 瘤胃酸中毒主要是过量采食精料，特别是淀粉类饲料，或长期大量饲喂精料致使瘤胃 pH 值下降所致的消化功能紊乱症。特征是过食碳水化合物引起瘤胃产生过多的乙酸、丙酸和丁酸，致使瘤胃 pH 值低于正常值。

（4）**瘤胃臌气** 由于采食了容易发酵类的饲料，引起瘤胃产气过多、过快，不能及时排泄出去，大量气体积存在瘤胃内，致使瘤胃气性膨大，压迫心肺造成急性衰竭症。特征是瘤胃气性膨胀，体积异常增大，病牛疼痛不安、呼吸困难。

（二）前胃疾病治疗理念

前胃疾病治疗新理念是恢复瘤胃内环境的稳定状态。纤维性物质一定要在前胃内消化，来往前胃消化的纤维被泻药推至肠道奶牛必死。瘤胃用药的目的是为瘤胃微生物正常活动提供适宜条件，实现瘤胃内微生物区系的稳定和功能最大化。

1. 前胃疾病治疗用药原则　①恢复瘤胃内环境。②促进瘤胃微生物复活和微生物区系的稳定。③促进粗饲料在瘤胃内的消化。④促进瘤胃炎性毒素的排除。⑤加速瘤胃内腐败产物的排泄。⑥促进瘤胃壁肌肉动力。⑦恢复迷走神经功能。⑧促进机体水平衡、能量平衡、离子平衡、酸碱平衡。⑨促进血液中有毒物质的分解和排除。⑩促进血液循环、阻止恶性循环，治疗炎症。

2. 前胃保健剂　营养学家们为了提高奶牛福利和节能减排，不断地使用饲用添加剂来帮助奶牛更加有效地利用平衡日粮。使用日粮添加剂可以①提高泌乳性能、采食性能、消化性能和繁殖性能。②改善瘤胃和机体的健康状况。③当营养、生理和环境面临挑战时，确保奶牛健康和缓解生产性能的降低。④提高生产效益和牧场利润。

（1）营养性添加剂　奶牛营养性添加剂包括常量矿物质、微量矿物质元素、脂溶性维生素添加剂，有时还包括脂肪、氨基酸和水溶性维生素添加剂。常量矿物质元素有钙，磷，钾，钠，氯，镁，硫。微量矿物质元素有铁，铜，锌，锰，碘，钴和硒。

（2）非营养性调控剂　①缓冲剂，可中和瘤胃发酵产生的有机酸、稳定瘤胃 pH 值，对于饲喂高精料、低有效纤维和高玉米青贮日粮的奶牛尤为重要。常用的瘤胃缓冲剂有碳酸氢钠（小苏打）、氧化镁、石粉和膨润土。②酵母培养物和活干酵母。③离子载体莫能菌素和拉沙里菌素。④阴离子盐。⑤益生素。⑥甲烷抑制剂，如氯溴甲烷，丝兰提取物和多不饱和脂肪酸。⑦寡糖类。
⑧应激营养包。

（3）**健胃剂**　有芳香类健胃剂、苦味健胃剂、盐类健胃剂。

（4）**泻药**　盐类泻剂必须稀释到 6% 浓度以下；当消化道不
通畅时禁止瘤胃大剂量使用液状石蜡。

现代前胃治疗用药主要技巧是调节瘤胃内环境；养瘤胃微生
物；消炎杀菌，制止发酵；轻泻；提高机体整体细胞耐受力：调
节机体酸碱平衡，水平衡，离子平衡，渗透压平衡，葡萄糖平
衡，维生素平衡等。

二、消化系统疾病防治

（一）食管阻塞

奶牛食管被食物或异物阻塞，发生吞咽障碍，称食管阻塞。
临床主要表现为突然停止采食，伸颈张口不安，吞咽障碍，流涎
和瘤胃臌气等。

【病　因】　常由于饲喂不及时，给予未切碎的块根类饲料或
未经粉碎、泡软的饼粕类饲料，由于过饥，大口采食，昂头急咽
而发病。在采食时，突然受惊急咽是诱因。常见阻塞物有蔓青萝
卜、黄萝卜、马铃薯、苹果、草团、青玉米棒子等。阻塞部位多
为颈部食道，少见于胸部食道。

【症　状】　本病常发生在采食中，病牛表现突然停止采食，
苦闷不安，头颈伸展，空口咀嚼，伸舌，流涎，不断做吞咽动
作。时间稍久，稍安静，常又出现食欲。梗塞部位于颈段食道
时，可触及梗塞物；若梗塞部位于胸段食道时，颈段食道膨大，
其间积有唾液而触压时出现波动，并发出"哗哗"声。牛发生食
道梗塞时，常继发急性瘤胃臌气。

【诊　断】　视诊，触诊，结合胃管探诊有助于本病的确诊和

确定梗塞部位。本病要与先天性食道扩张，颈静脉周围炎区别。

【治 疗】 本病的治疗原则是除去阻塞物，解除梗塞，缓解瘤胃臌气等并发症的发生。

颈部食道阻塞，使用开口器打口牛口腔，用手掏出。

胸部食道阻塞常用胃管或粗硬的胶管推送到瘤胃。由于食道前 2/3 是骨骼肌，后 1/3 是平滑肌，处理时要按外科手术要求进行。首先进行六柱栏内保定，加胸腹带，后采用肌内注射 2 毫升静松灵全麻醉，肌内注射阿托品 15 毫升，再顺胃管灌入 2% 普鲁卡因溶液 50 毫升，液状石蜡 200 毫升，同时瘤胃穿刺放气减压。10 分钟后进行手术。

掏出法：用手掌抵住阻塞物的下端，朝咽部挤向口腔方向，助手用毛巾裹住手臂，经开口器进入口腔，仔细将异物取出。

送下法：胸部阻塞在做好上述准备后，用一个比较硬的带线胶管直接送入瘤胃，送下时要仔细、缓慢。当然最好是从口腔拿出来，采取以上措施不见效时，可切开食管或切口瘤胃，取出阻塞物。

（二）前胃弛缓

前胃弛缓是瘤胃、网胃、瓣胃神经－肌肉感受性降低，前胃兴奋性降低，平滑肌自律运动性减弱，收缩力减弱，瘤胃内容物运转迟滞，菌群失调，引起奶牛消化障碍以及全身功能紊乱的一种综合征，并不是一个独立的疾病。其特征是食欲减弱，反刍减少、间歇性瘤胃胀气，瘤胃运动次数减少，蠕动力降低，蠕动持续时间缩短，排粪减少，粪便稀薄、精神沉郁等。

【病 因】 前胃弛缓病因较复杂，一般分为原发性前胃弛缓和继发性前胃弛缓两种。

（1）**原发性前胃弛缓** 病因：①直接原因是过食，或饲料霉变，TMR 日粮制作粗糙，如搅拌过细、过粗不均。②次要因素是分娩应激，即奶牛低钙血症，冷热应激，产后胃肠道瘀血、水肿等。③日粮营养物质供给不足或不平衡，特别是离子不平衡。④长期慢性瘤胃酸中毒和突然变更饲料使前胃功能紊乱。

（2）继发性前胃弛缓　通常为一种临床综合征。病因：①消化系统疾病，创伤性网胃腹膜炎、瘤胃积食、瘤胃酸中毒、瓣胃阻塞、真胃变位、肠炎、小肠扭转、盲肠变位、肝脓肿等胃肠疾病。②生产瘫痪、酮病、硒缺乏。③一切高热性传染病或寄生虫病，中毒病。④发高热使用广谱抗生素，如长期应用大剂量磺胺类或广谱抗生素类药物，使瘤胃内菌群失调，引起前胃弛缓。

【症　状】前胃弛缓按其病情发展过程可分为急性和慢性两类。

（1）急性型　多呈现急性食欲减退或消失，反刍减少或停止，泌乳量下降，瘤胃收缩力减弱，蠕动次数减少，蠕动音低沉无力，瘤胃内容物充满黏硬或呈粥状，便秘或腹泻交替。

如果伴发前胃炎或酸中毒时，排棕褐色糊状粪便、恶臭，精神沉郁，发生脱水现象。

（2）慢性型　常为继发性因素引起，表现食欲时好时坏，常虚嚼，磨牙，异嗜，反刍间断，嗳气减少，嗳出带有酸味气体；病情发展缓慢，呈周期性消化不良，瘤胃蠕动音减弱或消失，内容物稀软或黏硬；瘤胃轻度臌胀，肠蠕动音微弱或低沉；粪便干硬，呈暗褐色，附着黏液；有时腹泻，或腹泻与便秘交替发生。

病程末期，伴发瓣胃秘结，继发瘤胃臌气，出现脱水与自体中毒，病情恶化。

【诊　断】临床表现为食欲和反刍减少，瘤胃蠕动强度和频率下降，体温、脉搏、呼吸次数正常，结合病史、流行病学调查与瘤胃内容物性质的变化作为诊断依据。

前胃弛缓时，瘤胃液 pH 值下降至 5.0 以下，个别病例升至 8.0 或更高，纤毛虫存活率显著降低或消失（正常，每毫升瘤胃内容物纤毛虫平均约 100 万个）。

【治　疗】治疗原发病，排除病因，增强前胃功能，改善瘤胃内环境，恢复正常微生物区系，防治自体中毒和脱水等综合疗法。

原发性前胃弛缓治疗方法：初期可禁食1～2天，不禁止饮水，饲喂易消化的饲草料。促进瘤胃蠕动，可用氨甲酰胆碱2毫克，或新斯的明20毫克，或比赛可灵20毫克皮下注射。

应用促反刍液500毫升，或10%氯化钠液500毫升，5%氯化钙液250毫升，20%安钠咖10毫升，一次静脉注射。

防腐止酵，小苏打100克，鱼石脂100毫升，酒精150毫升，水1000毫升，内服。

缓泻，可用硫酸镁或硫酸钠300～500克，鱼石脂100克，温水6000～10000毫升，内服。

防止脱水和酸中毒，可用25%葡萄糖溶液1000～1500毫升，5%碳酸氢钠500毫升，维生素C100毫升、氢化可的松100毫升，静脉注射，维生素$B_1$100毫升，肌内注射。

中兽医疗法：病初体壮者灌服加味大承气汤：

大黄、厚朴、枳实、桔梗、陈皮各60～80克，炒神曲、麦芽、山楂各100克，芒硝200克，槟榔30克，车前子40克，莱菔子80克，共为末，开水冲调，候温灌服，每日1剂，连服3剂。

瘤胃积液较多者灌服大戟散：大戟、续随子、大黄、滑石各40克，甘遂、牵牛子、官桂、白芷各20克，共为末，开水冲调，候温灌服，每日1剂，连服3剂。

病久体弱者灌服加味补中益气汤：党参100克、白术、茯苓、甘草、厚朴、黄芪、各80克，陈皮50克、当归克、炒神曲、麦芽、山楂各100克，共为末，开水冲调，候温灌服，每日1剂，连服3剂。

推荐处方：

处方1：初期禁食1～2天，不禁止饮水，饲喂易消化的饲草料。

处方2：促进瘤胃蠕动，恢复正常微生物区系，比赛克灵30毫升，皮下注射；维生素$B_1$30毫升，皮下注射。

处方3：静脉治疗法，25%葡萄糖1500毫升＋维生素C100

毫升；复方氯化钠 1 000 毫升＋20％安钠咖 30 毫升；促反刍液 500 毫升，10％氯化钠液 500 毫升，5％氯化钙液 250 毫升，一次静脉注射，每天 1 次，连续 3 天。

处方 4：口服治疗法，小苏打 100 克温水化，一次灌服，1 小时后灌服下列药物：鱼石脂 100 毫升＋酒精 150 毫升＋水 1 000 毫升＋硫酸镁 250 克＋酵母片 200 片＋大黄酊 150 毫升＋姜酊 150 毫升，混合一次灌服，每天 1 次，连续灌服 3 天。

【点　评】瘤胃内有异物常常出现顽固性前胃弛缓，常规治疗没有明显好转，偶然从左侧冲击触诊可感知瘤胃内有坚硬感。个别牛会继发瘤胃臌气，此时必须进行瘤胃切开探查手术治疗。

（三）瘤胃酸中毒

急性瘤胃酸中毒，主要是因过食富含碳水化合物的谷物饲料，在瘤胃内高度发酵产生大量乳酸后引起的急性代谢性酸中毒。亚急性瘤胃酸中毒是因口粮中淀粉含量过高，在瘤胃急速发酵产生过多的乙酸、丙酸和丁酸超过瘤胃壁的吸收而淤积在瘤胃内所致。表现为急性、重剧性前胃弛缓，瘤胃 pH 值下降，瘤胃胀满，消化功能紊乱，精神抑郁，共济失调，卧地不起，神志昏迷，酸血症，陷于脱水状态而死亡。

【病　因】主要原因是日粮的精饲料和多汁饲料过多（如玉米，大麦，甜菜碴等）缺乏干草。农户常见于偷食大量精饲料，引起酸中毒。同时，由于瘤胃菌群失调，大量革兰氏阴性细菌产生内毒素引起中毒。

【症　状】根据酸中毒的临床表现可分为急性酸中毒和亚急性酸中毒。

最急性的病例，常在采食后无明显病症，于 3～5 小时内突然死亡。

病情轻的牛表现神情恐惧、食欲、反刍减退，瘤胃蠕动减弱，肚腹胀满，粪便呈灰色、松软或腹泻。间或后肢踢腹，呈现腹痛症状。

临床上，绝大多数病例，都呈现急性瘤胃酸中毒综合征，并具有一定的中枢神经系统兴奋症状。病牛神情忧郁，目光无神，惊恐不安，步态不稳。食欲废绝，流涎，磨牙，虚嚼。瘤胃蠕动消失，内容物胀满、黏硬，腹泻，粪便呈淡灰色、酸奶气味。

全身症状：呼吸数每分钟 60～80 次，气喘，甚至呼吸极度困难。心跳疾速，每分钟可达 100 次以上。重剧病例，病程很短，急剧恶化，心力衰竭，呈现循环虚脱状态而急性死亡。

神经症状：过食精饲料后，精神迟钝，运动强拘，姿势异常，神志不清，眼睑反射减退或消失，瞳孔对光反射不敏感。有时狂暴不安，甚至企图攻击人、畜。

此外，脱水与蹄叶炎是为本病常见的病症。

综上所述，反刍动物瘤胃酸中毒的临床症状多种多样，表现为急性消化障碍，瘤胃积食，全身代谢紊乱，酸血症，神经调节功能异常，运动失调，蹄叶炎，脱水，昏迷和休克，病情急剧而危险。

【诊　断】　根据过食谷物类饲料的病史及其临床病症和实验室检查，病牛瘤胃胀满，卧地不起，有蹄叶炎和神经症状。即可做出初步诊断。

抽检瘤胃液 pH 值下降至 5.0 以下；血液 pH 值降至 7.0 以下。

临床实践中必须注意与瘤胃积食、皱胃阻塞和变位、急性弥漫性腹膜炎、生产瘫痪、牛原发性酮病、奶牛妊娠毒血症、肝昏迷，霉菌毒素中毒等疾病鉴别。

【治　疗】　由于该病造成的酸中毒和内毒素中毒发展很快，治疗原则为：抑制乳酸和乙酸、丙酸、丁酸的产生和中和瘤胃内和血液中的酸中毒；应用抗组织胺制剂，消除过敏性反应；强心输液，调节电解质平衡，维持循环血量；促进前胃运动，增强胃肠功能，排除有毒物质；保护肝脏，增强解毒功能；镇静安神，降低颅内压，防止脑水肿。此外，应加强饲养和护理。

急性瘤胃酸中毒治疗：对重剧病例进行急救，应根据病情采取全身疗法或施行手术取出瘤胃内容物。但在牛群中若出现多数病例，唯一急救的办法是应用抗酸药物治疗，500千克体重用5%碳酸氢钠溶液1 000毫升，甘露醇250毫升静脉注射，同时向瘤胃内灌服及小苏打200克加水10千克，过2小时，可以再次灌服小苏打水。

瘤胃酸中毒较轻的病例，可先洗胃，或用氧化镁，按500千克体重用500克剂量，加温水10升，或石灰水利用水泵投入瘤胃内，继而进行瘤胃按摩，促进乳酸中和吸附有毒物质。

当酸中毒与脱水现象明显时，也可用碳酸氢钠予以纠正，调节酸碱平衡，同时应用5%葡萄糖氯化钠注射液3 000～5 000毫升，20%安钠咖注射液10毫升，40%乌洛托品注射液40毫升，呋塞米40毫升，四环素10克静脉注射。

推荐处方：

①瘤胃的治疗：小苏打120克，加水2 000毫升，一次灌服。

②血液治疗：5%碳酸氢钠1 000毫升静脉注射。

③肝脏治疗：25%葡萄糖2 000毫升，维生素B_{12} 20毫升，氢化可的松150毫升，ATP 5克，维生素C 150毫升，一次静脉注射。

为了防止继发瘤胃炎、蹄叶炎，消除过敏反应，可用扑尔敏，60～100毫克肌内注射。

在病情发展过程中，出现休克症状时，宜用地塞米松50毫克，静脉或肌内注射。血钙下降时，用10%葡萄糖酸钙注射液1 000毫升或5%氯化钙250毫升，静脉注射，具有抗过敏及降低渗透压作用。

在治疗过程中，还应注意清理胃肠，防腐制酵，及时内服四环素或消气灵，以抑制乳酸杆菌滋生，增强治疗效果。

（四）瘤胃积食

瘤胃积食是由于前胃收缩力减弱，食入大量难以消化的饲料、饲草，或采食了没喂过的新鲜粗饲料，致使瘤胃扩张，容积增大，内容物停滞和阻塞，瘤胃蠕动和消化功能障碍，形成脱水和毒血症。

【病　因】　主要是过食大量干硬难以消化的劣质玉米秸秆，新麦秸，马铃薯秧等粗饲料；或因饥饿采食了大量谷草、稻草、豆秸等难以消化的饲料；或因大量采食大麦、玉米、大豆等谷物，又饮大量水，使饲料膨胀而致病。此外，饲养管理不当，受各种不利因素影响，如恐惧不安，中毒与感染，妊娠后期运动不足，分娩应激也可发生瘤胃积食。还可继发于前胃弛缓、创伤性网胃腹膜炎、瓣胃阻塞、皱胃变位、皱胃阻塞等疾病。

【症　状】　瘤胃积食病情发展迅速，通常在过量采食后数小时内发病，常并发瘤胃酸中毒。

病初期，病牛神情不安，回头顾腹。食欲、反刍消失，嗳气、流涎，呼吸促迫。腹部膨胀，触诊瘤胃内容物黏硬坚实，用拳按压，遗留压痕。腹部膬胀以下腹部明显。腹部听诊，瘤胃蠕动音减弱或消失。肠音微弱或沉寂，便秘，粪便干硬呈饼状，间或发生腹泻。直肠检查，瘤胃扩张，容积增大后移，充满黏硬内容物。有的病例，内容物松软呈粥状，但瘤胃显著扩张。

病至晚期，病情急剧恶化，肚腹胀满，瘤胃积液，呼吸促迫而困难，脉搏疾速达 120 次 / 分以上，呼吸 60 次 / 分以上，结膜发绀，眼球下陷，全身衰弱，卧地不起，发生脱水和自体中毒，呈现昏迷和循环虚脱。

【诊　断】　根据全身症状，变换粗饲料和发病过程触诊瘤胃坚实可做出诊断。

【治　疗】　增强前胃微生物的消化能和瘤胃壁的蠕动功能，促进瘤胃内容物的运转，消积化滞，防止脱水与自体中毒，对症治疗。

首先禁食 1～2 天，不禁止饮水，进行瘤胃按摩，每次 5～10 分钟，每隔 30 分钟 1 次。先灌服大量温水，再按摩，效果更好；也可用酵母粉 500～1 000 克，酵母培养物 200～300 克，每日分 2 次内服，具有消食化积作用。

清肠消导，可用硫酸镁或硫酸钠 500～800 克，鱼石脂 80 克，75%酒精 100～150 毫升，常水 6 000～10 000 毫升，一次内服。应用泻剂后，用新斯的明 0.1 克，皮下注射，兴奋前胃神经，促进瘤胃内容物运转与排出。

病因疗法，可用 10%氯化钠溶液 500 毫升，静脉注射；或先用 1%温食盐水洗涤瘤胃，再用促反刍液，最好是 10%氯化钠溶液 500 毫升，5%氯化钙溶液 250 毫升，20%安钠咖注射液 20 毫升，静脉注射。

改善中枢神经系统调节功能，增强心脏活动，促进血液循环和胃肠蠕动，解除自体中毒现象。

晚期病例，除了反复洗涤瘤胃外，宜用 5%葡萄糖生理盐水 2 000～3 000 毫升，20%安钠咖注射液 10 毫升，维生素 C 1 克，5%碳酸氢钠 500 毫升，氢化可的松 100 毫升，安乃近 100 毫升静脉注射。强心补液，保护肝功能，促进新陈代谢，防止脱水。

在病程中，为了抑制乳酸的产生，应及时用青霉素或土霉素瘤胃内服，间隔 12 小时，再投药 1 次。继发瘤胃臌胀时，应及时穿刺放气，以缓和病情。

在药物治疗无效时，即及时行瘤胃切开术，取出内容物，并用 1%温食盐水洗涤，必要时，接种健康牛瘤胃液。加强饲养和护理，促进康复。

中兽医疗法：加味大承气汤，大黄、厚朴、枳实、桔梗、陈皮各 60～80 克，炒神曲、麦芽、山楂各 100 克，芒硝 200 克，槟榔 30 克，车前子 40 克，莱菔子 80 克，共为末，开水冲调，候温灌服，每日 1 剂，连服 3 剂。

推荐处方：

①口服治疗法，小苏打100克温水化，一次灌服，1小时后灌服下列药物，益康 XP 200克、酵母片200片、硫酸镁800克、鱼石脂100毫升、酒精150毫升、大黄酊150毫升、姜酊150毫升、水10000毫升，混合，一次灌服，连续3天。

②静脉治疗法，5%碳酸氢钠500毫升；25%葡萄糖1000毫升＋维生素C 100毫升＋氢化可的松100毫升＋20%安钠咖30毫升；复方氯化钠1000毫升；促反刍液500毫升；10%氯化钠液500毫升；一次静脉注射，每天1次，连续5天。

③健胃消食散，大黄200克、枳实200克、厚朴200克、木香与延胡索各100克、山楂100克、槟榔30克。共煎取汁，冲芒硝300克，温水5升，一次灌服。

【点　评】　急性原发性瘤胃积食一定要把握时间，及时进行瘤胃手术。瘤胃给药一定重在恢复瘤胃 pH 值和微生物区系的建立上，如果大量用盐类泻剂会将瘤胃内不能消化的粗饲料推入下部消化管，而下部消化管不能消化粗饲料，最终牛必死。

（五）瘤胃臌气

瘤胃臌气是因前胃神经反应性降低，收缩力减弱，采食易发酵的饲料，在瘤胃内微生物的作用下，异常发酵，产生大量气体，引起瘤胃和网胃急剧臌胀，导致呼吸和血液循环障碍，发生窒息现象的一种疾病。临床特征为腹围急剧增大，呼吸极度困难，腹痛，反刍、嗳气和血液循环障碍。

瘤胃臌气依其病因可分为原发性和继发性两个类型，依其性质又可分为非泡沫性和泡沫性两种。

【病　因】

（1）原发性急性瘤胃臌胀　奶牛多见于粗饲料霉变引起。偶尔见于采食大量易发酵的青绿饲料，如新鲜苜蓿、三叶草、豆科种子，作物幼苗，块根植物的茎叶和经霜、雪、冰冻和霉败的饲草及青贮料，特别是豆科植物，含有大量的蛋白质、皂苷、果胶和半纤维素等物质，改变了瘤胃内容物的理化特性，使瘤胃内菌群共生关系、动态平衡关系失调，以及机体神经反应性降低，导致本病发生。

（2）**继发性瘤胃臌胀** 可继发于食道梗塞、前胃弛缓、瘤胃异物、创伤性网胃腹膜炎、瓣胃阻塞、肠梗阻等病过程中。

【症　状】 常发生于大量采食易发酵的饲料后不久。病牛腹围急剧增大，腰旁窝突出，严重者可高出脊背。叩诊瘤胃紧张呈鼓音。食欲、反刍和嗳气很快停止，瘤胃蠕动初期增强，很快减弱或消失。呼吸高度困难，口中流出大量混有泡沫的口涎，呼吸每分钟可达 80～100 次，心跳每分钟可达 100 次以上。结膜初充血后发绀，脉搏快而弱，静脉怒张，体温正常。

泡沫性瘤胃臌气，常有泡沫唾液从口中逆出或喷出。胃管放气或瘤胃穿刺时，只能断断续续排出少量气体，瘤胃液常阻塞穿刺针孔，造成排气困难。病至后期，站立不稳，心力衰竭，血液循环障碍，静脉怒张，呼吸困难，最后由于窒息或心脏麻痹而死。

慢性瘤胃臌气，多由继发性因素引起，病情时好时坏，腹部中等臌气或反复臌气，病情发展缓慢。

【诊　断】 根据临床症状，结合病史进行诊断。但应注意区别原发性和继发性瘤胃臌气，是泡沫性还是非泡沫性的瘤胃臌气。

【治　疗】 急性瘤胃臌气发病迅速、急剧、必须及时排气减压，防止窒息死亡。慢性瘤胃臌气要注重治疗原发病。

治疗原则：排气消胀，理气止酵，强心输液，健胃消导、镇痛。

使病牛头部抬举，用草把适度按摩腹部，促进瘤胃气体排出，或用涂有松馏油的木棒（或用椿树枝），横置口内，两端露出口角之外，以绳系紧并缚于两角基部，促进嗳气。

急性臌气的治疗：及时施行瘤胃穿刺术和瘤胃插管排气。穿刺部位在左侧腰旁肷窝中央，常使 18 号长针头或用瘤胃放气特别导管针，垂直一次穿透腹壁进入瘤胃内排气。放气时应缓慢，以防发生脑贫血。

瘤胃泡沫性臌气一般穿刺很难排出瘤胃内气体，宜用表面活性药物，如二甲硅油 8 克，或消胀散 50 克，水适量内服，或通过排气针，将药物注入瘤胃内。

瘤胃非泡沫性臌气治疗：用 10％鱼石脂酒精 100～150 毫升，加水 500～1 000 毫升内服。在制酵的同时，可与缓泻剂同时应用。常用的泻剂有硫酸镁 500 克、人工盐 100 克、小苏打 100 克。

为改善瘤胃内菌群失调，促进消化功能，消除瘤胃臌胀，可内服 EM 原露。EM 为微生物制剂，对瘤胃臌胀有良好的治疗效果。牛 100 毫升，常水 3 000 毫升，一次内服。

在治疗过程中，应根据病情与体况，采用强心补液，解除酸中毒，增进病牛耐受力，但输液量一次不要超过 3 000 毫升，以免加重心肺负担。当泡沫性瘤胃臌胀用药无效时，应及时采取瘤胃切开术，取出其内容物，按照外科手术要求处理，可获良好治疗效果。

推荐治疗程序：

（1）**瘤胃放气**　在左侧肷部隆起最高点，剪毛、5％ 碘酊消毒，用 18 号长针头垂直刺入瘤胃，放气时，用食指适当按压排气孔，以防放气过快引起急性脑贫血。此时，瘤胃强烈收缩，一定要用长针头，防止针头变成刀子，划破瘤胃。

急性瘤胃臌气多数为泡沫型臌气，常常食糜阻塞针孔，要不断地用注射器冲开针孔阻塞物，并向瘤胃内注射稀释过的消气灵 30～50 毫升。

也可以用瘤胃放气套管针，在使用时，首先在左侧肷部隆起最高点，剪毛、5％ 碘酊消毒，切开皮肤 2～3 厘米，然后垂直插入套管针进入瘤胃，拔出针芯排气，注意事项同上。在十分严重情况下也可切开瘤胃放气急救，随后进行瘤胃修补术。

在放气的同时，可以用开口器打开口腔，插入胃管或胶皮管排气。

（2）镇痛镇静

①强心镇疼，安乃近30毫升肌内注射，20%安钠咖30毫升、肌内注射。

②制止发酵，清理胃肠。发酵主要是细菌和酶起作用。

小苏打100克温水化，一次灌服，过1小时后灌服下列药物。

硫酸镁400克、消胀散200克、酵母片200片、大黄酊150毫升、姜酊150毫升、诺氟沙星50克、水1 000毫升，混合，胃管排气后，一次灌服。

（六）创伤性网胃腹膜炎及心包炎

创伤性网胃腹膜炎是由于金属异物（缝针、针头、铁钉、细铁丝等尖锐金属物）混杂于饲料内，随饲料被采食落入网胃，刺伤网胃壁引起腹膜炎，导致前胃弛缓，瘤胃反复臌气，消化紊乱，常因穿透网胃刺伤膈和腹膜或肝脏，引起急性弥漫性或慢性局限性腹膜炎。创伤性心包炎是金属异物穿透膈肌，伤至心包引起的疾病。

【病　因】　主要是饲草、饲料内混入尖锐的异物如铁钉、缝衣针、细铁丝、发针、玻璃碎片等，被牛误食落入网胃内，由于网胃收缩力强，尖锐异物刺伤胃壁，或可刺伤横膈膜、心脏、肺、肝、脾等器官，造成病理损害和炎症。本病多发生在分娩过程中，产后表现剧烈腹痛、卧地不起，张口伸舌，呻吟。

【症　状】　发病突然，刚发病时心率会突然升高到每分钟140次以上，体温升高到40℃以上，瘤胃蠕动忽然消失，反刍、食欲消失。随后又表现一定的食欲，瘤胃收缩力减弱，反刍减少，瘤胃臌气，胃肠蠕动减弱等反复性的前胃弛缓症状。随着病情加重，病牛不愿走动，走路小心，站立时肘头外展，肘肌纤维性震颤，当强迫其下坡，表现痛苦、呻吟。用手提捏鬐甲部皮肤时，病牛敏感，背部下凹或呻吟，用拳头顶压网胃区时，即剑状软骨左后部腹壁，病牛疼痛，呈现不安，发出痛苦的呻吟，躲避或反抗。

仅发生创伤性网胃炎和局限性胃腹膜炎，体温、呼吸、脉搏无明显变化。当伴发弥漫性腹膜炎，心包炎时体温升高。

当成为创伤性心包炎时，全身症状加重，脉搏疾速，常出现颈静脉阳性搏动，在病的前期或心包渗出液少时，可听到心包摩擦音，其后由于心包渗出液增多时而呈现心包拍水音，后期时由于大量纤维素渗出，可出现明显的心包摩擦音和拍水音，心音混浊，节律不齐等。由于静脉瘀血，病牛颈静脉怒张，胸下、颌下及胸前等处发生水肿。

推荐治疗处方：

①口服治疗法，小苏打100克温水化，一次灌服，过1小时后灌服下列药物。硫酸镁400克、鱼石脂100毫升、酒精150毫升、酵母片200片、大黄酊150毫升、姜酊150毫升、水1000毫升，混合一次灌服，每天1次，连续3天。

②静脉治疗法，5%碳酸氢钠500毫升；25%葡萄糖1000毫升＋氢化可的松100毫升＋维生素C100毫升；复方氯化钠1000毫升＋四环素50万单位，16支，每瓶8支；促反刍液500毫升；10%氯化钠液500毫升；糖盐水500毫升＋20%安钠咖30毫升＋安乃近100毫升；一次静脉注射，每天2次，连续4天。

③腹腔注射治疗法，生理盐水500毫升×2瓶，青霉素800万单位，链霉素200万单位，2%普鲁卡因100毫升，混合溶解，在右侧肷部用16号长针头腹腔封闭，每天1次，连续4次。

如果治疗4天停药后又出现体温升高，反复前胃弛缓，不断呻吟便可诊断为创伤性网胃腹膜炎，不再治疗，建议淘汰。

【点　评】本病的特征症状是发病突然，以心率突然升高到142次／分钟以上，体温升高，并表现为弛张热，瘤胃蠕动消失为特征进行确诊。因为，母牛在正常情况下，只有心脏受到突然损伤，心率才会一刹那明显升高，瘤胃蠕动消失。

腹腔封闭对牛腹腔和骨盆腔器官炎症有很好的治疗作用。

（七）皱胃变位

奶牛皱胃变位也称真胃变位，是皱胃的解剖学位置发生变化，其核心是幽门离位。皱胃变位分为左方变位和右方变位。皱胃变位的发病率占产后母牛总发病率的 5% 左右，头胎牛分娩后真胃变位的发病率占皱胃变位总发病率的 85% 以上。真胃变位造成严重的消化障碍，营养物质吸收减少，导致能量负平衡，诱发酮血病，加重了繁殖障碍的发生。

牛皱胃左方变位是指皱胃由腹中线偏右的正常位置，经过瘤胃腹囊与腹腔底壁间的空隙移位于腹腔左壁于瘤胃之间。右方变位是指位于腹底正中线偏右的皱胃，向上浮移至肝脏与腹壁之间引起的疾病。

皱胃变位的临床特征为幽门离位，皱胃积气、积液、扩张、麻痹、排空障碍，并发出血性炎症；脱水，低血钾、低血氯；病初碱中毒，病程长的转成代谢性酸中毒；酮血症；网膜水肿，幽门水肿，网膜翻转、撕裂；个别牛幽门积存石子、泥沙阻塞，肝圆韧带存在。以上特征会在不同病例中出现，但不会同时出现，在治疗这类疾病的过程中，要善于抓住这些现象，及时根除病因。

【病　因】　皱胃变位的发生与瘤胃功能紊乱有直接关系，特别与分娩前瘤胃状态不佳，牛群密度过大，转群应激，瘤胃功能紊乱导致干物质采食量不足，营养负平衡是皱胃变位发病的先决条件。本病主要发生在初产牛产后 15 天内，其他胎次和产前发病很少。散养农户发病率高于大型牛场，寒冷季节发病率高于温暖季节。头胎牛产前瘤胃发育不良、产后肠道痉挛，产后低血钙，是主要原因。另外，奶牛产前 10 天左右，由于干物质采食量急剧减少，出现能量负平衡，诱发酮血症，特别是肥胖牛易发，所以，酮血症的发生与真胃变位有着直接关系。

【诊　断】皱胃变位的诊断可以结合病史，饲养管理，肋间叩诊出现钢管音等症状做出初步判断。听诊结合叩诊出现"钢管音"是皱胃左或右方变位的特征，是诊断皱胃变位的重要依据，听不到"钢管音"，临床上不考虑是皱胃变位，但有"钢管音"不一定就是皱胃变位，需要进一步诊断鉴别。

（1）**根据病史诊断**　此病多发生在产后3周内，尤其是产后头胎牛，如果母牛分娩后体温正常，表现为前胃弛缓症状，经药物治疗无效，反复发作，就应该怀疑是否发生皱胃变位。

（2）**根据临床症状诊断**　左方变位临床症状：叩诊左侧肋间出现钢管音；左侧肋骨后缘可看到且能摸到一个气球状的半圆形气囊；左腹侧听诊有时能听到响亮的皱胃流水音及金属音；触诊左肷部可感知腹壁与瘤胃间有距离感；病牛体温、脉搏、呼吸正常，主要表现食欲不振，时好时坏，呈典型的消化性酮血症，药物治疗无明显效果；反复发作即可确诊。真胃左方变位牛有时左侧叩诊，钢管音偶然会消失但过几天，钢管音又会出现。

真胃右方变位症状：叩诊右侧肋间出现持续"钢管音"；发病急剧，病牛表现有突然腹痛，体温正常，呈现明显的酮病；病后期，右腹部明显涨大，多数病牛在右肋弓后缘可看到并且能摸到皱胃积气、积液的囊状隆起，用掌冲击该部位或用拳冲击可听到拍水音。病程时间长了，排黑色稀便，钢管音面积扩大，即可确诊。

少数皱胃扭转病例，手术打开腹腔，可发现网膜严重水肿或幽门口被异物阻塞，致使幽门肿大下沉至腹腔底，皱胃内积气致使胃大湾翻转上浮，幽门口向下，形似倒栽葱状。幽门离位是导致胃肠道不通畅的主要原因。也是真胃内积气移位发生的直接原因。

【治　疗】实践证明，真胃变位的核心是幽门离位，手术治疗的目标是幽门复位。

左方移位采取左右肷部双切口，也可以做右侧肷部单切口，先用带长胶管的针头排干净真胃内气体，向腹腔灌注生理盐水3000毫升，从右侧肷部切口入手，提拉网膜，使幽门口向上。幽门部网膜用18号缝线固定在最后肋骨弓腹壁外，也可以固定在腹膜上，但这样会形成粘连。术后重点养瘤胃，促进瘤胃内环境修复和全身电解质及葡萄糖平衡，按照酮血症治疗。

【预　防】　预防本病要从犊牛抓起，培育好瘤胃。加强和健全青年牛和成年牛围产前期的瘤胃功能，坚决执行干奶、围产期分群管理，控制牛群密度低于85%，最大限度地增加干物质采食量是预防本病的主要措施。牛在产前1个月要给母牛添加酵母培养物，瘤胃宝，每天每头100克。产后30分钟，给奶牛灌服营养汤（温水25升，复合维生素，乳酸钙500克，丙二醇600毫升，电解质多种维生素，益母生化散）等，保持瘤胃充盈度，禁止喝冷水。

（八）真胃阻塞

皱胃阻塞也叫皱胃积食，是由于迷走神经功能紊乱，皱胃内容物滞积、胃壁扩张，体积增大，形成阻塞；常继发瓣胃秘结、瘤胃积液，引发自体中毒和脱水，导致死亡。

【病　因】　本病常因饲养管理不当而发生。特别是长期饲喂粉碎很细的草粉或精饲料或者牛长期异食癖，采入大量泥沙阻塞幽门引起。

继发于前胃弛缓、创伤性网胃腹膜炎、腹腔器官粘连、小肠阻塞等疾病。

【症　状】　病初呈前胃弛缓的症状，病牛食欲、反刍减退或消失，鼻镜干燥，伴发便秘，体温正常。后期右下腹显著增大，排粪减少，仅有少量棕褐色糊状粪便，混有少量黏液或紫黑色血丝和血块，粪便恶臭。

皱胃区视诊，右侧中腹部后下方局限性隆起，用拳头抵触中下部皱胃区，可感知有坚硬物抵抗，病牛因感疼痛而退让或踢蹴。个别牛用听诊器放置在右侧腰窝旁听诊，同时用叩诊锤轻叩右侧倒数第一、第二肋骨弓，即可听到钢管音，常继发瓣胃阻塞。病牛精神极度沉郁，鼻镜干燥，结膜发绀，眼球下陷，血液黏稠，呈现脱水和自体中毒状态，衰弱而卧地不起，终因心力衰竭和自体中毒而死。

【诊 断】 根据临床症状可确诊。本病须与前胃疾病、皱胃变位、肠变位等疾病进行鉴别。

【预 防】 加强饲养管理，合理调制饲料，防止发生前胃病。

【治 疗】 治疗原则为排除皱胃内容物，着重消食化滞，防腐制酵，晚期注意强心补液，防止脱水与自体中毒。为排除皱胃内容物，防腐制酵，可用硫酸钠（或硫酸镁）300～500克，植物油500～1000毫升，鱼石脂80克，酒精150毫升，常水6000～8000毫升，内服。可灌服当归苁蓉汤，当归200克，肉苁蓉140克，大黄、郁李仁各120克，牡丹皮、川楝子、桃仁、蒲公英、金银花各100克，川厚朴、枳实、莱菔子各120克。共研磨末，温水10千克胃管投服。

为改善中枢神经系统调节作用，兴奋胃肠功能，强心，防止脱水和自体中毒，可及时用10%氯化钠500毫升，20%安钠咖20毫升，25%葡萄糖2000毫升，维生素C 100毫升，5%氯化钙250毫升，加复方氯化钠1000毫升，氯化钾10克静脉注射。多数阻塞牛会发生碱中毒，禁止静脉注射碳酸氢钠。

必须指出，皱胃阻塞，多继发瓣胃阻塞，药物治疗多不佳，确诊后可立即淘汰。

（九）腹 痛

腹痛是由于受某种刺激而引起肠壁平滑肌发生痉挛性收缩，并以明显的间歇性腹痛为特征的一种真性腹痛。

【病　因】　主要病因是受冷，如突然饮冷水，气温降低，出汗后淋雨或被冷风侵袭等。饲喂冰霜冷冻、霉烂腐败及虫蛀不洁的饲料，以及肠道寄生虫等，也可引起本病。

分娩应激造成胃肠贫血后充血、瘀血、水肿，易发生腹痛。

其次是齿牙病、胃肠寄生蠕虫、饲料混杂芒刺或沙石等所致的胃肠溃疡，炎症等器质性变化。系膜肿瘤。矿物质营养不足等所致的胃肠功能减退都是诱因。

如果发生持续腹痛，多数是发生肠梗阻。

【症　状】　常在采食、饮水后突然发病。腹痛呈间歇性，发作期病牛起卧不安，后肢踢腹，回头顾腹，严重时全身出汗，呼吸加快，发作期约持续5～15分钟，间歇期腹痛消失且有食欲，间歇期10～30分钟。随病程的延续，间歇期愈来愈长。病牛腹围正常，发作期肠蠕动音亢进，连绵不断，音响高朗，甚至于数步之外都可听到，尚有金属音。排粪次数增多，粪便稀软，或粪球带水，附有黏液，有酸臭味。口腔湿润，色青白，结膜正常或潮红，耳、鼻、四肢末梢冰冷。

若腹痛突然增剧并转为持续性时，并且不见粪便，粪便水，直肠检查干涩，多为继发肠变位及肠套叠或肠阻塞。

【治　疗】　针对腹痛病的一般发病机制和基本病理过程，其综合性治疗原则为镇痛、减压、疏通、补液和解毒等5个方面。

（1）**镇痛**　要抓紧消除胃肠痉挛、胃肠膨胀、肠系膜牵引绞压、腹膜炎性刺激等致发腹痛的因素，腹痛即随之缓解或消失。但剧烈腹痛的持久存在，往往会使病情加重。

（2）**减压**　胃肠膨胀的弊端甚多，轻则致发疼痛，导致循环和呼吸障碍，重则造成窒息或胃肠破裂，而威胁生命。因此，一切伴有胃肠膨胀的腹痛病，都必须立即排液或放气，实施减压。

（3）**疏通**　疏通胃肠道是治疗胃肠阻塞性腹痛病的根本原则。除伴有肠腔闭塞的肠变位需要手术整复疏通外，在各种动力性胃肠阻塞，均应从3方面着手实施疏通：通过调整胃肠腔内环境，给化学感受器和压力感受器提供适宜刺激，以恢复胃肠平滑肌的自动运动性；通过大脑皮质、皮质下中枢或自主神经干、节、丛，以协调交感神经和副交感神经对胃肠平滑肌自动运动性的平衡控制；通过神经或液递机制，保障胃肠血液供应，疏通微循环，以改善胃肠平滑肌的物质营养代谢。

（4）补液　胃肠道完全阻塞性腹痛病，机体的水盐丢失甚为严重，疏通措施如不能迅速奏效，则应实施补液。液体的选择，应考虑到阻塞的位置和性质。高位（真胃和十二指肠）阻塞，主要补充氯离子和钠离子，切莫补给碳酸氢离子；中低位（回肠而后）阻塞，除补给氯化钠液外，要补给适量的碳酸氢钠液；机械性肠阻塞（肠变位），伴有血液的渗漏，最好另加血液或血浆等胶体溶液。

（5）解毒　指缓解内毒素血症，防止内毒素休克的发生；保肝，防止酸中毒。内毒素休克一旦发生，则多取死亡转归。治疗完全阻塞性肠便秘，早期即应开始加用新霉素内服，而手术整复肠变位时，则应强调切除变位的肠段，并要求尽量排空变位部前侧的瘤胃内容物。

【预　防】　加强饲养管理，预防产后喝冷水是预防腹痛病发生的主要措施。

合理配比日粮，粗料精料搭配，建立合理的饲养管理制度，饲喂定时定量，做好饲料的加工调制。保证饲料品质，不喂霉败变质、冰冻或含泥沙多的饲料。给以充足的饮水。不要突然变更饲料。

加强饲养管理，特别是气候骤变时，防止受寒冷刺激。定时驱虫，及时治疗慢性消化器官疾病。在更换优质饲料时要适当控制采食，以防过食。

推荐处方：

①解痉镇痛，可用镇静镇痛药，如30%安乃近注射液20～30毫升，皮下肌内注射；安痛定或复方氨基比林注射液20～40

毫升，皮下或肌内注射；阿托品注射液 25 毫升，肌内注射。生
理盐水 500 毫升，2% 普鲁卡因注射液 150 毫升，腹腔注射。

②制酵清肠，制酵可用制酵药，如鱼石脂 150 克，酒精 150
毫升，姜酊 150 毫升，陈皮酊 150 毫升，一次灌服。

③一旦确诊为肠梗阻就必须立即进行手术治疗。

第六章
奶牛乳房疾病防治

一、奶牛干奶期乳房炎

干奶期是指预产期前 60 天。干奶期乳房炎多见于干奶前期乳房炎和干奶后期乳房炎。

【原　因】　引起干奶初期乳房炎常见病原有大肠杆菌，链球菌，金黄色葡萄球菌等，多数为混合感染。干奶前期乳房炎形成的主要原因有干奶时，乳腺已经发生炎症或者已经发生了隐性乳房炎，干奶时没有检出或漏检，带炎停奶；干奶过程中消毒不严，圈舍卫生条件差，消毒不彻底，乳腺被污染；干奶时，产奶量较高，采取了一次性干奶法；干奶药被污染；干奶后没有连续进行乳头药浴；干奶后没有严格观察干奶牛乳房吸收情况；干奶牛圈没有及时旋耕，晾晒，消毒等。引起干奶后期乳房炎的主要原因是分娩应激造成乳腺免疫力下降和围产牛圈环境太差，乳头孔开张等原因造成病原菌在乳腺内大量繁殖而引起。其次是干奶前期乳腺发炎治疗未彻底治愈引起的。

【症　状】

（1）**干奶前期乳房炎**　注射干奶针后的第 3～6 天，乳房肿胀不消，出现红、肿、热、痛、硬。个别牛由于乳腺感染毒素性大肠杆菌、腐败梭菌会发生急性死亡。

（2）**干奶后期乳房炎**　在产前几天表现乳房硬肿，化脓坏死，体温升高等。

【治　疗】

（1）干奶前期乳房炎治疗　干奶时用隐性乳房炎检测液（CMT）检测每个乳区、阳性牛进行治愈后，再注射干奶针后停奶，CMT 阴性牛正常注入干奶针。也可以对 CMT 一个"＋"号牛挤净乳房内乳汁，注射干奶针停奶，第 6 天后挤出乳房内物质，重新注射干奶针。干奶后第 3～6 天发现乳房肿胀严重者，立即将乳腺内容物全部挤出，用生理盐水灌洗，再次挤净，注入头孢菌素，或氨苄青霉素＋生理盐水 200 毫升＋普鲁卡因 10 毫升，一次冲入乳房内，每天 2 次，连续 3～5 天，直至乳汁正常，红肿热痛消失，再次用 CMT 检测为阴性方可再次注入干奶针进行干奶。

（2）干奶后期乳房炎治疗　在围产前期任何时间内，发现乳房肿胀，疼痛，牛乳头流出浓汁时，立即将乳头内乳汁、炎性产物挤出，按照乳房炎治疗。如果距离分娩期超过 20 天以上急性乳房炎治愈后可以继续干奶。如果距离分娩比较近，可以每天挤奶 2 次，等待分娩后接着正常挤奶。乳腺已经化脓坏死，可以手术切开，按照化脓创治疗。

【预　防】　①严格干奶程序的执行和督促检查；②选择高质量的干奶针；③干奶后 3 天，每天连续药浴乳头 2 次；④对干奶牛圈舍，运动场，卧床进行整理，消毒，晾晒；⑤干奶牛带腿带标示，强化干奶后 1 周的观察，早发现，早治疗。

二、干奶期猝死

干奶期猝死是指在干奶后几天内发生的无症状死亡。多数发生在注射干奶针后 1 周内，也有发生在干奶完成后，乳腺已经萎缩以后发病。

【病　因】　干奶后 1 周内发生猝死，多数原因与干奶有关。

①乳腺被毒素性大肠杆菌，金黄色葡萄球菌、腐败梭菌感染。②干奶针出问题，常见是干奶药物含有超量内毒素。③违规操作，消毒不严。④干奶牛免疫力下降，营养不平衡。诱发心脏急性梗死等原因造成。⑤乳腺内积存大量的 α－酪蛋白引起乳变态反应休克。

【症　状】　由乳房感染发生的猝死，多数乳腺发现炎症，或从乳腺组织中分离出高致病性大肠杆菌或者金黄色葡萄球菌、梭菌等。由消化道侵入的病菌多数可见小肠出血性疾病。多数牛在干奶后 3～5 天内突然发病，急性心肺衰竭，体温降低，呻吟腹痛，休克死亡，病程不超过 1 天。

【治　疗】　这种疾病往往来不及治疗，或者治疗无效，重点是做好预防工作。

【预　防】　首先必须认识到这是一种烈性传染病，侵入门户是乳头孔和消化道。病原来源主要是环境中的大肠杆菌、梭菌，或者是来自于病牛的乳房上的金黄色葡萄球菌。传播媒介可能是接触过乳头的所有可能的媒介，如挤奶设备，药浴杯，挤奶员的手和卧床及苍蝇。

防控措施：①病原培养，分离鉴定，注射疫苗，比如在干奶前 21 天注射梭菌疫苗。②强化干奶流程，将一次干奶法改变为逐步干奶法。③更换干奶针。④强化干奶过程中的卫生消毒和干奶后 4 天连续后药浴乳头。⑤对干奶牛卧床或者运动场进行清理修整，换垫新垫料并每天消毒 2 次。⑥对牛群中的慢性乳房炎进行金黄色葡萄球菌培养鉴定，并淘汰乳汁中含有金黄色葡萄球菌的奶牛。⑦禁止在干奶针注射的同时注射疫苗，提倡干奶针注射后 2 周后，注射疫苗。⑧提高干奶牛免疫营养剂，给干奶 1 周内的牛补充电解质多种维生素或者更换性价比更好的预混料。⑨牛奶导致乳病的变态反应性休克需要立即挤出乳房中积存的奶汁。

三、乳 房 炎

奶牛乳腺炎是乳汁的物理和化学性质发生改变以及乳汁中微生物和体细胞的增加引起乳腺组织红肿热痛硬机能障碍。一般分为隐性乳腺炎和临床型乳腺炎。隐性乳腺炎也称亚临床型乳房炎，特征是乳房和乳汁无肉跟可见的异常变化，但乳汁 pH 值 7 以上，偏碱性，氯化钠含量在 0.14% 以上，体细胞数超过 20 万个 / 毫升，细菌数超过 10 万个 / 毫升以上。临床型乳腺炎是乳房出现明显的红、肿、热、疼、硬，功能障碍，乳汁出现肉眼可见异常物，如浆液、黏液、血液、纤维素、脓液，个别病牛体温升高，食欲下降，精神沉郁等全身症状。

（一）乳房炎分类

1. 根据乳房损伤部位分类 可分为乳腺组织外炎症和乳腺组织内炎症。

乳腺组织外炎症是指乳房皮肤和皮下组织的炎症，常见原因有创伤、皮炎、水肿、皮下淋巴外渗、皮下蜂窝织炎、皮下坏疽。

乳腺组织内炎症是指乳腺组织的炎症。常见有隐性乳腺炎乳和临床性乳腺炎乳。

2. 根据发病原因分类 可分为机械性损伤性乳房炎，物理化学性损伤性乳房炎，病原感染性乳房炎。

3. 按照病程分类 可分为急性乳腺炎和慢性乳腺炎。急性乳房炎多由生物性因素感染引起，发病急、来势猛、发展快、肿胀明显、乳汁变化明显，乳汁出现浆液、黏液、浓汁、出血、气体、恶臭、全身症状急剧。当急性炎症没有及时治疗，或治疗没有效果，或给药没有连续性，或治疗方法不当时，急性乳房炎则转变为慢性乳房炎，慢性乳房炎的临床表现主要是乳腺增生、僵硬、泌乳量少，体温正常，全身症状不明显。

4. 根据临床症状分类 可分为隐性乳房炎和临床型乳房炎。隐性乳房炎形成主要原因是乳头孔损伤，主要原因是挤奶机机械损伤，比如空吸、低压挤奶、压力不稳。烫、冻、药物刺激，病原感染以乳汁中体细胞异常增高为特征。

体细胞高的常见病因：①无乳链球菌感染是第一因素。②停乳链球菌感染。③乳房链球菌感染。④凝固酶阴性葡萄球菌感染。⑤金黄色葡萄球菌感染。⑥大肠杆菌。

临床性乳房炎常见病原：①金葡菌坏疽。②腐败菌性乳腺坏疽。③急性大肠杆菌性乳腺炎。④支原体性乳腺炎。⑤化脓性放线菌性乳房炎。⑥真菌性乳房炎。临床性乳房炎的特征是乳房出现红肿热痛、乳汁异常，出现浆液、黏液、血液或脓汁等。

（二）乳房炎发生的原因

1. 一般原因 奶牛乳房炎发生的一般原因是环境、挤奶机损伤，乳头开花，乳腺免疫力下降，挤奶过程中被病原微生物感染，其核心是管理出了问题。

（1）生物因素 引起奶牛乳房炎的主要病原有细菌、病毒、真菌、绿藻。

常见细菌有链球菌、大肠杆菌、金黄色葡萄球菌、支原体、放线菌、化脓性棒状杆菌、克雷伯氏杆菌等。

常见病毒有牛乳头瘤病毒、疱疹病毒、伪牛痘病毒。

常见真菌有白色念珠菌、热带念珠菌、克柔念珠菌、新型隐球菌。

常见绿藻有左氏无绿藻、韦氏无绿藻、伯氏无绿藻等。

乳房上寄生病原主要有金黄色葡萄球菌、乳房链球菌、支原体、真菌、病毒。

环境中生存病原主要有大肠杆菌、无乳链球菌、克雷伯氏杆菌、绿藻。

（2）**机械因素**　主要由包括过度挤奶、套杯不正、挤奶机械故障、圈舍不平造成的碰伤、冻伤、创伤、产前过度水肿，蝇类叮咬等。

（3）**化学因素**　主要见于乳头药浴或化学消毒药浓度过高。

（4）**营养因素**　日粮中的免疫营养因子硒、锌、铜、铁、碘、钴、锰和维生素 A、维生素 D、维生素 E 的供给平衡是极其重要的，当奶牛遇上强氧化应激，这些营养因子将会被大量消耗，机体会处于营养因子的极度缺乏状态。特别是在停奶前 2 周和围产期，乳腺免疫力降低，最容易发生乳腺炎。

（5）**内源性致炎因子**　内源性致炎因子是指在炎症发生过程中，炎症区域自己产生的致炎刺激物，主要有血管活性物质和白细胞趋化因子。在炎症初期，内源性致炎因子能够促进炎症的发生发展，使炎区毛细血管壁通透性加大，渗出增多，肿胀加剧。同时也是致痛物质，是炎区疼痛的主要因素。在炎症后期，内源性致炎因子能够阻止炎症的进展。主要有血管活性物质（组织胺、5-羟基色氨酸、缓激肽等）和白细胞趋化因子（细菌、异物等）。

（6）挤奶过程中管理不到位，特别是没有严格执行挤奶流程和对挤奶机的维护和保养，挤奶厅环境卫生消毒不彻底。

2. 传染性乳房炎发生的主要原因　规模化奶牛场传染性乳房炎发生的主要原因是牛群中携带传染源的病牛，其次是环境脏脏，滋生大量病原，再次就是奶牛免疫力低下，长期处在不健康状态。决定上述 3 个主要过程是人，所以奶牛传染性乳房炎的发生原因七成在于人，二成在于设备，一成在于牛。

（1）**牛群不净化**　当牛群中存在有布氏杆菌病、结核杆菌病、副结核病、黏膜病毒病、支原体病，乳腺中带有金黄色葡萄球菌的病牛，乳房炎体细胞的控制就十分困难。

（2）**牛场环境卫生差**　牛场舒适度严重影响着奶牛乳腺健康。影响牛舒适度的因素主要是牛群小环境控制，如运动场、卧床卫生与干燥，牛粪中存在大量致病菌始终污染着运动场和卧床，卧床和运动场、产房内地面上的病原菌随时污染着奶牛体和乳房。被污染的乳房，其上的致病菌进入乳孔，在乳腺中大量繁殖是乳房炎发生的根本原因。

（3）**缺乏乳腺炎检测和评估机制**　规模化奶牛场乳房炎防控的主要技术就是要及时发现乳房炎，而我们目前最缺乏的就是不能够及时发现牛奶体细胞数超标，不能及时发现临床性乳房炎。不能及时确定发炎乳腺中的病原。多数牛场管理缺乏每日、每周、每月的乳房炎风险评估机制，管理人员在思想上缺乏意识。

（4）**对传染性乳房炎的危害重视程度不足**　实践证明，规模牛场乳房炎具有群发性，传染性和毁灭性，是引起奶牛淘汰的最主要原因。由于考虑到牛奶产量，当早期乳房炎时，往往不能够进行及时隔离、及时进行准确诊断，考虑到使用抗生素造成牛奶含抗，影响当日的交奶量，经常采用中药治疗，中药一般不具有很强的杀菌能力，造成错过最佳杀菌的时机，使乳房炎传染并传播，甚至失控。

（5）**挤奶设备维护不到位**　奶牛的乳头每天要经历3次的清洗，6次的药浴液刺激，3次的手工挤奶刺激，3次的上杯挤奶。每次经历挤奶、乳头都被挤得外翻甚至破裂。所以，挤奶机是对奶牛乳房损害最大的敌人。挤奶机管理中规定，每个奶衬使用2 500次就必须更换，但是往往很难做到，结果是，没有几个人知道牛痛不痛，愿意不愿意接受管理。

（6）**牛奶体细胞数量高居不下**　很多人不清楚牛奶中体细胞（SCC）10万以下是不影响牛的泌乳性能，从20万升高到45万个是最影响泌乳性能的，SCC超过50万，说明部分乳腺细胞应激萎缩、变性、坏死，甚至终生不能恢复，影响终身的泌乳性能；大缸SCC超过75万以上，说明牛群中至少有10%以上的牛表现为临床性乳房炎，不及时隔离治疗这些病牛，很可能暴发传染性乳房炎。当暴发传染性乳房炎的时候，造成的损伤将是杀牛、倒奶、失控，最终失去信心，那时的损失将是个天文数字。

（7）**缺乏牛群整体宏观意识**　乳房炎的防控不是一个人的事，必须让所有从业人员清楚，牛场乳房炎的防控是每一个人的事，是大家的事，是天大的事，每一个人必须深入了解乳房炎控制技术体系，做到群防联控。乳房炎的防控技术是个系统技术，牵涉到牛、挤奶机、挤奶员、药物、技术、检测、管理等环节，一定要知道乳房炎不是靠药物能预防的了的事，更不只是挤奶员和兽医的事。

（8）**轻视精准兽医的培养**　缺乏精准兽医是现代牧业的通病。精准而有经验的临床兽医是牧场最好的风险预警员和战斗员。乳房炎是需要治疗的、并且绝大多数是可以达到临床治愈的。精准而有经验的临床兽医需要有较好的兽医学理论基础和身经百战经历，最主要的是具有分析、总结的能力，他是需要企业去认真培养的。

（9）**缺乏系统学习和终身学习的能力**　机械坏了可以花钱更换，但人的思想、文化、知识、技能的提升，首先是换新人，其次是必须通过不断学习、督促、提高、再认识、再实践才能保持正常运行。所以，好的企业要进行系统有序的专业知识培训，必须请专家来传递最新的科研成果、技术、知识、文化来提高自己的队伍。

（10）**老板不亲临一线**　奶牛场的投资是由老板说了算，老板必须与时俱进、及时沟通，与一线人员形成共识是解决问题的关键所在。

（三）乳房炎症状与诊断

1. 隐性乳房炎症状与诊断　隐性乳房炎缺乏明显的临床症状，不能通过肉眼进行诊断。诊断的方法主要是每天检测牛奶大缸内的体细胞总数和细菌总数。牛奶体细胞总数超过 20 万个／

毫升，细菌总数 10 万个 / 毫升以上，必须对每头牛进行 CMT 筛查和 DHI 检测。牛奶体细胞总数超过 200 万个 / 毫升，细菌总数100 万个 / 毫升以上，该牛必须下挤奶台治疗。

2. 临床型乳房炎症状与诊断　挤奶员每次在挤前三把奶过程中发现牛奶出现絮状物，乳房皮肤出现红、肿、热、疼、乳汁出现异常颜色即为临床型乳房炎，必须下挤奶台，请兽医仔细诊断，及时治疗，抗奶要单独贮存。

（1）金黄色葡萄球菌引起的乳腺坏疽　急性金黄色葡萄球菌性乳房炎患牛表现发热、患部乳区肿胀、疼痛、微热、并出现轻度厌食等症状。其分泌的乳汁呈奶油状或含脓或稀的乳汁中散布着凝块、絮状沉淀。最急性乳房炎病例常发生于产犊初期的奶牛，尤其是头胎牛，主要表现为高热（40℃～42℃），精神沉郁，食欲不振，乳区发炎、肿胀、坚实、疼痛、跛行。金黄色葡萄球菌往往引起坏疽性乳房炎，出现严重的毒血症，患牛心跳极快达 120～140 次 / 分，多数牛不发热，精神沉郁，食欲废绝，迅速衰竭。患病乳区极度肿大坚实，几小时内颜色不断加深，由粉红色→红色→紫色→蓝色→蓝黑色；发病乳区触感发凉；乳房的坏疽区皮肤与周边正常皮肤之间常可见明显的分界线。分泌物主要为血样浆液，带有凝乳块及絮状沉淀；挤奶时偶见乳汁中含有恶臭气泡，触诊有捻发音。

由金黄色葡萄球菌引起的慢性乳房炎会导致乳腺的纤维化，感染的奶牛是金黄色葡萄球菌的主要宿主，是造成同群奶牛感染的主要传染来源，尤其容易引起头胎牛产后患坏疽性乳房炎，故检验出的带菌牛必须立即淘汰。

（2）腐败菌性引起的乳腺坏疽　恶性水肿梭菌、气肿疽梭菌等腐败菌常引起乳房坏疽，高度致牛死亡。

（3）急性大肠杆菌性乳腺炎　大肠杆菌性乳房炎其致病菌主要是革兰阴性杆菌如埃希大肠杆菌、克雷白杆菌及肠杆菌等。肠杆菌性乳房炎的典型症状是急性乳区炎症并伴随有全身症状，发病乳区温热、肿大；坚实程度不一，有表现为捏粉样或水肿，有些却很坚实。

最急性病例和急性病例，病情发展迅速，一般在 24 小时内即表现出明显的临床症状，乳汁为"浆液性"或"水样"，体温可达 40℃～41℃，瘤胃蠕动停滞，心动过速，呼吸急促，腹泻，虚弱，脱水等症状。

（4）**支原体性乳腺炎** 支原体导致奶牛群的急性地方性乳房炎，以后演化为慢性乳房炎。支原体可存在于黏膜表面、呼吸道及泌尿生殖道的分泌物中。成年牛通过感染乳头经由挤奶传播或扩散。支原体感染后常于 3～5 天出现临床症状，表现为急性乳房炎，乳区发热、肿胀，触诊由捏粉样到硬实。乳汁为水样，并有沙粒样絮状物，几天后，乳汁可变为淡棕黄色浆液样、有凝块、絮片状物或脓汁，并常伴有发热，体温 40℃～41℃，有些患牛表现轻微的拒食现象，产奶量急骤下降。

（5）**化脓性放线菌性乳房炎** 化脓性放线菌是奶牛皮肤的常见菌，主要引起干奶牛乳房炎或"夏季"乳房炎。化脓性放线菌性乳房急性感染可见乳区肿胀，触诊一个乳区或多个乳区疼痛、硬实；体温升高，食欲减退；感染乳区炎症逐渐加重；乳汁呈水样并有块状及米粒样凝块。

（6）**真菌性乳房炎** 近年在奶牛乳房炎治疗中，由于抗生素、皮质激素和免疫抑制剂等药物的广泛使用，以及挤奶、用药消毒不严格等因素，临床上出现了一种对抗生素治疗无效的顽固性的乳房炎，其主要是由真菌感染。临床常见的真菌有白色念珠菌，热带念珠菌，克柔念珠菌，新型隐球菌。

（7）**绿藻类乳腺炎** 无绿藻是一类不产生叶绿素的单细胞，这种藻类通过母体产生，并释放有可变数拟亲孢子进行无性繁殖。无绿藻属可分为 6 个种，左氏无绿藻，韦氏无绿藻，斯氏无绿藻，尤氏无绿藻，莫氏无绿藻和伯氏无绿藻。其中左氏无绿藻、韦氏无绿藻、伯氏无绿藻被证明对人类和动物有致病性，均可引起奶牛乳房炎。许多研究表明，左氏无绿藻引起奶牛乳房炎所占比例最大，也最严重，可引起临床型乳房炎和隐形乳房炎，甚至引起广泛的牛场暴发乳房炎。

左氏无绿藻导致奶牛发生乳房炎，具有暴发性和高度致病性，属于人畜共患病，其发病率和分布率正在逐渐增高和扩大。由左氏无绿藻引起奶牛乳房炎的特征是产奶量急剧下降，患病乳区红肿热痛，乳汁稀薄呈水样，抗生素治疗无效。

3. 奶牛临床型乳房炎的鉴别诊断　见表6-1。

表6-1　奶牛临床型乳房炎的鉴别诊断

病原菌	寄生部位	临床特征
无乳链球菌	乳房专性菌	在大桶乳汁中体细胞突然增多
停乳链球菌	乳房、乳头末端	初挤出的乳汁中有片状、块状凝固
乳房链球菌	牛体、乳房体、环境中	奶牛表现发热、厌食、乳房肿胀、坚实，乳汁稀薄含乳块
金黄色葡萄球菌	寄生在乳头、乳房、扁桃体、阴道、不健康皮肤等部位	病牛前期体温升高，乳房坚硬、疼痛、跛行，毒血症乳房坏疽表现为乳房坚硬，患部由粉红—红—紫—蓝变色，出水，挤出浅红色液体。后期患区皮肤发凉，与周围正常皮肤界限明显，乳房内有气体，挤出乳汁含水样凝乳块，絮状沉淀物。慢性乳房纤维化，形成小脓肿
大肠杆菌	环境中、褥草、粪便、运动场等	产后即发病。全身症状明显，多伴低钙、毒血症、脱水，腹泻，战栗，蹄叶炎，严重者发生休克；乳房肿胀、增温、疼痛，乳汁稀薄或无乳
凝固酶阴性葡萄球菌	牛皮、乳头、乳头管外口	慢性乳房炎，乳汁体细胞数增多
真菌	环境、牛乳房皮肤、注射器	顽固性慢性乳房炎，乳汁体细胞数增多

（四）乳房炎的防控

1. 提升奶牛乳腺的保健水平　奶牛保健的基本方法有 4 种，即免疫技术、环境治理消毒技术、营养技术、药物治疗技术，对传染病主要通过注射疫苗，如果没有疫苗只能加强环境治理消毒技术、营养技术、药物治疗技术进行防控。

乳腺的保健就是遵循乳腺循环规律，创造适合乳腺循环需要的内外条件。奶牛的每次挤奶都进行着相似的过程：泌乳反射→乳腺充血→牛奶形成→套杯→乳头开张→急速泌乳→泌乳停止→下杯→乳头括约肌收缩→关闭乳头等周期性变化。在这个泌乳过程中，发生着乳腺细胞、乳头与挤奶杯、细菌之间的损伤与抗损伤作用。

规模化奶牛场乳房炎控制原则：确保牛群健康，乳房健康，挤奶设备健康，挤奶员思想健康，牛群小环境健康，饲养管理健康，使用药物正确，牛奶贮存、运输安全等方面来综合考虑。任何一个环节出问题都会引发乳房炎，造成牛奶拒收或者奶牛因为乳房炎遭淘汰。

一般的保健手段：如干奶针、乳头药浴液、挤奶机维护、挤奶员责任与技术，牛奶质量检验检测等。

2. 乳房炎的控制技术

（1）消灭乳房炎致病原　引起规模化牧场奶牛乳房炎主要原因是生物性致病因素和挤奶机械损害等。

①牛群净化技术　彻底消灭人畜共患病牛、乳腺带有金黄色葡萄球菌牛。当牛奶过剩，奶价格不好的情况时，是进行牛群净化的最好时间，必须明白，牛体带菌，牛奶体细胞数不可能得到有效控制。所以，此时是净化布鲁氏菌病、结核病、副结核病、乳腺带有金黄色葡萄球菌、支原体、黏膜病毒病等传染病的最佳时候，并且要大力度进行。

②挤奶机维修　维护挤奶机的真空压、奶衬、频率是十分重

要的。定期进行乳头孔完整性评估，奶杯使用超过2 500次，必须进行更换，以减少乳头机械损伤，并对各个部件进行校对更换。

③药浴液正确使用　乳头药浴液的浓度对乳头黏膜有一定腐蚀作用，故要按照药物使用说明正确使用药浴液。

④加强对乳头保护　防治乳头皮肤、黏膜冻伤，一定做好严寒季节的保温工作和促进乳头开花的修复。

（2）阻断乳房炎病原的传播　牛群乳房炎的传播常见环境传播，挤奶传播，苍蝇、牛虻传播和尘埃传播。

①阻断牛场环境传播　奶牛卫生安全是奶牛安全的第一道门。产房卫生、运动场卫生、卧床卫生、挤奶台卫生、挤奶过程卫生、挤奶机卫生，及时处理病死尸体、胎衣、羊水是十分重要的环节。消灭苍蝇，通风，及时清理、整理、平整、消毒运动场、卧床，给奶牛提供干净、干燥的、舒适的卧地休息场所是十分重要的。

②阻断挤奶过程传播　乳房炎病原传播的主要途径是挤奶员的手，擦乳房的毛巾，奶杯，药浴杯，苍蝇，卧床及运动场。挤奶标准化操作是控制乳房炎发生最重要的环节。病乳头上的病原微生物由挤奶过程中使用的毛巾、挤奶员的手、奶杯、药浴杯间接接触引起传染，所以挤奶员必须戴手套、口罩；要一牛一条毛巾；每次与牛乳头接触过的手，奶杯必须清洗，甚至消毒。前药浴选择肤洁康，后药浴选择润肤康，但是要严格对药浴杯进行清洗、消毒。

（3）提高奶牛抵抗力

①提高奶牛特异性免疫技术　在干奶后期建立免疫注射期管理，是落实免疫注射和产前保健的关键环节。母牛在分娩前3周和分娩后1周注射乳房炎疫苗。

②提高奶牛非特异免疫力　提高奶牛非特异免疫力的有效方法是平衡的营养供给和科学的饲养管理。精准供给优质的预混料和平衡的营养对提高奶牛的免疫力是十分重要的，尤其是在干奶

期和围产前期，同时要严格执行干奶期和围产前期的饲养管理制度。严格分群，优化 TMR 口粮，及时进行体况评分。营养与管理技术方案见表 6-2。

表 6-2　奶牛各时期所需营养及管理技术方案

分　群	营养技术	管理技术
干奶期	干奶期日粮应该具有丰富矿物质、微量元素、维生素、优质蛋白质、粗饲料，低能量，满足胎儿生长需要和母体营养物质的储备，防止肥胖或者矿物质、维生素不足	干奶前 1 周，逐个乳区进行 SCC 检测，发现隐性乳房炎，必须彻底治愈，方可进入停奶。SCC 正常的母牛，每个乳区注射干奶针后停奶。停奶 2 周，放置在干奶隔离观察圈舍进行观察，发现异常，立即进行治疗，重新干奶。饲喂干奶期日粮
围产前期	饲喂围产前期特制日粮，饲养原则主要是促进分娩，促进瘤胃再循环，预防分娩应激综合征，预防难产和胎衣不下等	饲喂围产期特制日粮，促进血钙调节，常用方法是进入围前期，饲喂低钙日粮，或阴离子盐日粮。严格贯彻围产前期饲养管理制度，分娩前 3 天，适当限饲饲养
分娩期	所有分娩牛都呈现不同程度的应激状态，所以分娩期，改为新产牛日粮。分娩后，要及时灌服营养汤、注射镇痛针、抗生素	分娩期饲喂产后日粮；灌服产后营养汤，及时补充分娩中流失的水、电解质、维生素；及时注射非甾体药物进行镇痛；促进子宫收缩；促进瘤胃恢复和胃肠血液循环
新产牛	新产牛日粮要含有丰富的营养物质来满足急速泌乳的营养需要，应该是高能量、高蛋白、高矿物质，高维生素，精粗比合适的适口日粮	母牛产后一般第五天进入新产牛群。新产牛仍然处于免疫力较低阶段，容易发生道和乳腺感染。为了预防乳房炎的发生，日粮中可以添加抗菌中药，如惠孚 70 克 / 天 / 头，连续 5 天，挤奶 15 天后，再改喂公英散 70 克 / 天，连续 5 天，第 30 天进行 SCC 检测，SCC 超过 200 万 / 毫升，肌内注射头孢噻呋钠 20 毫升，连续 4 天。健康牛转入高产牛群
泌乳期	饲喂泌乳高峰期日粮，执行泌乳期管理制度	每天跟踪乳品厂鲜奶体细胞数，群体 SCC 超过 30 万，立即加强挤奶台各个环节工作管理。每月 1～5 号，惠孚 70 克 / 天 / 头，每月 15 号，进行 CMT 检测，SCC 超过 200 万 / 毫升，肌内注射头孢噻呋钠 20 毫升，连续 4 天。每月 16～19 号，每头牛公英散 70 克，第 30 天进行 DHI 采样测定 SCC

③提高乳腺局部抵抗力　提高乳腺局部抵抗力措施主要有：

干奶技术：母牛进入干奶行列，必须逐个乳区进行隐性乳房炎检测、鉴定，如果发现有隐乳，必须治疗痊愈后，再向 4 个乳区分别注射干奶针。干奶针应该具有杀菌力强、缓释性能强、修复受损细胞能力强，性价比好的药物。注射干奶针后，这些干奶牛要独立建群饲养 2 周，及时发现干奶失败的乳区，对干奶失败的母牛，务必重新挤出乳区炎性产物，继续治疗，完全治愈后，再次注射干奶针后，才能停奶。

乳头药浴：奶牛在分娩前 3 天，开始每天药浴乳头。

日粮中添加抗菌中草药：蒲公英散等中草药制剂，环二肽等无抗物质对抑制病原繁殖、提高奶牛乳腺抵抗力有一定的作用。

免疫营养剂：黄芪多糖、蜂胶、干扰素、淫羊藿、左旋咪唑等，可以提高奶牛的免疫力。

3. 牛奶体细胞数高居不下的应急技术

（1）加强牛群管理　牛奶体细胞数居高不下的主要原因有以下。

①台长因素　台长管理挤奶机、挤奶员、TMR 日粮质量。

②营养因素　阶段平衡日粮、监控日粮、预混料质量、血钙调控技术、瘤胃再循环技术、应激技术使用。

③环境因素　产房、卧床、采食台、挤奶台、运动场卫生和牛场舒适度。

（2）加强挤奶台管理

①机械维修　定期维护，更换部件。

②挤奶程序执行　准备、药浴、挤、擦干、套杯、快挤、脱杯洗、后药浴、站立。

③挤奶机清洗　一酸一碱，进水温度 80℃，出水温度 40℃。

④牛奶贮备与运输　4℃～6℃勤检查。

⑤饲养管理　先挤奶后喂牛，挤前空槽挤后站，乳头孔关闭是关键。

⑥干奶期　隐乳检查是关键，乳头各个须灌注。

⑦分娩期　此段最危险，干净卫生是首选、及时用药常保命、手懒脑瘫是祸根。

⑧围产期　子宫卵巢要保健，手工挤奶要条件。

⑨泌乳高中期　泌乳高峰笑哈哈，一定别忘能量差。

⑩泌乳后期管理　乳头也有挤松天，病菌侵入起祸根。

⑪兽医与兽药　及时诊断，早期治疗，科学用药、足量连续用药。

（3）隐性乳房炎应急程序　见表6-3。

表6-3　隐性乳房炎应急程序

查找原因	临床甄别	建立管理制度	应急手段
日粮质量是第一原因	消化系统功能紊乱：腹泻、便秘，出血性粪便、恶臭，胃肠道蠕动麻痹、急剧脱水、休克、衰竭死亡	树立每月逢5日必看青贮、原料	剔除霉变饲草料、添加脱霉剂、检测日粮和牛奶中黄曲霉含量，保肝、瘤胃调控、减料，配药
病原感染为第二原因	肠炎、肺炎、乳房炎、子宫炎	每月逢1日必查卫生	挤奶台、卧床、运动场、产房
机械损伤为第三原因	挤奶器、运动场、人为打击、互相斗殴	每月逢周天必须检查一切机械、安全	奶衬更换、真空泵频率、压力
精料喂量超多，搅拌不均为第四原因	瘤胃积食、瘤胃酸中毒、前胃弛缓	每月逢周三检查日粮和粪便	大牛、病牛、弱牛、免疫牛月月分群
营养元素供给不平衡为第五原因	微量元素与维生素，常量元素与四大营养元素不足或不平衡	每月月底必须评估日粮和乳房炎控制水平	及时调控微量元素和维生素含量，超过100天的预混料就要考虑失效
环境温度剧变，冷热应激为第六原因	热应激与中暑，冷应激与胃肠紊乱	每年4月份开始，准备热应激预案，10月份必须准备防寒保温通风	搭建凉棚，通风、防淋雨；冬季架设浴霸，暖气，通风去湿

4. 传染性乳房炎的扑灭技术　一旦牛群暴发传染性乳房炎,通过药物控制是十分困难,但也没有别的方法,只能尽力而为,往往收效甚微。最有效的方法就是杀牛剥皮术,从头学习,重新排查,杜绝传染性乳房炎的发生。

（1）**杀牛、剥皮术**　杀牛、剥皮术是扑灭规模化牧场奶牛乳房炎的唯一出路。杀牛是指淘汰严重、顽固、时间长的乳房炎病牛,特别是长期患有慢性乳房炎的牛。剥皮术就是要对预防乳房炎的系统工作中的每一个环节进行更细致排查与监管管理。

①杀病牛　及时查明和隔离病牛。在挤奶台管理中,发现急性乳房炎病牛经过 2 次中药治疗无效,并且出现体温升高、呼吸急促、精神沉郁、饮食欲下降病牛必须及时下挤奶台,采用抗生素治疗。在以后挤奶时,先挤健康牛,后挤病牛。

及早而准确的诊断,是扑灭传染性乳腺炎的一个主要环节。越早查明或消灭传染来源,就越能防止传染病的蔓延。采集病区乳汁送实验室进行病原分离培养和药敏实验,筛选出有效药物。

②剥皮术　剥皮术是指对引起乳房炎发生的每一个环节进行地毯式细化管理:一是加强挤奶机的检修;二是加强环境清理和消毒工作。为消灭被污染的外界环境中的病原体,不使其扩散,必须对牛圈进行铺垫新鲜沙土并消毒,对采食台,挤奶台每天消毒 1 次,消毒室尽可能将消毒液喷洒向空中;三是加强挤奶过程管理:减弱或消灭传染媒介,是防制传染病的重要措施。

（2）**挤奶台的管理及提高奶牛抵抗力**　当本场发生急性传染性乳房炎时,必须按照消灭传染源、阻断传播途径、帮助提高牛抵抗力,严格执行扑灭程序。

①挤奶台各个环节层层细化管理

准备:洗手、洗具、洗乳头,准备好条件反射。当发生传染性乳房炎或下雨、下雪、环境肮脏时,必须在挤奶前配置足够量35℃~45℃的温水,或者加碘消毒液对所有挤奶牛的乳房,在每次挤奶前进行全面淋浴式清洗,有条件的可以对牛体每天进行 1 次淋浴，连续时间不低于 2 周。

浴：药浴乳头 30 秒钟。

挤：上挤奶台后，要严格头三把奶的挤奶工作，及时发现严重病牛，及时隔离。同时要严格头三把奶的收集与集中处理工作。

擦：施行一头牛一条毛巾进行擦拭，毛巾用后要用洗衣机清洗，消毒柜消毒后备用。

套杯：套杯要确实。套杯前的准备工作时间不低于 60 秒钟，不超过 120 秒钟。

后浴：每次挤奶后要对乳头进行第二次药浴消毒。

洗杯：挤奶后，要将奶杯浸入准备好的 0.1% 新洁尔灭消毒液内清洗消毒，每次只容许两个乳杯浸入，清洗消毒后收起备用。

站立：每次挤奶后，开放的奶孔需要 40 分钟时间才能关闭，故此必须执行先挤奶后喂牛，确保奶牛下挤奶台后，在采食台上站立 1 小时以上。

②提高母牛抵抗力　奶牛乳房自身抵抗力降低有两个阶段，分别是泌乳后期和围产前后期。泌乳后期，乳头松弛病原容易侵入乳房引起感染。进入围产期，母牛乳房要经历停奶应激、停止泌乳、泌乳启动、初乳形成、大量泌乳等环节，造成乳房本身的免疫力降低。这两个阶段最容易感染乳房炎。补充维生素 E 和有机硒元素。日粮中补充维生素 E 和硒元素，能提高乳腺的抵抗力，有效降低临床型乳房炎的发病率。

干奶期饲料中添加维生素 E 1 000 国际单位 / 日·头和硒 3 毫克 / 日·头；泌乳期在每日每头牛饲料中添加维生素 E 400～600 国际单位和硒 6 毫克。从产前 30 天至产后 30 天，每头牛每天添加 600 毫克 β- 胡萝卜素或 120 000 国际单位的维生素 A，可增强机体免疫力，降低奶牛乳房炎的发病率。添加蜂胶黄芪多糖、蒲公英散可以提高奶牛免疫力，可以防治乳房炎。

（五）乳房炎的治疗

乳房炎的治疗原则是第一时间杀灭病原，促进乳房炎症区域渗出物的排出与净化，加速炎区血液循环，提高奶牛的营养和自我修复能力。

1. 隐性乳房炎的治疗　每天检测牛奶体细胞数和细菌总数，每 2 周用 CMT 逐头检测每个乳区牛奶体细胞数，及时发现发病牛只。超过 200 万个 / 毫升，立即下挤奶台隔离治疗。

隐性乳房炎治疗程序：增加挤奶频率、严格挤奶消毒程序、添加抗微生物中草药、增加母牛免疫营养、加强挤奶器内清洁、及时隔离体细胞超过 200 万个 / 毫升的乳房炎牛，并注射头孢噻呋钠 20 毫升 / 次，连续用药 3 天。配合灌服公英散等中药。其余隐性乳房炎牛日粮中添加乳房炎中药防治专门制剂，连续 1 周，再进行 CMT 检测，直至体细胞数正常。

2. 临床型乳房炎的治疗

（1）治疗的基本原则　及时中止乳腺炎致病因素的致病作用（消灭病原、中和毒素）；阻断乳腺炎症发展的恶性循环（抓住病理变化过程的主要环节）；提高牛只自身细胞的耐受力（补充营养促进机体整体内环境恢复）；促进受损乳腺细胞形态结构的恢复（加速乳腺病理产物的清理，促进乳腺细胞再生）。发现奶牛患有临床型乳房炎，马上赶下挤奶台隔离治疗，增加挤奶频率、灌洗乳腺、促进炎性净化、杀死病原、促进血管修复、改善乳房炎区微循环。

（2）治疗程序

①及时消灭病原　分离病原、药敏实验，选择有效抗菌药进行乳池、乳房基底部封闭治疗。

②抗炎镇痛　配合使用非甾体类药物进行抗炎：氟尼辛、美洛佳。

③制止渗出　使用钙离子、维生素 C 加速毛细血管壁致密

度、制止渗出。

④加速炎性产物排出　增加挤奶次数，肌内注射缩宫素，0.1%苏打水灌洗发炎乳池，促进乳腺内炎性产物排出。

⑤改善炎区微循环　大剂量输液、强心利尿，配合使用中药活血化瘀，改善微循环。

⑥提高机体抵抗力　及时补充水、电解质、维生素、微量元素，采用强心、利尿，解除机体酸中毒和自体中毒的药物。

（3）治疗方法　乳腺炎区域周围封闭，乳房基底部封闭，乳池内封闭，肌内注射，静脉内封闭，手术切开，清除坏死组织和创腔用药等。

乳房炎的治疗要"早、快、狠"为原则。即早发现，快行动，狠治疗。首次用药量加倍，48小时连续用药至少4次，每天挤奶6次以上，每次不低于30分钟。用药目的是早期彻底消灭病原，抗炎镇痛、减少炎性渗出、促进炎区微循环代谢，加速炎性产物的排除，促进炎性净化，加速受损细胞的修复；提高全身细胞的抵抗力，调整机体酸碱平衡、电解质及体液平衡。

药品及器材：70%酒精棉，2%碘酊棉，无菌注射器，抗菌药，注射用水或生理盐水等。

根据生物性致病因素作用于疾病的始终的特点，故集中优势兵力迅速消灭敌人，连续追击，彻底消灭病原不失战机防止复发，要从头到尾始终使用抗生素。

①抗生素使用原则　病原分离鉴定，药敏实验，首次加倍量，每天增加用药次数，连续用药，补充复合维生素。

②抗生素使用方法　局部乳池封闭，乳房基底部封闭；静脉和肌内注射的全身抗生素配合使用。首先分离病原，进行药敏实验，筛选出最佳抗菌药物；其次是首次使用任何抗菌药物必须加倍量；每天必须按足量给药2次，连续3天。乳腺炎治疗新观点是杀菌与改善炎症区域的微循环并重。增加挤奶次数，肌内注射缩宫素，配合使用中药疏通炎区微循环。常用处方为青霉素400

万单位＋链霉素 100 万单位＋生理盐水 200 毫升＋2% 普鲁卡因 50 毫升＋强的松龙（泼尼松）5 毫升（氢化可的松 10 毫升，或空怀牛使用地塞米松 10 毫克），一个乳池内灌注，每天 2 次；如果肿胀严重，用上述方剂剂量，在肿胀乳区上方的乳房基底部皮下，一次分点注射；缩宫素 8 毫升，一次肌内注射，每天 2 次；氟尼辛葡甲胺 20 毫升或美洛昔康 20 毫升，一次肌内注射，每天 1 次。如乳池内有脓汁而不易挤出时，可先将 0.5% 苏打水灌注乳池内挤出，用生理盐水灌洗后，再注入上述药物。

③常用乳房灌注药物组合推荐 由于乳腺炎多数是混合菌感染，为了防止频繁更换药物致使细菌产生耐药性，建议使用以下组合连续用药进行治疗。头孢氨苄＋卡那霉素；阿莫西林＋克拉维酸＋强的松龙；林可霉素＋复方新霉素；氨苄西林＋复方氯唑西林；邻氯霉素＋硫酸新霉素＋氨苄西林加生理盐水 100～200 毫升，向乳池内注射。另外采用长效全能 4 支＋洛美沙星 5 支＋乳保康 7 支＋5% 葡萄糖 2 000 毫升，静脉注射，同时灌服乳肿促消散 500 克，蒲芪清王散 500 克。新发的临床型乳腺炎，首先采奶样（按操作程序进行）做病原分离培养鉴定和药敏试验，然后用抗生素乳头管内注射（可用速诺 1 支或强倍宁 1.25 克＋醋酸泼尼松 10 毫克＋生理盐水 10 毫升，乳头管每天 2 次注药）。临床型乳腺炎中期（发病 3～4 天），可用炎速宁（盐酸林可霉素＋硫酸新霉素）或泌乳通；克林美注射液 20～30 毫升＋生理盐水 15～20 毫升，可选其一种进行乳头管内注入，每天 2 次。乳头管内注药时，一定要先挤净乳腺内奶，严格执行无菌操作注药，注药后碘酊棉消毒乳头，并进行乳头的后药浴。

④早期不能够彻底消灭炎区病原的原因 抗菌药物选择盲目，不对症；首次使用剂量不足，没有按照每天给药 2 次，连续使用 3 天的规定，致使抗生素在感染部位没有达到适宜的有效治疗药物浓度；部分细菌对抗生素不敏感（如细菌处在休眠期、非繁殖期、L 型细菌、荚膜裸露型细菌对内酰胺类抗生素不敏感）；

一些抗生素可影响吞噬细胞功能，降低了内源性抗菌作用；重新感染或混合感染。

⑤抗生素的选择技术

乳房内灌注用药选择：红霉素、氨苄西林、海地西林、羟氨苄青霉素（阿莫西林）、新生霉素和喹诺酮等在乳房内用药分布较好；青霉素 G、氯唑西林、头孢菌素、头孢噻呋和氧四环素（土霉素）呈中等量分布；氨基糖苷类和多黏菌素 B 则分布量很少。厌氧菌感染可以配合使用甲硝唑。

乳房炎时全身用药选择：药物必须能够到达乳房组织内，并在乳汁中达到有效的杀菌浓度；用药剂量、频率及时间必须足够，才能成功地杀灭细菌。选药顺序：红霉素、大环内酯类、氟氯霉素、甲氧苄啶、氧四环素、某些喹诺酮在全身用药后都会在乳房中有较高的分布。磺胺类、青霉素 G、氨苄西林和几种头孢菌素在全身使用后在乳房内有中等量或有限的分布。头孢噻呋、氨基糖苷类、壮观霉素及多黏菌素全身使用在乳房中仅有少量分布。首选药为速诺和乳畅，速诺：阿莫西林＋克拉维酸＋强的松龙，是广谱高效杀菌剂，药物半衰期短（60 小时），过抗时间短，弃奶少。乳畅：盐酸头孢噻呋，是治疗大肠杆菌的克星，每天使用 1 次，特点是长效杀菌，省力，省钱。

（2）**加速炎区净化**　当发生临床型乳房炎后，尽可能多地增加挤奶次数，挤奶次数可由现行的每日 2～3 次，增加到每日5～6 次（可 2 小时 1 次），在 2 小时之间乳房不使用抗生素，夜间最后一次挤净乳汁再注入抗生素。肌内注射缩宫素 40 万单位可促进乳腺泡内炎性分泌物排出，加速清理作用，有利康复。

（3）**抗炎**　肾上腺皮质激素和非甾体类药物具有抗炎作用，应该在乳房炎早期使用。

抗炎机制：①直接作用于毛细血管，使毛细血管通透性下降，减少炎症渗出、白细胞浸润和吞噬作用等；②稳定溶酶体膜，防止溶酶体破裂而释出蛋白水解酶，避免进一步损伤组织、加剧炎症；③能抑制受损细胞释放缓激肽等物质的生成；④炎症后期能抑制肉芽组织增生和纤维母细胞的形成，减轻炎症引起的瘢痕和粘连。

（4）对症治疗　根据病情综合对症治疗以调节机体水平衡，电解质平衡，酸碱平衡，渗透压平衡；注意强心，利尿，镇痛，补钙、补糖，可注射消炎类药物；催乳，加强营养，规避地塞米松的使用。患牛体温升高，脱水，可静脉注射5%葡萄糖液500～1500毫升，或糖盐水1500毫升，5%碳酸氢钠液500毫升，10%葡萄糖酸钙500～1000毫升，维生素C 3克，氢化可的松120毫升，樟脑磺酸钠40毫升，呋塞米40毫升。

（5）改善乳腺炎区微循环　在中兽医，临床型乳房炎又称乳痛，是由湿热熏蒸，经络阻塞造成微循环损伤，根据辨证，属于血瘀症，故在临床型乳房炎治疗时应该重视炎区的血瘀状态和改善炎区的微循环。

中草药治疗乳房炎不易产生耐药性，无药物残留，且具有杀菌和疏通微循环功能。

①金蒲汤，金银花90克、蒲公英90克、紫花地丁80克、陈皮40克、青皮40克、连翘30克和生甘草30克。水煎取汁内服，每日1剂，重症每日2剂。连用4～5天。

②瓜蒌散，瓜蒌60克，牛蒡子、天花粉、连翘、金银花各30克，黄芩、陈皮、生桂枝、柴胡各25克，甘草、青皮各15克。共研末，开水冲服。或水煎取汁内服，每天1剂，连服4～5剂。

③当归、川芎各60克，蒲公英、连翘、鱼腥草、红花、苍术、甘草各50克，紫花地丁、薄荷各40克，荆芥、穿山甲各30克，大茴香20克。加醋1000毫升，煎汤至800毫升，局部温敷。每剂煎6次，每次温敷用30～40毫升。

④郁金50克，当归40克，蒲公英、穿山甲各30克，路路通25克，没药、连翘、荆芥、防风、甘草、通草各20克，川芎

15 克。水煎取汁内服，每天 1 剂，连服 4~5 剂。

（6）**坏死乳区加速坏死法**　当乳区经常产生异常乳汁并反复出现临床型乳房炎症状，或者产生慢性坏死性炎症确诊该乳区治愈无望时，为了阻止炎症的反复发生和向其他健康乳区扩散，为减缓患牛病情，可向患区乳房内注入以下几种药液加速炎区坏死停止感染扩散。10% 甲醛溶液 100 毫升，加灭菌生理盐水 500 毫升，灌入乳区内，直到不能注入为止。或 5% 硫酸铜溶液 20 毫升；3% 硝酸银溶液 50~100 毫升；洗必泰 50 毫升，任何一种药液注入发炎乳区后，应停留于乳房内不再挤出，经 24~48 小时后，乳房肿胀、发炎。若患牛有全身反应如体温升高、食欲废绝等，可将药液挤出，患区经急性炎症后病原被彻底杀死，组织逐渐萎缩，腺体被破坏。

（7）**病灶切开疗法**　当乳区发生急性严重肿胀 7 天以上，并且体温居高不下，确诊该乳区已经发生坏死化脓并继发败血症时，为了挽救生命，防止向其他乳区继发感染，可采取对本发病乳区进行切开疗法。在发病乳区乳头外侧大约 10 厘米处，用 18 号针头注射青链霉素普鲁卡因 100 毫升，这样有利于炎性产物顺着针孔向外流出，最后注射部位化脓形成窦，然后局部按化脓创治疗。也可以在乳头部进行手术切开，加速病理产物的排出。

坏疽性乳房炎常采用切开治疗法：首先是手术切开坏疽乳区，用 3% 双氧水和 0.1% 高锰酸钾水反复交替冲洗保持切口开放；在乳房基底部采用大剂量氨苄西林普鲁卡因封闭；静脉注射红霉素，甲硝唑等药物综合治疗，手术进行得越早成功率越高。

（8）**提高牛体细胞耐受性**　调节血液 pH 值，补充能量，维持渗透压平衡，维持水平衡，保肝解毒。常用药物有 5% 碳酸氢钠，25% 高糖，生理盐水、维生素、肾上腺皮质激素，维生素 C，钙剂等。

（9）**坏疽性乳房炎的防治**　引起乳腺发生坏疽的常见病原是腐败菌、金黄色葡萄球菌。多不能治愈、传染性极强。平时要检测乳区是否带金黄色葡萄球菌，随时淘汰带有金黄色葡萄球菌牛，否则，很容易使头胎牛易感，发生乳腺坏疽致牛死亡，故要分别建设头胎牛与成年牛产栏。金黄色葡萄球菌寄生在乳房上，主要是通过挤奶员手、毛巾、挤奶杯交叉传染。选择红霉素＋5％G，甲硝唑治疗。

（10）**急性大肠杆菌乳房炎的防治** 大肠杆菌及其毒素致病，致死性极强，乳腺一旦被其感染往往形成严重的病理过程，该细菌在牛粪中，传染性极强。治疗时首先要进行药敏试验选择抗菌药。同时要加速乳区挤奶次数对症全身治疗。预防主要是加强牛床运动场和牛体的卫生和消毒。

四、乳房坏疽

本病多发生于分娩后数小时，由腐败性、坏死性微生物或由金黄色葡萄球菌引起。特征是乳房组织迅速形成大面积坏死，导致急性败血症，往往来不及治疗。或治疗无效导致发病牛死亡。

【病　原】 感染病原菌有腐败菌、厌氧菌、金黄色葡萄球菌、化脓杆菌、芽孢杆菌、梭菌、坏死杆菌等。

【症　状】 急性病例突然出现食欲不振或废绝，体温急剧升高、弓腰拱背、起卧困难、呼吸急促、脉搏加快、腹泻等全身症状。最初患区皮肤出成紫红斑，触诊发硬、疼痛，继而波及整个乳区，发生肿胀、剧痛，最后患区失去感觉，病变部位有凉感，呈紫褐色或暗褐色；多见乳房皮下有气肿，捏时呈捻发音，从发病乳区挤出气体和褐色恶臭分泌物。

【诊　断】 根据临床症状、乳房检查和乳汁的实验室细菌学检查结果进行诊断。

【预　后】 多数病例发病后死于急性毒血症，个别病例及时治疗可使病变局限在患区，但泌乳功能丧失。有的病例，患区自然脱落后局部逐渐愈合。

【治　疗】　首先进行患区或乳房切开术，用1%～2%高锰酸钾溶液、3%双氧水溶液注入患区冲洗，彻底清除坏死组织；静脉或肌内注射大量广谱抗生素或磺胺类制剂及甲硝唑注射液，在乳房病变组织与健康乳腺组织交接部位，用青霉素，链霉素、普鲁卡因进行周围封闭；同时用复方氯化钠液、生理盐水、葡萄糖液等药物大量输液，对症疗法。

五、血　乳

　　奶牛乳房血乳指由各种不良因素作用于乳房，引起输乳管、腺泡及其周围组织血管破裂发生出血，血液进入乳汁使牛奶呈现红色现象。主要发生于产后奶牛和泌乳期间。

　　【病　因】　病因不清，可能有以下几种情况，分娩后急速地将乳腺内的初乳全部挤出造成乳腺内压力骤然降低，致使乳房血管充血，使微血管因压力的改变而破裂或红细胞或血红蛋白渗进腺泡腔或腺管腔，使乳汁变红。乳房挫伤也可导致本病，分娩后，母牛乳房肿胀、水肿严重或乳房下垂，牛在运动和卧地时乳房受到挤压，使乳房血管破裂；有一些母牛患有血小板减少或其他血凝障碍性疾病，易发生乳房出血；另外，代谢障碍如酮病以及应激反应，也可能发生本病。泌乳期由于挤奶机真空泵压力过高，脱杯流量过低也会引起血乳。

　　【症　状】　乳汁呈均匀的红色，各乳区含血量不一定相同，一般无疑血块。发病突然，乳房皮肤充血，有时有轻微炎症变化。挤奶时可能表现疼痛，乳汁稀薄，轻者呈粉红色，重者呈鲜红色或棕红色，其中含有少量的暗红色血凝块。一般全身反应轻微，精神、食欲和泌乳基本正常，在挤奶时因血凝块堵塞乳头管而挤奶困难，通常经4～5天后出血逐渐减轻或消失。当患有血小板减少症时，病牛出现进行性贫血，黏膜苍白，全身症状明显。

【诊　断】　根据乳汁呈红色，即可诊断。但应注意全身反应，并与感染性乳房出血和外伤性出血鉴别。出血性乳房炎常发生在产后最初几天，主要由浆液性或卡他性乳房炎引起，患区乳房红、肿、热、痛，炎性反应明显。乳房皮肤出现红色或紫红色斑点，乳汁稀薄如水，呈淡红色或深红色，内含凝血和凝乳块。全身症状明显，体温升高至40℃以上，食欲减少或废绝，精神沉郁。当大面积中小血管破裂会出现严重出血，从乳腺挤出的全部是鲜血，乳房迅速充盈肿大。

【治　疗】　奶牛产后血乳一般不不需治疗，1～2天即可自愈。对机械损伤性乳房出血，严禁按摩、热敷和涂刺激药物，保持乳房安静，进行冷敷或冷淋浴。必要时，可用些止血药如止血敏、维生素K和抗生素等肌内注射。为了防止挤奶后血液流出，可减少挤奶次数。当流血多，用止血剂无效时，可给患病的出血乳区内注入2%普鲁卡因10毫升，加肾上腺素6毫升，生理盐水500毫升，一次输入，同时向乳房内打空气进行压迫止血。

六、乳房创伤

乳房创伤包括擦伤、深部创、乳房血肿和乳头外伤，多发生在泌乳期间乳房较大的奶牛。

【病　因】　多数有外伤史。乳房较大并过于下垂的母牛，在起卧时被自己的后蹄踏伤；母牛卧地时，乳头暴露在外，偶尔可发生被其他牛蹄踏伤；地面上存在尖锐的物体（牛床或运动场上有针、钉、破碎玻璃片、铁片、铁丝等），牛卧下时就可能损伤乳头或乳房。

【症　状】　擦伤只限于乳房皮肤或皮下浅部组织的外伤，有的则是深达黏膜组织较深部位的刺创，多见于产后乳房严重水肿，乳房很大致使乳房与股内发生摩擦所致。乳房实质创伤时，除局部创伤外，乳汁由创口流出。乳房血肿常伴有血乳，因皮下血管破裂大量血液瘀聚在乳腺间组织，致使乳房迅速肿大局部发热，穿刺可见血液。较大的血肿可从皮肤表面突起。乳头外伤时，乳头部分断掉，也有从乳头基底部断掉的，一般多为横裂创。

【治　疗】　乳房创伤后，按外科常规处理。

如果外伤仅限于皮肤，清洁创口后涂布龙胆紫或撒冰片散，效果良好。

深部创伤需要立即进行清创，结扎血管断端，密闭缝合。

乳房血肿初不宜切开，小的血肿可自行吸收，严重出血可向乳房内打入空气压迫止血。大的血肿需要局部冷敷，注射止血针，过4～5天，再切开皮肤，取出凝血块再缝合切口，对症治疗。

乳头断裂时应及时缝合，同一个奶头踩伤多次，用缝合的方法很难愈合，可以从乳头基底部切断并封闭乳池，否则会自行流乳，并感染乳房炎。手术用器具、用材要严格灭菌消毒；要做好保定，最好采用全身麻醉，横卧保定，手术前用足量的生理盐水冲洗，用手术刀或剪子将变性组织或异物除去，陈旧性外伤的创面要修整去掉挫灭组织到出血的程度，瘢痕部分也要清除掉；用0.25%～0.5%普鲁卡因溶液做乳头基底部皮下浸润麻醉，用止血钳夹住乳头基部，或用灭菌纱布条在乳头基部扎紧，压迫10分钟进行止血；缝合时可先将金属导乳针插入乳头，进行三层缝合，第一层用可吸收线缝合黏膜层，黏膜做结节缝合，缝合结束后用左手将乳头管口堵住，用右手稍稍用力进行挤奶操作，以乳汁不能从创口漏出为宜；第二层用细丝线缝合肌层，用水平纽扣状缝合法，避免组织内留有无效腔；第三层进行皮肤的结节缝合。

七、乳头管狭窄

由于乳头挫伤而导致乳头管黏膜损伤、肉芽组织增生或纤维化，引起乳头管狭窄或阻塞，临床特征为乳汁流出障碍。

【病　因】　通常由慢性乳房炎或乳池炎，乳头损伤、开花引起。乳头管狭窄及阻塞多数是由于早期乳头挫伤，挤奶不当，或长时间的使用导乳管，使黏膜受到伤害而呈慢性炎症，形成瘢痕、肉芽肿或纤维化；另外，黏膜表面的乳头状瘤、纤维瘤也可造成狭窄。除了固定部位病变，在挤奶过程中会遇到奶石或漂浮物引入乳头并影响挤奶。漂浮物可能是游离的，也可通过蒂附着在黏膜上。当乳头外部受到创伤后引起黏膜脱落，脱落黏膜可能会黏附于对侧的乳头壁上，引起阀门效应而干扰挤奶。乳房损伤引起黏膜下层出血与水肿，当炎症消退，黏膜下的液体被吸收、消散，黏膜脱落并在乳头池内漂游，从而出现阻塞。

【症　状】　部分乳头管狭窄，虽能挤出乳汁，但乳头池充奶缓慢，影响挤奶速度。在乳头基部或乳池壁上，可摸到不移动的硬结样物，插入乳导管可遇到阻碍。局部黏膜脱落会导致间隙性阻塞，手工挤奶时，可以感觉到脱落黏膜漂浮物在拇指与其他手指间滑动。

整个乳池狭窄，乳房中充满乳汁，但挤不出奶，触诊乳头黏膜厚而硬，呈坚实的纵向团块，感到乳池内有一硬索状物，似"铅笔样"。插入乳导管困难，乳导针在通过乳头内膜上的肉芽或纤维组织时会感到阻力。

乳头管狭窄时表现为挤奶困难，乳汁呈点滴状或绵线状排出，乳汁射向一方或射向四方。

【诊　断】　通过病史、触诊乳头和乳头导管探诊进行诊断。

【治　疗】　治疗方法有保守疗法和手术方法。具体应用要根据每一头患病母牛的实际情况来选择。

（1）**保守疗法**　①患有局部或弥散性乳头阻塞，在邻近泌乳末期的母牛，为减少受损伤部位刺激，可以停乳、休息。4周后复查，以确定病变是否好转或恶化。②当有漂浮物进入乳池时，应用手指将其固定，用蚊式止血钳仔细扩张乳头管和括约肌，并将其夹住去除。③轻度狭窄时，乳头上涂碘化钾或黄色素软膏

（黄色素0.5克、碳酸钙250克、液状石蜡4克、羊毛脂5克、凡士林16克），轻轻按摩。为了防止乳头孔闭锁，可使用乳道护理栓，方法是挤完奶后，将护理栓置入乳头管内，下次挤奶后再更换一只新栓，直至治愈。④乳头弥散性肿胀时，立即用10%硫酸镁液浸泡，局部用二甲亚砜、羊毛脂或芦荟软膏保护乳头。

（2）**手术疗法**　包括开放性与非开放性疗法，不论何种方法，都应在手术后将乳炎栓或奶道护理栓置入乳头管内，不但可防止乳头管发炎，还可防止乳头管粘连。①非开放性，对于乳头池内膜有肉芽组织、赘生物，可用眼科小匙反复刮削，将其去掉。术前，应向乳池内注入1%普鲁卡因30～50毫升。②开放性，即乳头切开术。优点是能直接能观察到病变，能准确地切除病变，可以闭合黏膜缺失或用健康的黏膜缝合。缺点是伤口愈合不佳而形成乳头瘘。

【预　防】　关键在于加强饲养管理，严格遵守挤奶操作规程，提高挤奶技术，防止乳头损伤。

八、乳房淋巴外渗

乳房淋巴外渗是由于钝力在乳房上强行滑擦，使乳房皮下淋巴管断裂，引起淋巴液在局部积聚时称乳房淋巴外渗。

【症　状】　淋巴外渗的肿胀通常在伤后3～4天，甚至1周才出现，以后逐渐增大，触诊波动明显，与周围组织界限清楚，炎症反应和痛感很轻微，无明显功能障碍。

【治　疗】　对淋巴外渗，应用冷、热疗法均不能奏效，更不能按摩。穿刺排液不但无济于事，而且有引起感染的危险。最好的方法是早期切开，排除淋巴液和析出的纤维素，用浸有酒精或福尔马林酒精的棉纱，填塞1～2昼夜，以闭塞淋巴管破口，然后按创伤治疗。

九、漏　乳

漏乳是指未经挤奶，乳汁从乳头自然流出的现象。漏乳分正常和非正常。前者常见于母牛在正常挤奶过程中，由于乳房内乳汁的分泌与充盈，致内压增加而有漏奶现象，也称为生理性漏乳；后者则见于非挤奶时间、经常有乳汁从乳头流出，非正常漏乳，不仅极大影响产奶量，同时也给饲养造成了极大浪费。

【病　因】　先天原因为乳头括约肌发育不良，后天原因为乳头损伤所致，如挤奶时用力过大，机器挤奶时真空压太大，抽时过长，引起乳头末端黏膜发炎和纤维化呈开花状，破坏了乳头括约肌的正常紧张性，导致括约肌萎缩松弛和麻痹。

【症　状】　生理性漏乳，当洗乳房时或洗完乳房后，可见乳头内流出乳汁，呈不间断的线状。非正常漏乳，母牛从乳头内流出的乳汁呈滴状，无时间性，乳区松软，检查乳头，可发现松弛、紧张度差，或乳头缺损、纤维化。

【治　疗】　生理性漏乳，可用拇指与食指、中指轻轻按摩乳头，经3～5分钟，漏乳即可消失。非正常漏乳无有效治疗方法。

【预　防】　严格遵守挤奶规程和挤奶技术，加强乳房卫生保健，防止损伤乳头。及时修整牛蹄，防止蹄角质过长而损伤乳头。

十、无 乳 症

奶牛无乳症是指奶牛产后乳腺功能异常，分泌乳汁显著减少或完全无乳的现象。检查母牛全身和局部无明显症状，以初产母牛和年老牛多见。

【病　因】　病因可分为饲养管理性和病理性或生理性因素。

（1）饲养管理性病因　主要指饲料营养不足，通常为蛋白质、维生素、矿物质不足。这多见于忽视对青年牛的饲喂，致使营养不良，乳腺发育受阻。管理不良，如圈舍内混乱嘈杂，管理粗暴、惊吓、饲养无规律、天气过热、寒冷等，都可能影响泌乳反射，从而使乳腺发育受阻。

（2）**病理或生理性病因**　主要指机体神经、内分泌失调。当垂体功能紊乱，分泌激素功能受阻，促乳素不足等，可以使乳腺发育受阻，致使分泌乳汁能力大受影响。全身性疾病及乳腺疾病而发生乳腺萎缩，坏死。

【症　状】　产后无乳。检查乳房，发现乳头缩小，乳房小，不肿胀，乳房皮肤松弛，乳腺组织松软，挤不出奶或仅能挤1～2把奶。全身无症状，食欲、精神正常。乳房局部无任何异常。

【治　疗】　头胎母牛产后无乳，若不是乳房发育不良或无其他疾病，在加强饲养管理的同时，坚持定时挤奶，按摩乳房，可望挤出乳汁。对其他型产后无乳的牛只，应加强饲养管理，日粮中必须供应富含蛋白质的可消化精饲料、粗饲料和多汁饲料，提高采食量。促进乳房血液循环，每次挤奶时，用温水充分擦洗乳房，每日2～3次，持续多日。治疗上可选用促使乳汁分泌的药物。雌二醇10～20毫克，一次肌内注射。促乳素60国际单位，一次静脉注射，每日1次，连续注射4天。

中药处方：白芍30克，当归30克，黄芪30克，党参30克，通草50克，王不留行80克，白术30克，穿山甲50克，研细，灌服。

【预　防】　加强对青年牛的培育，特别是妊娠后期，加强饲养。观察乳房发育，对乳房发育不好，肿大不明显者，应及时调整日粮结构，并应补充蛋白质、多汁饲料和青饲料，增加运动，以促进乳房发育。有些牛场对妊娠青年牛洗乳房，方法是在临产前3周，用45℃～50℃热水洗乳房，每日1次，每次5～10分钟。作用：使牛习惯，便于产后挤奶；温热刺激和按摩作用，能促使乳房血液循环，增进乳房膨胀。

十一、诱导泌乳

诱导泌乳是指通过注射雌激素、孕酮等激素类药物，使奶牛体内这些激素的浓度升高，促进乳腺管、腺泡系统的生长发育及泌乳。

【机　制】　诱导泌乳方案的设计是模拟正常分娩前的主要激素变化过程，人为地促使乳房发育及发动泌乳。生理学研究表明，母牛乳腺的完全发育主要依靠雌激素及孕酮的协同作用，它们之间的比例及绝对量至关重要。而泌乳的发动和维持主要依靠催乳素的大量释放及持续分泌。妊娠后期血浆中孕酮保持较高水平，同时雌激素水平显著升高，乳房充分发育。分娩前后孕酮和雌激素水平先后下降，前列腺素水平显著升高，刺激垂体大量释放促乳素而发动泌乳。

据报道，利血平能够耗竭丘脑下部对促乳素有抑制作用的多巴胺，故注射利血平可间接提高血液中的促乳素水平。而前列腺素则可直接刺激垂体释放促乳素。据 E. Beniaminsen 和 T. Lunaas（1981）报道，肌内注射前列腺素后，血浆中促乳素急剧升高，30 分钟可达峰值，1 小时后仍维持较高水平。

【方　法】　诱导泌乳的方法很多，现将国内在生产实践中最常见的方案介绍如下：根据干奶牛的年龄和体况分别对待，每天上午 7 时和下午 7 时在奶牛肩部皮下注射苯甲酸雌二醇，剂量为每千克体重 0.05 毫克；同时每千克体重每次注射孕酮 0.125 毫克，连续注射 6～7 天。停药后第二天，开始注射利血平，隔日注射 1 次，每次肌内注射利血平注射液 2.5 毫克，连续注射 4 次。从开始处理后第 12 天开始，每天用温水擦洗按摩乳房 2～3 次，按摩后挤奶。

十二、酒精阳性乳

酒精阳性乳（APM）是指新挤出的奶在20℃下与等量的70%左右的酒精混合，产生微细颗粒和絮状凝块的乳的总称。由于这种乳的热稳定性较差，当温度超过120℃时容易发生凝固而阻塞管道，使奶无法通过板式换热器。并且由于乳凝固在设备管壁上，难于清洗，给乳品加工厂带来困难，且这种乳难于贮存，风味差。因此，乳品加工企业在收购鲜乳时，均进行酒精阳性乳检验，一旦呈阳性就拒收，给养殖户带来巨大损失。

【病　因】　该病的发生与应激有直接关系。

（1）应激因素

①气温　在生产中，随着气温的升高，阳性乳的发生率也逐渐升高，特别是7～8月份高温季节，发生率最高。这是由于奶牛对热非常敏感，高温对奶牛是一个很大的应激因子。在高温这种应激因子的作用下，奶牛分泌促肾上腺皮质激素（ACTH）增多，导致甲状旁腺素（PTH）的升高，后者直接提高血钙的浓度，从而引起血钙含量的提高，并引起牛奶稳定性的降低，出现酒精阳性乳。因此，阳性率在高温季节明显升高。

②泌乳月份　一般来说，在第一个泌乳月和干乳前的2个月，奶牛群中出现阳性乳的频率也明显升高，这主要也是因为应激的缘故。分娩月，奶牛体质较差，对应激更敏感；而干奶前2个月内，奶牛已经历漫长的泌乳期，体质变差，再加上胎儿在体内逐渐增大，奶牛负荷不断增加。在这段时间内，奶牛受到的应激在加大，并且对应激的敏感性也在增加。因此，奶牛分泌的ACTH会增多，这样，也可导致酒精阳性乳发生率的增加。

③惊吓　奶牛受惊吓时，刺激交感神经，使肾上腺素分泌量增多，抑制垂体后叶分泌催乳素，从而使乳汁分泌量减少，乳汁贮留在乳腺组织中，也易引起阳性乳的发生。

④换料　饲料的急剧变化对奶牛是一个很大的应激因子，奶牛需要调整消化系统来适应新的饲料而引起机体的应激反应，进而导致酒精阳性乳的发生。

（2）**营养因素**　日粮总量不足或过高；精饲料喂量过大，饲料发霉、变质，尤其是青贮饲料品质差，导致奶牛食欲下降或引起腹泻等胃肠疾病；长期维生素、多种微量元素缺乏；长期饲喂低钠饲料。据报道，阳性乳的钠离子浓度明显低于阴性乳；钙、磷比例失调，日粮中钙量过高。

（3）**内分泌失调**　奶牛在发情期、妊娠后期或注射催情雌激素时使内分泌失调。由于雌激素的作用，使子宫、乳腺的毛细血管的通透性受阻而内分泌异常，乳汁中钙的含量增高，易产生酒精阳性乳。

（4）**加工贮运因素**　冬季鲜奶受气候或运输的影响而冻结，乳中一部分酪蛋白变性，同时在处理时因温度和时间的影响，酸度相应升高，以致产生酒精阳性乳。

（5）**其他因素**　奶牛患一些疾病后，乳汁的合成功能紊乱，加上环境条件、饲料条件的改变，极易产生阳性乳。这些疾病主要有隐性乳房炎、肝脏功能障碍、酮病、骨软症、钙磷代谢紊乱、繁殖疾病、胃肠疾病等。

【症　状】　突然发生，患牛精神、食欲正常，乳房、乳汁无肉眼可见变化，持续时间一般为3～10天，甚至更长时间自行转为阴性。有的病例可反复出现。

【治疗和预防】

（1）**减缓应激**　改善牛舍环境条件，提高奶牛对气候变化的适应能力。炎热的夏季，做好奶牛防暑降温、通风换气工作，如加设电风扇和喷淋，在运动场加设遮阴凉棚。严寒冬季，做好防寒保暖工作，如多铺垫草，增加防寒饲料，保持饲料的长期稳定，更换饲料要做到平稳过渡。在季节变换时，要防止饲料突变，在运动场设置防风墙等，减少对牛群的不良刺敏，如禁止机动车进入牛舍，尤其是挤奶时，禁止生人入内等，力求将应激因子降到最低限度。

（2）**注重营养平衡**　根据奶牛不同生理阶段的营养需要，结合本地实际，调配平衡日粮。日粮营养水平不应过高或过低，精粗比例合理，充分供应高质量粗饲料，并做到粗饲料品种的多样化，避免长期饲喂单一低质粗饲料，确保饲料中按标准添加多种维生素和多种微量元素。防止饲喂高钙或低钙日粮，钙磷比例要保持平衡（1.5∶1），磷酸氢钙的给量约占精饲料的 1.5%，严禁饲喂发霉变质的饲料，特别是劣质青贮饲料。

（3）**药物治疗**　奶牛在发情期、妊娠后期、卵巢囊肿以及注射雌激素后引起内分泌失调而产生阳性乳者，可采取肌内注射绒毛膜促性腺激素 1 000 单位或黄体酮 100 毫克；改善乳腺功能，内服碘化钾 10～15 克，加水灌服，每日 1 次，连用 5 日，2% 硫酸脲嘧啶 20 毫升，一次肌内注射；改善乳房内环境，可用：0.1% 柠檬酸钠 50 毫升，挤奶后注入乳房中，每天 1～2 次；1% 小苏打 30 毫升，挤奶后注入乳房，每天 1～2 次。

（4）**辅助治疗措施**　如恢复乳腺功能，可用甲硫基脲嘧啶 20 毫升配合维生素 B_1 肌内注射；为调整机体代谢，解毒保肝，肌内注射维生素 C，用以调节乳腺毛细血管的通透性；为络合多余的钙离子，用磷酸二氢钠 40～70 克/次，内服，每天 1 次，连服 7～10 天。

（5）**预防隐性乳房炎**　提高挤奶技术，认真擦洗乳房，挤净最后一滴奶，挤奶后充分按摩乳房，乳头药浴。药物治疗可以口服碘化钾 5 克/天，左旋咪唑 8 毫克/千克体重，每日 1 次，连用 3～5 天。配合中药（药方：当归 50 克、党参 50 克、金银花 50 克、连翘 50 克、栀子 60 克、蒲公英 150 克、紫花地丁 80 克、瓜蒌 60 克、天花粉 50 克、通草 40 克、王不留行 50 克、甘草 30 克）治疗效果较好。也可向乳池内灌入抗生素。

综上所述，奶牛酒精阳性乳的产生是一个极其复杂的临床表现，它不仅与饲养管理、日粮营养水平有密切关系，而且与机体所处的状态、健康水平、外界环境、季节变化等都有直接关系。因此，在预防和治疗酒精阳性乳时，要充分考虑诸多因素，结合当地实际情况，综合分析，抓住发病主因，采取综合防治措施，才能达到预期目的。

第七章

奶牛蹄病防治

一、蹄病的诊断

奶牛常见蹄病按照发病原因分为遗传性蹄病，营养性蹄病、损伤性蹄病、感染性蹄病。不同类型蹄病对蹄组织结构的损害不同，同一种疾病的不同发病阶段对蹄组织功能损害不同，症状不同，治疗方法也不同。要做好蹄保健和蹄病的治疗，必须掌握牛蹄解剖学、牛蹄生理学、牛蹄运动力学、牛蹄营养学、蹄病发生机制和临床治疗学。

遗传性蹄病是指由于遗传性因素造成的牛蹄发育异常的蹄病。

营养性蹄病是指由营养物质供给不足、不平衡或营养物质代谢紊乱引起的蹄组织的变性坏死及结构异常，功能下降。常见锌、硒、维生素A，生物素等不足，瘤胃酸中毒，酮血症等。

损伤性蹄病是由于外伤引起蹄损伤或者由于体重过大，长期站立，站多卧少，造成蹄底血液循环障碍，蹄开闭功能下降引起，比如蹄底溃疡。

感染性蹄病是由于蹄受到病原微生物的感染引起的蹄病，如坏死杆菌、螺旋体、节瘤杆菌、腐败梭菌等病原感染。

（一）诊断方法

1. 行为观察 诊断口诀为"敢踏不敢抬疾病在胸怀，敢抬不敢踏疾病在蹄下"。支跛的表现为负重时出现疼痛、患病蹄子不愿落地，着地时间变短，喜欢空举、卧地，行走时抬头甩颈、拱背。悬跛为腕关节以上发生障碍，表现为运步时，患肢抬不高、迈不远。

2. 病变局部观察 蹄部出现红、肿、热、疼、糜烂、溃疡、化脓、恶臭、出血等症状。

（二）常见蹄病的诊断

1. 蹄变形 蹄变形是指蹄的形状发生改变。

【病　因】 主要是遗传原因，如冻精因素；精粗饲料比例不当，日粮中钙、磷比例不当，微量元素缺乏；未定期修蹄等。

【症状与诊断】

（1）**长蹄** 即延蹄，指蹄的两侧支超过了正常蹄支的长度，蹄角质向前过度伸延，外观呈长形。

（2）**宽蹄** 蹄的两侧支长度和宽度都超过正常蹄支，外观大而宽，故又称为"大脚板"。此类蹄角质部较薄，蹄踵部较低，在站立和运步时，蹄的前缘负重不实，向上稍翻，返回不宜。

（3）**翻卷蹄** 蹄的内侧支或外侧支蹄底翻卷。从蹄底面看，外侧缘过度磨损，蹄背部翻卷已变为蹄底，靠蹄叉部角质增厚，磨灭不正，蹄底负重不均，往往见后肢跗关节以下向外侧倾斜，呈"X"状。严重的病牛两后肢向后方伸延，病牛拱背、运步困难，呈拖拽式，称之为"翻蹄亮掌、拉拉胯"。

2. 趾间皮炎 趾间皮炎是指没有扩延到深层组织的指（趾）间皮肤的炎症，称为指（趾）间皮炎。特征是皮肤呈湿疹性皮炎症状，有腐败气味。

（1）**外伤性趾间皮炎** 是由各种异物造成的刺伤、挫伤或偶发伤引起的真皮炎症，如果继发感染时引起化脓性蹄皮炎。

症状与诊断：受伤后立即出现跛行，临床检查可以找到刺伤的异物或刺伤痕迹。蹄底挫伤时，在削蹄后，可见大小不同的血斑痕迹，牛表现疼痛。已经感染形成化脓性蹄皮炎时，可有脓性渗出物从伤口流出，或脓汁向深部或沿小叶蔓延。

（2）**趾间蜂窝织炎**　是趾间皮肤及其皮下组织内发生的急性弥漫性化脓性炎症，特征是皮肤下急剧肿胀，温度高，跛行明显。常常包括趾间皮肤、蹄冠、系部和球节的肿胀急剧，明显跛行，并有体温升高。

症状与诊断：在病变发展后的几小时内，可见一肢或多肢有轻度跛行，系部和球节屈曲，患肢以蹄尖轻轻负重。18～36小时后，趾间隙和冠部出现肿胀，皮肤上有小的裂口，气味恶臭，表面形成伪膜。36～72小时后，趾间皮肤坏死、腐脱，趾明显分开，趾部甚至球节出现明显肿胀，剧烈疼痛，病肢常试图提起。体温常常升高，食欲减退，泌乳量明显下降。

（3）**趾间皮肤增殖**　指趾间皮肤和皮下组织的增生性反应，本病为慢性经过，病变为真性乳头状纤维瘤，以菜花样隆起病变为特征。

症状与诊断：检查趾间隙，初期可见皮肤红肿、脱毛，局部皮肤肥厚、肿胀，活动性降低，继而出现乳头增殖，其上附有恶臭渗出物，有时形成干痂附在隆起的组织上，在增殖物之间的小沟内或病变周围，可残留蓬松的被毛或长的毛干。增殖物呈菜花状，表面破溃出血，趾间隙前部的，有时可看到破溃面。趾间穹隆部皮肤进一步增殖时，形成"舌状"突起，一般不出现全身症候。

（4）**蹄趾皮炎**　蹄趾皮炎是一种地方性疾病，多发生在育成牛和头胎泌乳牛，奶牛一旦得了蹄趾皮炎，非常难根治。主要致病菌是螺旋体。螺旋体是一种环境厌氧菌，当蹄皮肤完整性受损时螺旋体及其他细菌的侵入引起发病。该病感染症状明显，是仅次于乳房炎的感染疾病。

临床特征：蹄趾冠状带，蹄趾皮炎，蹄球，后蹄多发，出现明显的疼痛和跛行。

蹄趾皮炎的发病进程：M0（健康牛蹄）→ M1（早期阶段）→ M2（急性阶段）→ M3（慢性阶段）→ M4（愈合阶段）→ M4.1（慢性 / 早期阶段）。

由于螺旋体可以钻入皮肤的深处，在不利的环境下可以形成微生物体囊，以度过不利的外界环境。因此，治疗效果不佳。

3. 蹄底疾病

（1）蹄底溃疡　蹄底溃疡又名局限性蹄皮炎，是蹄底和蹄球结合部的非化脓性坏死局限性病变，通常靠近轴侧缘，后肢的外侧趾多发。

【病　因】　奶牛过度肥胖，卧床不佳，致使奶牛长期站立，体重过大，压迫蹄子；尖锐的异物刺入蹄底，如运动场上的碎砖块、石块或其他金属异物刺伤蹄底；采食台及运动场卫生条件差，粪尿堆放过多，时间过长，蹄底长期接触而被腐蚀。

【症状与诊断】　蹄底被异物刺伤严重时，突然发生跛行，查看时蹄底出血，蹄部升温，有的患部可流出污秽液体。多数是在修蹄检查时发现蹄底有空洞及恶臭的脓液。

（2）白线病　白线病是连接蹄底和蹄壁的软角质分离，常常由一些尖锐的异物楔入刺伤所致，刺伤后导致真皮感染，结果可在蹄冠处形成脓肿，并破溃形成窦道。

【症状与诊断】　临床检查可见白线分离后，泥土、粪尿等异物进入，将裂开的间隙堵塞，使白线扩开，并引起感染。仔细削切，并清除松散的脏物，能看到黑色污迹。开始跛行的表现不同，一旦形成脓肿，跛行表现剧烈，特别向深部组织侵害时，蹄部发热，球部肿胀，常在蹄冠部出现窦道，体重减轻，泌乳量明显下降。

（3）蹄深部组织化脓性炎症　蹄深部组织化脓性炎症包括化脓性蹄关节炎、化脓性腱炎、化脓性远籽骨滑膜囊炎和关节后脓肿。

【症状与诊断】　蹄关节、趾部屈腱系统、远籽骨滑膜囊发生感染时，常常互相蔓延，临床上很难分清。蹄深部有化脓性过程时，蹄冠部出现肿胀，肿胀可延伸到球节，呈一致性肿胀，关节僵直，蹄部发热，趾动脉亢进，重度跛行。脓汁可从形成的窦道或邻近感染的部位排出，但有时这些开口被肉芽组织闭合，脓汁排不出，则顺组织间隙向上蔓延，向周围扩散，可出现全身性症候。

单纯远籽骨滑膜囊炎时，环绕冠部和球部发热和肿胀，压迫疼痛。

化脓性腱炎时，常常在腱鞘内蓄脓，在球节后上方可出现波动性肿胀，屈腱坏死溶解断裂时，蹄尖出现上翘。

化脓性蹄关节炎时，首先看到整个蹄冠带和邻近的皮肤高度肿胀，组织压力很大，呈蓝紫色，以后蹄缘角质和皮肤分离，有剧烈疼痛。

4. 腐蹄病　腐蹄病是趾间皮肤的化脓坏死性炎症，蹄底和蹄球糜烂，又名慢性坏死性蹄皮炎。

【病　因】　蹄部受外伤，多数因牛棚下、运动场上粪尿堆积过多，时间过长或长期潮湿而被坏死杆菌感染引起。

【症状与诊断】　先从蹄间裂后面开始，而后，蹄冠周围组织、蹄冠前面、蹄冠与毛边处，可见红、肿、热、痛，皮肤表面溃疡、流黄水，有恶臭气味，跛行。食欲下降，产奶量下降。

在检查蹄底时才能发现角质糜烂。本病进展很慢，除非继发角质深层组织疾病和感染，一般不引起跛行。本病只在蹄底或球部出现小的深色小洞，有时小洞联合在一起形成大洞，最后，在糜烂的深部暴露出真皮，糜烂可发展成潜道，球部糜烂，长出恶性肉芽时才引起剧烈跛行。

5. 蹄　裂

【病　因】　外伤引起蹄壁挫伤；奶牛体内长期缺少维生素A、B族维生素易引起蹄角质层脆弱；卫生条件差，粪尿长期腐蚀，热性病、代谢病等易引发本病。

【症状与诊断】　外伤引起蹄壁挫伤，跛行明显，裂开部肿胀，化脓。营养缺少、卫生条件差引起蹄裂，可见蹄冠全裂，通常裂线细、短。当粪、尿、泥土从裂口进入时可引起感染造成跛行，引发深部组织的压迫和坏死，裂缘之间有肉芽组织长入时或裂开的角质与真皮小叶相连时，运动疼痛明显，蹄冠边缘变形，跛行。

6. 蹄叶炎 蹄叶炎是蹄壁真皮的乳头层和血管层的弥漫性、浆液性、无菌性炎症，可分为急性、亚急性和慢性，通常侵害几个指（趾）。常是奶牛瘤胃酸中毒的继发症。

【病　因】

（1）**瘤胃酸中毒引起** 急性瘤胃酸中毒时血浆中组织胺过量，蹄部血液循环紊乱。类组织胺样物质能影响血管运动神经的正常调节机制，使血液分布失调，末梢血管扩张，充血，通透性增强，渗出增加，而引起蹄真皮的急性浆液性炎症。炎性渗出物蓄积于真皮小叶和角小叶之间时，破坏了它们相互间的正常结合，并压迫富于感觉神经末梢的真皮，引起剧烈疼痛，因而出现明显的跛行。

（2）**蹄部过度的负重压迫** 奶牛过于肥胖，卧床数量不足，运动场泥泞、缺乏运动，或长途车船运输，或因一肢患病他肢过度负重，由于蹄真皮长期受压，局部血液循环障碍而发病。

（3）**热应激** 热应激致使钠离子、钾离子随汗液排出，而血液中乳酸和二氧化碳积聚，使机体酸碱平衡失调而发生。

（4）**风湿** 当风湿病侵及蹄真皮时诱发，叫风湿性蹄叶炎。

【症状与诊断】

（1）**急性蹄叶炎** 急性蹄叶炎发病率很低且呈散发，头胎牛泌乳初期30天内发病率最高。临床症状包括肢蹄僵硬、疼痛和行走极度困难。患急性蹄叶炎的奶牛背部拱起，四肢尽量伸向身体正下方，以"扎帐篷"似的姿势站立。因为真皮层发炎造成疼痛，所以大部分患牛常常会长时间处于趴卧状态。有时还会观察到蹄冠和蹄踵明显发红、肿胀和变软。此外，触摸蹄壁和蹄冠会感到发热。

（2）**慢性蹄叶炎** 常常没有全身症状，站立时以球部负重，蹄底负重不确实，时间较长后，出现蹄变形，蹄延长，出现异常蹄轮。

（3）**亚临床性蹄叶炎** 较为常见，有时被认为是一种综合症状，其与第三趾骨下沉和蹄角质脆弱而致抗物理压力功能差所造成的多种继发病变密切相关。劣质角质会使蹄匣逐渐发生轻度至中度结构异常；还会加速蹄底磨损和增加蹄底损伤或碰伤的风险；同时，细菌侵入蹄部特别是白线处更为容易。

患亚临床蹄叶炎的牛群常会发现由白线病、蹄趾、蹄尖溃疡、蹄底溃疡和蹄踵溃疡，导致的跛行增多。因此，当牛群蹄部发病率较高时，应重点考虑亚临床蹄叶炎是否为导致蹄病增多的主要原因。亚临床性蹄叶炎高发期在头胎牛泌乳初期30天内。

亚临床性蹄叶炎特有的蹄部病变包括：蹄底可视出血，瘀血或蹄底角质呈粉色，或条纹状出血；蹄底角质非常软，呈淡黄色，蜡状质地，易用修蹄刀切割；以溃疡和白线病为主病因所导致的跛行增加。

二、蹄病的治疗

奶牛蹄病的治疗顺序：隔离→保定→麻醉→清理蹄部→清洁创面→取样→病检→创面用药→包扎→换药→隔离、加强饮食、确保干物质采食量、按时挤奶、加强环境卫生管理。

（一）蹄部的手术治疗

1. 保定 挑出患慢性腐蹄病牛，单独饲养，治疗时，六柱栏内保定，或翻转式手术床上保定，或削蹄车上保定。

2. 麻醉 肌内注射鹿眠灵，或静松灵1～2毫升，全麻醉后，立即上手术床。削蹄车上不需要全麻醉。

3. 清洗蹄部　用温肥皂水彻底清洗蹄底、蹄球和指间。

4. 检查蹄部　清创，削蹄，对蹄部进行仔细清洗，合理削蹄。切除病区无生机组织并消毒。用蹄剪、蹄刀、蹄铲清除坏死组织，暴露出新鲜组织。3% 双氧水清洗，0.1% 高锰酸钾清洗，纱布擦干，5% 碘酊或 10% 硫酸铜消毒。

5. 用药　用小刀由腐烂的角质部向内深挖，一直挖到黑色腐臭脓汁流出，用 10% 硫酸铜冲洗患蹄，内涂 10% 碘酊，填入松馏油棉球，或放入高锰酸钾粉、硫酸铜粉，装蹄绷带。病情严重的病例除局部治疗外，必须全身应用抗生素、磺胺及对症疗法。如伴有关节炎、球关节炎，局部可用 10% 酒精鱼石脂绷带包裹，并用青霉素 400 万单位，肌内注射，每天 2 次；或 10% 磺胺噻唑钠 200 毫升静脉注射，每天 1 次，连用 5 天。此外，可口服苯海拉明 2 克，每天 1 次。

6. 包扎　用纱布绷带做蹄绷带包扎。

7. 隔离护理　加强饲喂，确保干物质采食量，加强挤奶频率和挤奶卫生。3 天换药 1 次，重新清理创腔，用药、包扎。

（二）蹄趾皮炎的治疗

蹄趾皮炎治疗的目标是减少细菌感染。方法：①营养性的干预，如饲料中添加高吸收利用率的有机矿物质，如锌、铜、锰、硒、碘等可以激活免疫系统，提高牛体的抗病能力；②局部用药，根据牛场和牛的肢蹄清洁情况决定 1 周需要做几次蹄浴。在不做蹄浴的日子里，可以使用 1% 肥皂水加 2% 的次氯酸钠溶液进行简单蹄浴。局部喷洒治疗，也可配合抗生素使用。

（三）蹄底溃疡的治疗

溃疡是表皮全层缺损或破裂而使真皮暴露。

蹄底溃疡最早出现的症状是蹄底出血，若按压该区域疼痛明显。随时间推移，以及因负重所致进一步创伤，蹄底溃疡可能发展为蹄壳全层缺损或溃疡。

在临床期之前，用检蹄器施加压力，患牛只有轻微不适，这时应将患蹄蹄踵修低，以减轻患处负重，使其有时间休息和修复。如用检蹄器轻微施压就能造成剧烈疼痛，要将患蹄蹄踵修低，还需要考虑给健康蹄趾附加蹄垫，以确保患病蹄趾能够完全不需负重。

后期溃疡，在溃疡部位以检蹄器轻微按压，就能引发剧烈疼痛反应。

治疗原则：尽可能保护真皮层不受损伤，削薄溃疡周围角质，使溃疡区域低于正常蹄部负重面；同时，使蹄底面向趾间侧倾斜，避免在蹄底留下空洞，以免有机物质积存在内。

首先进行修蹄，然后用修蹄刀小心地移除肉芽组织，需注意不要损伤肉芽周围的正常真皮组织。正确适时应用蹄垫，及时更换新蹄垫，通过修蹄调整和矫正两蹄趾之间的负重。牛棚下、运动场上要经常清扫，粪尿不能堆积过多，经常检查奶牛蹄底以尽早发现疾病。异物刺伤的，先除去异物，用双氧水冲洗，浓碘酊消毒，用布包扎整个蹄部。小孔洞用针管冲洗，最后用浓碘酊冲洗，用棉花填塞小孔洞。

（四）腐蹄病的治疗

（1）**清洗包扎** 局部用凉开水冲洗干净，涂抹鱼石脂软膏或用10%硫酸铜溶液浸蹄后用布包扎整个蹄部，每天1次，连用3～4天。

（2）**清创包扎** 当皮肤化脓坏死时，在除去坏死组织和脓汁后冲洗干净，撒布磺胺粉或甘汞粉，包扎整个蹄部。重症者全身治疗，结合输液，可用抗生素、磺胺类药物。

（五）蹄裂的治疗

由杂物引起蹄壁挫伤，除去杂物，用凉开水冲洗干净，患部彻底消毒，对整个蹄部包扎，对轻度蹄裂，应先在裂口两端造一沟，深度至角壁层以防裂口延伸。

对维生素缺少、卫生条件差引起的蹄裂，可在精饲料中添加电解多维，改善卫生条件，重者用薄削法，削去蹄冠部纵裂，在无菌条件下薄削至生发层，用碘酊消毒，涂抹鱼肝油软膏，对整个蹄部包扎。对蹄冠边缘严重变形者，整修至恢复正常形态。

（六）蹄叶炎的治疗

1. 封闭疗法　用0.5%普鲁卡因溶液加青霉素400万单位，进行趾神经封闭或趾动脉封闭，隔日1次，连续3次。

2. 脱敏疗法　病初可试用抗组织胺药物，如盐酸苯海拉明1克肌内注射，每日1次；5%氯化钙溶液250毫升，25%葡萄糖1000毫升，10%维生素C 100毫升，静脉注射制止渗出，或皮下注射0.1%肾上腺素10毫升，每天1次。

可的松疗法：醋酸可的松2.0克肌内注射，或0.5%氢化可的松150毫升静脉滴注，每日1次，连用4次。

3. 水杨酸制剂疗法　10%水杨酸钠溶液200毫升，静脉注射，每天1次，连用4次。

4. 中药疗法　料伤五攒痛内服红花散，走伤五攒痛内服茵陈散。

三、蹄病的预防

首先保证平衡的营养，提供充足的有机锌和有机硒及维生素，其次是加强牛圈环境控制，确保运动场、卧床干燥干净、通风，再就是每周用蹄浴液浴蹄2次，每年定期削蹄2次，干奶前对每头牛进行蹄保健修蹄。

第八章
奶牛生殖系统疾病防治

一、流　产

流产指母牛在妊娠阶段娩出死胎或在子宫外尚无生存能力的胎儿，流产也称不足月分娩。临床上将妊娠42天之前的流产称胚胎早期死亡，或称隐性流产；将妊娠42～260天之间流产称为临床可见性流产，奶牛妊娠期超过260天进入围产期，这阶段的分娩属于正常分娩，如果产出死胎，称死产。

（一）流产的分类

奶牛妊娠期一般为282天，实际上多数奶牛分娩期为275±3天。一般将受精卵在子宫内1～15天称胚胎早期，16～42天称胚胎中期，43～75天称胚胎后期，75天至分娩称为胎儿期。奶牛妊娠42天前的流产，几乎看不到胚胎，妊娠42天以后流产才能辨别出胎儿，75天以后流产可清晰地辨认出胎儿，并且可根据胎儿的大小，判断出妊娠月份。奶牛2月龄流产胎儿长约30厘米；3月龄流产胎儿长约40厘米；4月龄流产胎儿长约50厘米；5月龄流产胎儿长约60厘米，无毛，但出现花底色；6月龄流产胎儿长约70厘米，长出毛。

奶牛流产分为隐性流产和可见性流产。

隐性流产：也称胚胎早期死亡　奶牛妊娠42天前的流产，

流产后看不到胚胎，只能发现阴门挂有血色分泌物，B超检查可以确诊，母牛一切正常。

可见性流产：奶牛妊娠42～260天之间流产，流产后可以看清并且能辨别出胎儿的大小。

根据流产集中度来分可分为零星性流产和群发性流产。

零星型流产：指流产发生的分散度很大，偶然出现一个流产。

群发型流产：指在某个生产阶段出现数量较大的可见性流产。

（二）奶牛群发性流产的原因

引起奶牛群发性流产的原因如下：

1. 传染性流产 传染性流产是由传染病引起的流产。又分为自发性流产和症状性流产两种。自发性流产是指胎膜、胎儿及母牛生殖器官直接受到微生物的侵害所致。如布鲁氏菌病、衣原体病、黏膜病毒病等。症状性流产是指流产只是某些传染病的一个症状。如结核病、附红体病等。常见有细菌性流产、病毒性流产、霉菌性流产、支原体性流产等。

（1）细菌性流产 常见有布鲁氏菌病、结核病、钩端螺旋体病、李氏杆菌病、沙门氏菌病、生殖道弯曲杆菌病等。

（2）病毒性流产 常见有牛黏膜病毒病（BVD）、传染性牛鼻气管炎病（IBR）。

（3）霉菌性流产 常见有玉米赤霉烯酮、黄曲霉毒素中毒。

（4）支原体性流产 由支原体引起。

（5）衣原体性流产 由衣原体引起。

2. 寄生虫性流产 寄生虫性流产是由寄生虫引起的流产，主要有犬新孢子虫病、阴道滴虫病。

3. 中毒性流产 中毒性流产是由中毒病引起的流产，临床常见饲料发霉引起的中毒和药物中毒等。

4. 营养性流产 营养性流产是由营养物质供应不平衡或者营养代谢病引起的流产。常见有长期饲喂高蛋白质日粮引起奶牛胚胎早期大批死亡。

5. 热应激性流产 热应激通常造成受胎率下降和胚胎早期死亡，严重的热应激会造成 21 天受胎率只有 8%。

6. 疫苗性流产 给妊娠母牛注射弱毒疫苗常常引起流产，或者注射大肠杆菌、沙门氏杆菌疫苗，自制乳房炎疫苗均会导致流产，严重者导致休克死亡。

7. 药物性流产 注射地塞米松、前列腺素引起流产。

8. 机械性流产 拥挤、碰撞、打击、强烈的保定、挣扎等会引起流产。

9. 普通病性流产 临床常见有营养衰竭症、维生素缺乏、微量元素缺乏、产前瘫痪等会引起流产。

10. 遗传缺失性流产 由于遗传物质异常造成先天性畸形会造成零星流产。

11. 繁殖管理性流产 妊娠检查过早、粗暴，容易引起流产。

（三）流产的机制

奶牛流产的机制是内分泌紊乱和胎盘受损，常见有：

1. 胎膜异常 胎膜无绒毛或绒毛发育不全，多为近亲繁殖的结果。

2. 尿囊液过多 在妊娠中后期，母牛腹围增大过快或特大，由于胎儿与母体之间不协调，以及胎盘功能不良所致，见于子宫动脉或脐带动脉扭转、子宫内膜发生变性坏死、胎儿发育不良等。

3. 胎盘坏死及胎膜炎症 多由于前一胎流产后对子宫处理不彻底而宫内尚有炎症时受胎所致。

（四）流产症状

奶牛流产症状有以下 5 种：

1. 胎儿消失（隐性流产） 妊娠初期，胚胎的大部或全部被母体吸收。常无临床症状，多在输精后 40～60 天出现发情，又称胚胎早期死亡。

2. 排出未足月胎儿

（1）小产 排出未经变化的死胎，胎儿及胎膜很小，常在无分娩征兆的情况下排出，多不被发现。

（2）早产 排出不足月的活胎，有类似正常分娩的征兆和过程，但不很明显。常在排出胎儿前 2～3 天乳腺及阴唇突然稍肿胀。早产胎儿的活力很低，死亡率极高。

3. 胎儿干尸化 胎儿死于子宫内，由于黄体存在，故子宫收缩微弱、子宫颈闭锁，因而死胎未被排出。胎儿及胎膜的水分被吸收后体积缩小变硬，胎膜变薄而紧包胎儿，呈棕黑色，犹如干尸。母牛表现发情停止，但随妊娠时间延长，腹部并不继续增大，直肠检查，不感胎动，子宫内腔无羊水，但存有硬固胎儿尸体。

4. 胎儿浸溶 胎儿死于子宫内，由于子宫颈开张，微生物侵入，使胎儿软组织液化分解后被排出，但因子宫颈开张有限，胎儿骨骼存留于子宫内。患牛表现精神沉郁，体温升高，食欲减退，腹泻，消瘦，阴门见红褐色或黄棕色的腐臭黏液及脓液排出，且常带有小短骨片；黏液沾污尾及后躯，干后结成黑痂。阴道检查，子宫颈开张，阴道及子宫发炎，在子宫颈或阴道内可摸到胎骨。直肠检查在子宫内能摸到残存的胎儿骨片。

5. 胎儿腐败分解（气肿胎儿） 胎儿死于子宫内，由于子宫颈开张，腐败菌（厌气菌）侵入，使胎儿内部软组织腐败分解，产生的硫化氢、氨、丁酸及二氧化碳等气体积存于胎儿皮下、胸腹腔及阴囊内。病牛表现腹围膨大、精神不振、呻吟不安、频频努责、从阴门流出污红色恶臭液体、食欲减退、体温升高。阴道检查有炎症，子宫颈开张，触诊胎儿皮下气肿，有捻发音。

（五）奶牛流产的诊断

1. 流行病学调查　奶牛场发现流产后，首先应该进行流行病学调查，主要调查的内容有流产母牛的数量，流产母牛年龄、胎次、妊娠月龄，季节；流产牛有无分娩征兆；流产胎儿，胎衣有无异常，羊水颜色，分泌物的性质、量，有无化脓，胎衣不下的比例等。

其次是饲养管理排查：认真调查粗饲料库，精饲料库，排查有无原料发霉，存贮时间过长，特别是预混料出厂日期，有无过期、霉变。排查 TMR 日粮的制作与饲喂过程。

排查兽医兽药管理，有无药物使用错误。

排查繁殖工作，认真分析精液管理，输精过程，妊娠检查程序和技术熟练度，最后查系谱，判断有无近亲繁殖等，具体方法如下：

①当牛群出现群发性流产，如果牛群以前没有普查过传染病，应当首先普查布鲁氏菌病和牛病毒性腹泻。

②流产为妊娠 5 月龄以前居多，首先怀疑蓝舌病、牛病毒性腹泻、睡眠嗜血杆菌、毛滴虫病和胎儿弧菌病。流产发生在妊娠 5 月龄以上居多，首先怀疑布鲁氏菌病和衣原体，玉米赤霉烯酮和黄曲霉菌毒素中毒。

③如流产呈散发，传染性流产的可能性不大；若呈群发性，则很可能是传染性流产，中毒性流产，严重营养不良性流产。

④母牛发生流产时，只涉及无流产史者，有流产史者却安然无恙，则基本可以推断为布鲁氏菌病流产。若流产涉及两者，则可怀疑牛病毒性腹泻、犬新孢子虫病和牛传染性鼻气管炎等。

⑤青年牛流产并有血尿，流产胎犊齿龈黄染且肾脏损伤，可怀疑钩端螺旋体流产，猪和老鼠是钩端螺旋体的重要宿主。

⑥犬新孢子虫病可以引起奶牛流产，其临床特点是在妊娠早期引起胚胎死亡，妊娠中期造成流产。妊娠晚期虽不致引起流

产，但可产下孱弱犊牛或脑部受损犊牛，表现为共济失调。还有一重要特点是患病母牛可反复流产，流产呈群发特征。

⑦牛舍环境过差且饮水十分肮脏往往会使化脓性放线菌、芽孢杆菌、链球菌等环境性致病菌大量滋生，继而引发流产。

⑧如夏季酷暑过热、冬季严寒过冷、长途陆运或海运、粗暴驱赶转群、粗暴鞭打和保定、牛只相互激烈顶斗、突然滑跌等，常常可导致流产。

⑨各种腹痛、腹泻、腹胀、绝食、呼吸窘迫、肾衰竭、骨折、蹄病、乳房炎等等，持续数日，往往也可能造成流产，这类流产呈散发，通常在疾病进程中发生。

⑩对妊娠母牛不慎注射了地塞米松或者前列腺素这两类药物，48 小时后均可导致流产。

⑪如发现流产呈零星散发，流产胎犊有畸变，并也能同时得到流产母牛和与配公牛的系谱资料，可利用国际公牛数据库计算近交系数，如近交系数超过 6.25%，则可怀疑流产有可能是由近交危害造成。

2. 临床诊断　对流产的每头牛进行临床检查，测体温、心率、呼吸次数、瘤胃蠕动次数和蠕动力和瘤胃充盈情况。检查胎衣，阴门、阴道分泌物色泽、味道、有无化脓。检查流产胎儿、羊水，必要时对死胎做解剖诊断。

3. 实验室检查　无菌采取流产胎儿内脏器官、关节液、胎衣、羊水和流产母牛血液，送实验室做病原学诊断。质疑饲料问题，可均匀采样饲料或原料送实验室化验分析。

（六）流产的防治

1. 对症治疗

（1）**药物保胎**　当牛群中已经发生流产现象，为了预防其他妊娠母牛流产，可以给流产牛群中妊娠 5～8 月龄母牛注射黄体酮 100 毫克，卡那霉素 20 毫升或 20% 磺胺嘧啶钠 40 毫升，每天 1 次，连续 3 天，每月注射 2 次，同时，肌内注射维生素 ADE 30 毫升 1 次。

（2）**死胎引产**　当发现母牛已经发生流产，胎儿已死，若未排出，则应尽早注射前列腺素或者地塞米松，缩宫素等药物排出死胎，灌服益母生化散。

胎儿干尸化的治疗：灌注灭菌液状石蜡或植物油于子宫内后，将死胎拉出，再以复方碘溶液（用温开水 400 倍稀释）冲洗子宫。

子宫颈口开张不足的治疗：可肌内或皮下注射前列腺素或己烯雌酚，促使黄体萎缩、子宫收缩及子宫颈开张，待子宫颈开放较大后，按上述方法助产。或通过直肠用手将黄体压碎，4～5 天后，死胎可自行排出。

胎儿浸溶及腐败分解的治疗：尽早将死胎组织和分解产物排出，并按子宫内膜炎处理，同时应根据全身状况配以必要的全身疗法。

对于习惯性流产牛的预防治疗：可在流产的警戒期连续注射 HCG 以刺激黄体功能的延长而避免流产。还可以从警戒期前 2～3 周开始，每间隔 2～3 日，数次肌内注射黄体酮，每次 200 毫克。

2. 流产的预防

（1）**疫病净化**　当前引起母牛流产的头号大敌是牛患有布鲁氏菌病，故对牛群净化布鲁氏菌病牛是历史的责任，也是现实的必须。在牛奶相对过剩时，封闭牛群，自繁自养，反复检疫，剔除阳性病牛是布病净化的最好时机，并且要长期坚持下去。

（2）**注射疫苗**　在布鲁氏菌疫区，坚决进行免疫注射，重点做好后备牛免疫，加速阳性牛淘汰步伐，最终实现牛群免疫净化。

①对新购入牛和在圈空怀母牛立即注射布鲁氏菌病弱毒 A19 号疫苗，28 天后第二次注射 A19 号疫苗。妊娠母牛口服或口腔喷洒布鲁氏菌病弱毒 S2 号疫苗，过 28 天第二次注射 S2 号疫苗。

②每月重点做好犊牛布鲁氏菌病的免疫工作。新生犊牛8月龄前进行2次布鲁氏菌病弱毒A19号疫苗注射，使所有的犊牛在8月龄前变成不易感牛，在12月龄第三次注射疫苗，连续做10年，直到疑似感染母牛全部淘汰为止。具体做法是犊牛120日龄首次注射布鲁氏菌病弱毒A19号疫苗，过28天，第2次注射布鲁氏菌病弱毒A19号疫苗，12月龄转入配种牛舍前，第三次注射布病疫苗。流产严重的地区为了强化免疫效果可对全群牛同时注射A19号疫苗，过28天再次注射A19号疫苗，以后不再注射疫苗，做好管理，加速可疑布鲁氏菌病牛的淘汰进程。

（3）**加强营养**　给予奶牛富含维生素A、B_2、B_{12}、矿物质、微量元素的优质饲料，防止胎儿因营养不足或营养不平衡而中途死亡，维持正常妊娠，以保证早期胚胎的正常发育。杜绝饲喂单一饲料或冰冻、霉变饲料，以及马铃薯、棉籽饼等含毒素的饲料。控制泌乳奶牛日粮粗蛋白质含量在17%～19%。

（4）**谨慎妊检**　对配种后的母牛进行妊娠检查时一定要小心谨慎。妊娠早期，胚胎处于游离状态或与母体子宫黏膜结合不紧密，妊娠检查时如果动作粗暴，有可能造成胚胎死亡，附植不成功。特别是直肠检查时，应轻缓，以免损伤早期胚胎，造成人为流产。

（5）**完善管理**　对配种后母牛，有条件的应降低牛群密度，避免混群饲养时相互顶撞、拥挤；避免激烈活动，减少转群；饲养人员不许惊吓、殴打母牛；给予充足清洁饮水，寒冷季节不饮冰水；注意牛体及环境的清洁卫生，提高妊娠母牛的舒适度。

二、阴道脱出

阴道脱出是指阴道部分或全部阴道壁向阴门脱出。奶牛阴道脱出多发生在分娩前2～3个月。

【病　因】

（1）雌激素分泌过量，致使阴道松弛。本病常由于妊娠末期胎盘或母体产生大量的雌激素使骨盆韧带、骨盆周围组织及阴门括约肌松弛所引起。经产牛随着胎儿增大、胎水增多，母牛腹压增高诱发本病。饲喂大量大麦，或者含雌激素较高苜蓿可以诱发此病。牛在发生卵泡囊肿时可因生成大量雌激素，从而在非妊娠期诱发阴道脱出。本病可能与遗传也有一定关系。

（2）产前干物质采食量不足、低血钙，能量负平衡。

（3）羊水过多症，挤压阴道。

（4）阴道脱出伴随着膀胱翻转进入脱出的阴道壁内，改变了尿路状态，致使排尿障碍膀胱积尿。

【诊　断】　轻症者母牛在站立时阴门外不见阴道脱出，但在卧下时可见拳头至人头大、阴道壁脱出。严重者可见到子宫颈和全部脱出阴道，站立时无法回缩，阴道壁水肿、糜烂，此时，多数病牛排尿困难，膀胱积有大量尿液。

【治　疗】　如果脱出时间很长，膀胱积尿，先给母牛导尿，可用导尿管导尿，也可用经消毒的听诊器塑料管导尿，多数病牛尿排完后阴道很容易复位。

保持母牛站立，卧地牛保持前低后高姿势。后海穴注射2%普鲁卡因20毫升局部麻醉，清洗脱出阴道壁。对阴道壁水肿严重者，使用针头穿刺阴道水肿壁，表面涂抹硫酸镁粉并挤压，使水肿液流出，待阴道壁水肿减轻，涂抹马应龙软膏或红霉素软膏，再进行送还。

阴道复位后，阴门用18号双线做纽扣状水平缝合2～3针。阴门两侧注射青链霉素，或青霉素400万单位，链霉素100万，生理盐水20毫升，2%普鲁卡因5毫升，后海穴封闭。

整复后产道努责严重者，用3%普鲁卡因冲洗阴道，孕酮100毫克肌内注射，同时普鲁卡因腹腔封闭，每天1次，连续4天；更严重者，可以注射鹿眠灵全身麻醉，同时静脉补钙、补糖和电解质等。

三、子宫阵缩无力与麻痹

子宫阵缩无力与麻痹是指分娩时子宫收缩的次数少、收缩持续时间短和收缩无力，致使胎儿不能排除。一般分为原发性阵缩微弱（分娩开始发生）和继发性阵缩微弱（分娩后期子宫肌肉疲劳）。

【病　因】　原发性阵缩微弱的原因是内分泌失调，长期营养不良、运动不足、过度肥胖、全身性疾病，围产前期牛群密度大，头胎牛与经产牛混群饲养，致使干物质采食量显著减少等原因引起。

（1）分娩前内分泌紊乱是子宫阵缩无力的直接原因。生殖激素特别是类固醇激素的分泌范型对维持妊娠、分娩过程和产后恢复起着重要作用。妊娠后期和分娩期类固醇激素分泌范型的变化，在分娩过程异常和产后病的发生方面起着决定性作用。

（2）分娩前母牛营养缺失，如维生素，微量元素，产前干物质采食量不足，或者预混料过期、霉变。

（3）分娩启动期受到异常刺激，如转群、热应激、冷应激疾病等。

【症状与诊断】　母牛妊娠达到 260 天进入围产前期，就开始为分娩做准备了，距离分娩期前 1 周进入了实质性分娩启动，母牛出现正常的分娩征兆如果出现子宫阵缩无力等异常分娩，则表现为努责轻微，甚至不见努责，致使产程延长，生出弱犊、死犊。牛犊死亡多数是因为产程延长，缺氧窒息死亡。死亡牛犊被毛发育正常，无掉毛现象，羊水无明显病变。个别母牛子宫颈口扩张完全，胎位、胎势、胎向正常，不见子宫收缩，必须进行人工助产。

【治　疗】　促进子宫收缩，加速分娩进程。先输液提高母牛耐受性后再助产。①缩宫素 100 万单位，前列腺素 4 毫克，同时肌内注射。②葡萄糖酸钙1 000毫升+50%葡萄糖500毫升+糖盐水1 000毫升+氨苄西林10克。③复方氯化钠500毫升+维生素B₁50毫升+维生素C 100毫升+10%氯化钠注射液500毫升，静脉注射。间隔5小时重复注射。首次输液后30分钟进行助产。

【防 治】

（1）**加强干奶期营养与饲养管理** 干奶期一定要分为干奶前期和干奶后期进行饲养，配制干奶前期专用日粮，要求干奶期日粮富含优质矿物质、微量元素、维生素和优质蛋白质，长纤维粗饲料，低能量，以满足胎儿快速生长需要和母体骨骼储备，同时促进瘤胃微生物区系的重建，恢复瘤胃消化粗饲料功能，加速瘤胃乳头黏膜的回缩。进入干奶后期要更换专用日粮，促进瘤胃功能发育，加速瘤胃微生物的改变和稳定，促进瘤胃乳头及黏膜的快速增长。启动血钙调控机制，饲喂阴离子盐或低钙口粮，加速骨钙溶解。促进分娩启动和乳腺泌乳启动，确保母子平安。日粮要富有蛋白质、能量、矿物质、维生素和微量元素，采用低钾、钠、低苏打日粮。如果分娩牛产前阵缩无力严重，要严查预混料质量，是否出厂太久，发生变质和干奶前、后期的饲养管理细节。

（2）**围产前期措施** 母牛从干奶前期向干奶后期转群的过程中，将母牛赶入分隔栏，给每头牛肌内注射亚硒酸钠30毫升，维生素ADE 30毫升。

（3）**建立分娩期管理制度** 在预产期前3天，即母牛出现分娩征兆时，将母牛赶进分娩栏等待分娩，分娩后进入产房牛群，挤奶并护理4天，经检查一切正常方可转入新产牛群，继续跟踪检测10天。

（4）**加强围产期环境卫生及消毒工作** 奶牛在产前，乳头塞和子宫颈口塞溶解，病原微生物容易进入其中，故彻底清理运动场、卧床及分娩栏卫生，铺垫新沙土和新麦草并消毒。

（5）**药物保健** 当发现母牛分娩前阵缩无力，不要急于助产，先给母牛进行注射前列腺素、小剂量催产素和雌二醇促进分娩，同时进行补钙，补高糖，以提高母牛耐受力，再进行助产。如果发现羊膜破裂，羊水带血，多数是脐带断裂应立即助产。当母牛在围产前期发病，应立即启动分娩程序，加大氢化可的松用量或使用前列腺素促进分娩。

四、子宫颈口扩张不全

子宫颈口扩张不全是指奶牛进入分娩期，发现子宫颈口不全开张，胎儿不能顺利排出的病理状况。

【病　因】　主要原因是内分泌紊乱，直接原因是分娩启动期，母牛受到惊吓或疾病等因素强烈刺激所致。

【诊　断】　母牛出现分娩，长时间不见胎儿排出，阴道检查发现子宫颈口异常即可确诊。

【治　疗】　最有效的方法是直接剖宫产，保守治疗方法如下：

药物治疗法：①宫口扩张可用 0.25%～0.5% 普鲁卡因 30 毫升，用带长胶管的针头，注射于子宫颈口周围，同时肌内注射前列腺素 6 毫克。②用 35℃～38℃ 的生理盐水 4 000 毫升＋催产素 40 万单位，直接输入子宫，使子宫内产生液体压力，诱使子宫壁收缩，促进子宫颈口开张。③可注射雌二醇 20 毫升，同时静脉补充高糖、钙剂和小剂量催产素等。如果无效立即进行剖宫产手术取出胎儿。

五、子宫扭转

子宫扭转是指整个子宫或一侧子宫角或子宫角的一部分围绕自己的纵轴发生的扭转。多数病例在临产前发生，一旦发生子宫扭转即会引起难产。子宫扭转的部位大多在子宫颈及其前后，涉及阴道前端的称为颈后扭转，位于子宫颈前的为颈前扭转。

【病　因】　奶牛子宫颈扭转多数是胎儿在母牛子宫内异常活动或发生母牛爬跨、侧卧等原因引起。特别是临产前，母牛的急剧起卧和转动身体的过程中，因胎儿重量大，子宫内胎儿并未随母体同步转动，这样就可能导致子宫向一侧扭转；另外，在下坡时跌倒或运动中突然改变方向，均易发生扭转。

【诊　断】　分娩启动很久了，母牛强烈努责，但不见胎儿排出，可见阴门歪斜，直肠检查或者阴道检查可以摸到扭转的阴道壁和扭转的子宫角。

【治　疗】

（1）治疗原则　直接翻转母牛法，整复子宫。在翻转母体前，做全身检查，对性情不安不好翻转的母牛，可进行全身麻醉。静松灵注射液5毫升肌内注射，10分钟后，使母牛卧于地，子宫向右侧扭转母牛就右侧卧地，子宫向左方扭转母牛就左侧卧地。

（2）操作程序　①判断子宫扭转方向。②注射速眠新2毫升，前列腺素0.6毫克。③采用双抽筋倒牛法，将母牛放置在柔软的沙地上，按子宫扭转方向，顺势翻转母牛，每翻转1～2次，检查阴道整复状况。④子宫扭转复位后，直接助产。⑤随即给母牛补钙，补高糖，补氢化可的松等营养药。⑥翻转无效，立即进行剖宫产手术。术后使用子宫收缩药尽快使子宫复旧，全身使用抗生素等以预防子宫及腹腔内的感染。

六、难　产

难产是指妊娠足月的母牛不能在规定时间内将胎儿顺利排出子宫外的现象。传统医学将难产分为母体性难产、产道性难产、胎儿性难产。

【原　因】　将难产形成的原因分为4类：分娩启动延迟性难产、分娩启动失败性难产、助产失误性难产和母牛肥胖性难产。

（1）**分娩启动延迟性难产**

①形成原因　围产期胎儿脑部发育异常，不能正常启动分娩，或围产前期转群、惊吓等应激造成内分泌紊乱。致使母牛妊娠期延长最终胎儿异常的大而形成的难产。

②防治措施　奶牛妊娠满260天进入围产前期，要创造适宜的环境，尽量减少应激刺激以防分娩不启动。当奶牛妊娠达到预产期，可以进行引产或诱导分娩，使胎儿提前或及时排出。

（2）**分娩启动失败性难产**

①形成原因　奶牛出现分娩努责进入产栏或产房分娩时，受到其他牛或人的惊扰，或者机械噪音干扰，致使子宫收缩无力，子宫颈口不全开放，而形成的难产。

②防治措施　立即采取诱导分娩。直肠检查胎儿状态和阴道、子宫颈是否扭转，如果正常，可以注射少量缩宫素；静脉注射高糖、葡萄糖酸钙，大剂量注射氢化可的松等，每天1次，连续3次。肌内注射前列腺素0.6毫克或地塞米松20毫克，及时进行助产。

（3）**助产失误性难产**

①形成原因　自然分娩状态下，羊膜破裂，羊水流出40分钟左右不见双蹄和头，或者只见1只蹄子时，没有及时检查。当胎儿的胎位胎势异常时，矫正过迟，致使胎位，胎势绝对异常，错过最佳矫正机会而造成的难产，或者错误性接产，强拉而形成的严重异位性难产。

②防治措施　分娩时设专人观察，等待自然分娩，当羊膜破裂30～40分钟不见双蹄或只见1只蹄子时，立即检查，如果发现胎位，胎势异常、立即在子宫内矫正后助产，助产时不可强拉。

（4）**母牛肥胖型难产**

①形成原因　青年母牛妊娠第5～6个月没有及时分群，控制日粮浓度和喂量，能量过剩。经产母牛产后发生繁殖障碍，泌乳时间过长，妊娠后无乳，非正常停奶，没有建立干奶前无

乳牛群，而是将这些母牛放入干奶牛群，在干奶群停留时间太长，长时间营养过剩，造成肥胖，其结果是由于胎儿过大而形成难产。

②防治措施　控制青年牛配种时的体高必须达128厘米，体重达380千克以上；控制妊娠3～7月时期的日粮能量水平。经产牛产后要强化分群管理、营养控制和体况评分。繁殖障碍母牛建立独立牛群，进行限饲饲养以防母牛过肥，胎儿过大。

【助　产】　难产助产的目的是保全母子生命和避免母牛生殖器官与胎儿的损伤和感染。当发生难产时，要根据情况保全二者之一（多保全母牛）。难产助产要严格遵守操作规程，在矫正胎儿的异常部分时，应尽可能把胎儿推回子宫内进行。拉出胎儿时，为使胎儿易通过母体骨盆，除顺骨盆轴向外，应使胎儿肩部（正生）成斜位或臀部（倒生）成侧位，并要随产牛努责徐徐持续地进行，并且要大量向产道灌注润滑剂。助产手术一般先用手进行，必要时配合产科器械。使用产科器械时，要注意保护坚锐部以防损伤产道和感染。产道干燥时，用灭菌的液状石蜡或特制泡沫润滑剂注于产道内。产牛的外阴部及术者手臂和助产器械，均须严格消毒。

（1）胎儿过大助产方法　外阴切开术。沿着阴门侧朝向股骨的方向切一10毫米口。或在子宫内用胎儿绞断器将胎儿切成块状取出。

（2）胎位不正助产方法　只能将胎儿推至子宫内进行矫正，不能在子宫外进行矫正。倒生时，当犊牛后腿先出现时，要及时助产，防止脐带受压致胎儿缺血而亡。当倒生是臀位时就用胎儿绞断器绞断犊牛臀部取出胎儿部件。

犊牛倒生时一条后腿出现在产道，其他腿都向前时，先将犊牛推回母体子宫内，矫正后拉出胎儿。

正生的犊牛两条前腿都向后弯曲只露出头时，通常将其头部推回产道，矫正位置，并将两条腿向前牵引。如果犊牛死了，立即从颈深部截断颈椎取出头，再进行矫正后拉出胎尸。

犊牛头颈侧弯时由于产道狭小，常常很难矫正胎位，多数情况下最好选择用胎儿绞断器绞断颈部，先将头取出。矫正胎位不正性难产，翻转犊牛比较困难，最好的方法是翻转母牛，有利于胎儿的拉出。

【子宫内截胎术】 截肢行动前，先静脉补充高糖、钙剂、抗应激药物，提高母牛耐受性十分重要。站立保定或侧卧保定，后海穴注射2%普鲁卡因25毫升进行局部麻醉或者倒数第二尾椎间隙，硬膜外腔麻醉。麻醉操作：右手握住牛尾巴，上下晃动，左手指头感知第二至第三尾椎之间有1个凹陷，用输液器针头插入其中，注射2%普鲁卡因15毫，15分钟后进行手术。

当发现胎儿已死，用胎儿绞断器直接绞断组织器官，不提倡长时间徒手矫正。如头颈侧弯，可直接从胎儿颈部根部绞断，取出头颈，再扶正两前肢。拉出时，可以适当左右翻转母牛，有利于拉出胎儿。坐生时，可以直接从两后肢之间绞断骨盆，拉出。没有胎儿绞断器时，可进行胎儿皮下截肢术，操作为，在胎儿前肢腕关节上部，切开皮肤至肩关节，徒手分离皮下组织，再进行牵拉，使胎儿从肩关节处脱臼，取出一前肢，同样方法取出另一前肢，最后牵拉头颈，将胎儿拉出。

【剖宫产术】 术前补液、补钙、补高糖、注射止血药和抗生素。站立或侧卧保定。检查胎儿靠近哪一侧腹壁就在那一侧切口开腹壁。一般左侧切口比右侧切口便于操作。采取腰旁传导麻醉，切口局部麻醉，也可以进行846全麻。手术时依次切开腹壁45厘米以上切口，用大块消毒湿纱布衬垫腹壁切口。拉动子宫体，在子宫体靠近腹壁的大弯处，切开子宫壁40厘米，手经过子宫壁切口伸入，抓住胎儿两前肢或后肢，迅速拉出胎儿。将子宫切口拉至腹壁切口外，周围用纱布包裹，对子宫壁进行钳夹止血或压迫止血。轻拉胎衣或剥离胎衣。用大块灭菌纱布清理子宫内积液。用4号羊肠线连续缝合子宫壁全层，再进行肌浆层包埋缝合后，纳还子宫至骨盆腔。用灭菌纱布清理腹腔内羊水，凝血块。常规关闭腹壁切口，消毒切口，结系绷带包扎切口。

【术后护理】

（1）原则　腹腔封闭预防手术创感染，促进子宫收缩，补充营养，提高机体修复能力。

（2）产后用药准则　补钙、补高糖、解除分娩酸中毒、镇痛、补充水盐、提高细胞耐毒性（肾上腺皮质激素）、使用抗生素治疗感染。

（3）处方推荐　①生理盐水1000毫升＋氨苄西林12克＋2%普鲁卡因1000毫升，右侧肷中部斜下穿透腹壁，一次腹腔内注射。②5%氯化钙250毫升（10%葡萄糖酸钙1000毫升）；25%葡萄糖1000毫升（50%葡萄糖500毫升）＋氢化可的松120毫升＋维生素B_1 50毫升，20%安钠咖20毫升；5%碳酸氢钠500毫升，复方氯化钠500毫升＋20%硫酸镁120毫升＋呋塞米40毫升；10%浓盐水500毫升；复方氯化钠500＋氯化钾8克；一次缓慢静脉注射。维生素B_{12} 20毫升，一次肌内注射。连续5天。

七、胎衣不下

奶牛分娩后12小时内胎衣不能自己排出体外，称胎衣不下。

【病　因】

（1）内分泌紊乱　内分泌紊乱主要是由分娩应激造成。分娩当日，正常奶牛孕酮水平迅速下降，而胎衣不下牛孕酮水平下降缓慢，是因为前列腺素分泌不足，或者胎盘还未成熟仍然保持分泌功能，胎盘合成孕激素继续进入母体循环所致。如果妊娠期间子宫发炎，比如患有布鲁氏菌病，黏膜病毒病等，使前列腺素产生减少，常会出现产后胎衣不下。

（2）营养性胎衣不下　奶牛在干奶期和围产前期硒、维生素

A、维生素 E 供给不足，造成胎盘营养不良，胎衣发育不全，导致胎衣不下。

（3）**产后低血钙性胎衣不下**　低血钙会造成子宫平滑肌收缩力降低，减弱了胎盘的分离排出，导致胎衣不下。

（4）**产后离子和能量负平衡性胎衣不下**　母牛分娩前干物质采食量降低，加上分娩中消耗大量葡萄糖，致使母牛产后低血糖、酸中毒、低血钾、低血钠、低血磷、低血氯等，均会降低子宫收缩力。

（5）**其他**　子宫内感染，胎盘粘连，致使胎盘不能及时分离，母牛过度肥胖，运动不足，蹄病等，均会影响子宫收缩，导致胎衣不下。热应激造成神经激素代谢紊乱，会造成胎衣不下急剧增多。妊娠黄体退化缓慢母牛分娩以后卵巢上黄体没有很快溶解，继续产生黄体酮抑制子宫收缩，造成胎衣不下。

【症　状】胎衣悬吊于阴门之外。

【治　疗】清洗外阴，剪短过长外露胎衣。产后 4 小时注射维生素 ADE 30 毫升，肌内注射氟尼辛葡甲胺 20 毫升，头孢噻呋钠 2 克，催产素 50 万单位，前列腺素 0.4 毫克。静脉注射钙剂、高糖、浓盐水、氯化钾等。产后第三天，10% 浓盐水 500 毫升＋土霉素 1.5 克，预热到 30℃，子宫投服。灌服参苓散和生化汤：党参 120 克，五灵脂 120 克，蒲黄 120 克，当归 50 克、川芎 50 克、桃仁 50 克、生姜 50 克、甘草 50 克、益母草 80 克。研磨，温水冲开，每天 1 次，连续 3 剂。

八、子宫脱出

子宫脱出是子宫角的一部分或全部翻转于阴道内（子宫内翻），或子宫翻转并垂脱于阴门之外（完全脱出）。常在分娩后 1 天之内子宫颈尚未缩小和胎衣还未排出时发病。

【病　因】母牛体质虚弱，运动不足，胎水过多，胎儿过大和多次妊娠，致使子宫肌收缩力减退和子宫过度伸张所引起的子宫弛缓是主要原因。分娩过度延滞时子宫黏膜紧裹胎儿随着胎儿被迅速拉出而造成的宫腔负压。难产和胎衣不下时强烈努责，产后长期站立于向后倾斜的床栏，以及便秘、腹泻、疝痛等引起的腹压增大是其诱因。

【症　状】　子宫内翻即子宫部分脱出于阴道内，母牛表现不安、努责、举尾等类似疝痛的症状。阴道检查，则见翻入阴道的子宫角尖端。子宫完全脱出时可见呈不规则长圆形物体垂突于阴门之外，有时可达跗关节，脱出的子宫黏膜表面常附着尚未脱落的胎膜，剥去胎膜或自行脱落后呈粉红色或红色，后因瘀血而变为紫红色或深灰色，水肿呈肉冻状，且多被粪土污染和摩擦而出血，进而结痂、干裂、糜烂等。脱出的子宫，表面布满圆形或半圆形的海绵状母体胎盘（子宫阜），且分为大小两堆（大者为孕角，小者为非孕角），二者之间有一光滑的子宫体。

【治　疗】　迅速对脱出的子宫复位配合药物治疗。整复时，病牛最好是站立保定，不能站立时也可侧卧保定。为使脱出子宫缩小，可用垂体后叶素行子宫壁内注射。遇有胎盘出血，可用缝线结扎或药物止血。如果子宫脱出时间已久，多会形成膀胱积尿，不利于子宫复位，需要先刺激排尿或导尿后再进行子宫送还。

还纳子宫的方法有两种：一是由子宫角尖端开始，术者一手用拳头顶住子宫角尖端的凹陷处，小心而缓慢地将子宫角推入阴道，另一手和助手从两侧辅助配合，并防止送入的部分再度脱出，同法处理另一子宫角，逐渐将脱出的子宫全部送回盆腔内；二是由子宫基部开始，从两侧压挤并推送靠近阴门的子宫部分，一部分一部分地推还，直至脱出的子宫全被送回盆腔内，待子宫被全部还纳后，将手臂尽量伸入其中，以便使子宫恢复正常位置并防止再度脱出。不论是何种方法，手术前均需要用布袋子将子宫抬高于阴门，将子宫阴道内的积液、小肠、膀胱纳还后才能纳还子宫。整复后，为防止感染，可注入抗生素类药物。为使复位后的子宫不再脱出，可灌入消毒药液，或将阴门进行 2～3 针的水平钮状缝合，或配以子宫收缩剂。术后进行腹腔封闭治疗。

九、产道损伤

产道分为软产道和硬产道。软产道包括阴门、阴道、子宫颈。硬产道包括骨盆。产道损伤是由于母牛肥胖，胎儿过大，难产助产等过程中引起的损伤。常见软产道损伤性疾病有阴道撕裂，会阴部撕裂，子宫颈口撕裂，直肠阴道瘘。常见硬产道损伤性疾病有坐骨神经损伤、骨盆损伤、髋关节脱位，骨盆骨折等。

【症状及诊断】 阴道会阴部撕裂、子宫颈口撕裂、直肠阴道撕裂都会形成创口、出血、疼痛和功能障碍，应立即进行阴道检查。予以确诊。

【治 疗】 坐骨神经损伤、骨盆损伤、髋关节脱位、股骨骨折，一旦确诊立即淘汰。

子宫出血：催产素 100 万单位，一次肌内注射，每 2 小时注射 1 次。立即注射止血药安络血（卡巴克洛）、止血敏，可同时注射钙剂、浓盐水、维生素 K_3。大剂量补充血容量，电解质和维生素。

阴道损伤、会阴部撕裂需要麻醉状态下清创、缝合。

阴道炎症轻微时，可用温防腐消毒液冲洗阴道，如 0.1% 高锰酸钾、0.5% 新洁尔灭或生理盐水等。

阴道黏膜剧烈水肿及渗出液多时，可用 1%～2% 明矾或鞣酸溶液冲洗。冲洗后，可注入防腐抑菌的乳剂或糊剂，连续数天，直到症状消失为止。如果患牛出现努责，可于阴门两侧肌内注射抗生素和抗炎止痛剂。

十、阴 道 炎

阴道炎是指阴道的完整性受到破坏时，阴道壁发生的炎症反应。

正常情况下，母牛阴门闭合，阴道壁黏膜紧贴在一起，将阴道腔封闭，阻止外界微生物侵入。雌激素发挥作用时，母牛阴道黏膜上皮细胞储存大量糖原，在阴道杆菌作用及酵解下，糖原分解为乳酸，使阴道保持弱酸性，能抑制阴道内细菌的繁殖。此外，在雌激素占主导地位时，机体内白细胞的吞噬能力增强。因此，阴道对微生物的侵入和感染具有一定的防卫能力。当阴门及阴道发生损伤时，上述防卫功能受到破坏或机体抵抗力降低，细菌侵入阴道组织，引起产后感染。

【病　因】　微生物通过上述各种途径侵入阴门及阴道组织，是发生本病的常见原因。特别是在初产奶牛，产道狭窄，胎儿通过时困难或强行拉出胎儿，使产道受过度挤压或裂伤；难产助产时间过长或受到手术助产的刺激。少数病例是由于用高浓度、强刺激性防腐剂冲洗阴道或是坏死性厌氧丝杆菌感染。

【诊　断】　由于损伤及发炎程度不同，表现的症状也不完全一样。黏膜表层受到损伤而引起的发炎，无全身症状，仅见阴门内流出黏液性或黏液脓性分泌物，尾根及外阴周围常黏附有这种分泌物的干痂。阴道检查，可见黏膜微肿、充血或出血，黏膜上常见分泌物黏附。

黏膜深层受到损伤时，病牛拱背、尾根举起、努责，并常做排尿动作，但每次排出的尿量不多，有时在努责之后从阴门流出污红、腥臭的稀薄液体。阴道检查送入开膣器时，病牛疼痛不安，甚至引起出血。阴道黏膜，特别是阴瓣前后的黏膜充血、肿胀、上皮缺损，黏膜坏死部分脱落露出黏膜下层。有时见到创伤、糜烂和溃疡。在全身症状方面，病牛有时体温升高，食欲及泌乳量稍降低。

【治　疗】　炎症轻微时，可用温防腐消毒液冲洗阴道，如 0.1% 高锰酸钾、0.5% 新洁尔灭或生理盐水等。阴道黏膜剧烈水肿及渗出液多时，可用 1%～2% 明矾或鞣酸溶液冲洗。对阴道深层组织的损伤，冲洗时必须防止感染扩散。冲洗后，可注入防腐抑菌的乳剂或糊剂，连续数天，直至症状消失为止。如果患牛出现努责，可用长效麻醉剂进行后海穴麻醉。在局部治疗的同时，于阴门两侧注射青霉素普鲁卡因，效果很好。

十一、产后败血症

产后败血症是病原微生物（细菌和病毒）以产后损伤的产道进入子宫进而大量繁殖所引起的一种急性全身感染病理过程。

在机体抵抗力显著降低的情况下，微生物侵入机体后，突破机体的防御机构，进入血液循环，并在血液中大量地持久地存在和散布到各器官组织内，使机体处于严重中毒状态，可称为败血症。

败血症与菌血症、毒血症和脓毒败血症是不同的，如机体感染的病原微生物突破机体防御机构、侵入血循时，称为菌血症，它可能是败血症发展的开始阶段，也有时是某些传染性疾病病原微生物出现在血液中的一种暂时现象，因而菌血症并不等于败血症。

如果病原微生物侵入机体后在局部进行繁殖，其所产生的毒素，被大量吸收入血而引起全身中毒，称为毒血症。

如果病原菌是化脓菌，则可形成细菌性栓子而进入各器官，并在这些器官中形成新的转移性化脓灶，此称为脓毒败血症。

感染创型败血症，其特点是在机体发生局灶性创伤的基础上，有细菌感染引起炎症，进而发展为败血症。

产后败血症是指母牛产后由阴道、子宫局部感染引起的全身性病理过程，在治疗时，首先要对产道进行治疗，然后是对全身进行对症治疗。

引起产后败血症的病原菌常有大肠杆菌、葡萄球菌、链球菌、肺炎球菌、绿脓杆菌、腐败梭菌等，这些病原主要来源于产房和助产器械和人员的手臂。

奶牛产后败血症多是由于阴道、子宫内被细菌感染，大量炎性产物积聚子宫内，产生毒素被奶牛吸收引起全身组织的病理性过程，严重者会导致母牛死亡。

【诊　断】 病牛多有被助产或发生了难产和胎衣不下时。产后体温升高到40℃，呼吸加快，精神沉郁，食欲降低，瘤胃空虚，阴道检查可闻到恶臭的气体，直检可摸到子宫积液等。

【治　疗】 治疗的原则是局部治疗配合全身治疗。

（1）**子宫内局部治疗**　首先必须及时清理子宫内病理产物，向子宫内投入抗生素。术者带上长臂塑料手套，彻底清洗外阴，手伸入子宫内，将子宫内腐败气体、液体排出，顺便将生理盐水500毫升+四环素2克，一次投入子宫内。注射催产素100万单位。

（2）**全身对症治疗**　全身给药，进行消炎、镇痛，解毒、强心、利尿。

十二、子宫复旧不全

奶牛产后子宫复旧不全又称子宫复旧迟缓，是指分娩后子宫恢复至未孕时的状态的时间延长称子宫复旧不全或子宫迟缓，或者产后30天子宫没有恢复到空怀待配状态。

【病　因】 凡能引起阵缩微弱的各种原因均能导致子宫复旧不全。奶牛产后相当长一段时间内，子宫仍保持一定的收缩能力，以使子宫恢复到未孕状态，如果这种收缩能力被破坏，就会发生复旧不全。

产后子宫收缩能力的保持和前列腺分泌有关。产后前列腺素释放量和增加的时间越长，子宫复旧过程完成的越快。给产后母

牛应用外源性 PGF_{2a} 可使子宫复旧时间比平时缩短 10 天。但是，大多数胎衣不下的奶牛，前列腺素分泌时间延长，子宫复旧的时间也延长，这是由于细菌的感染，细菌的内毒素能刺激前列腺素的释放。现已经证明，革兰氏阴性细菌的内毒素具有强烈促使 PGF2a 分泌的作用，这种作用也是有机体对子宫内感染的自卫应答反应，因为患牛子宫的修复需要前列腺素。产后最初几天，子宫内的分泌物对细菌的生长非常有利，在正常情况下，由于子宫内膜的防卫机制可使侵入的细菌在几天内或几周内被消除，雌激素参与这种防卫机制。雌激素可引起白细胞反应，对细菌有消除作用。因此，产后卵巢功能恢复早的母牛，发生子宫细菌感染的情况要比恢复慢的出现少。产后子宫复旧速度同侵入的细菌量有直接关系。

子宫复旧不全又影响产后卵巢功能的恢复。产后子宫复旧不全的牛和患子宫内膜炎的母牛，产后 25～30 天仍不出现标志卵巢活动的雌二醇峰值，雌二醇和总雌激素的比例为 1：6～5（正常牛为 1：2.4～2.7）。在产后 40～50 天时，孕酮含量低 18%～81%。

【症　状】　正常头胎牛产后子宫复旧需要 21 天，成年母年产后子宫复旧需要 14 天完成，当发生产后子宫复旧不全时，产后恶露排出时间延长，产后第一次发情时间延长，发情时配种不易受胎。阴道检查可见子宫颈口开张。直肠检查，可发现子宫体积较大，子宫壁厚而松软，子宫角常下垂到腹腔下部。

【治　疗】　主要目的在于增强产后子宫的收缩机能，促进子宫内的恶露排出。可注射雌激素，催产素、前列腺素和青霉素头孢等抗生素，也可同时静脉注射钙剂、高糖，或者灌服中药。对于子宫未恢复牛严重时直接肌内注射 5 毫升律胎素（前列腺素）促进发情和子宫的收缩。不严重的等到自然发情后，当天子宫内灌注 25 毫升清宫促孕液，然后每隔 3 天子宫内灌注宫净油 50 毫升。

十三、子宫内膜炎

奶牛子宫内膜炎是指子宫内膜、内膜下腺性组织和子宫肌肉层的炎症。其常发生在产后 10 天内，临床表现为从阴道排出恶臭分泌物，体温高（39.5℃以上）、食欲下降，产奶量减少，直肠触摸感觉子宫体积增大，子宫壁增厚，同时子宫复旧过程减缓。

奶牛产后子宫内膜炎的发病率一般在10%～30%。产后子宫内膜炎对奶牛场经济效益造成的负面影响主要表现在以下 3 个方面：①产后 60 天内母牛淘汰率高于正常牛的 4.2%，其中 50% 的患病奶牛在产后 10 天内被淘汰。②产后 120 天内，每头每天较正常牛少产 2.2 千克奶，那些被淘汰的奶牛则在产后 30 天内较正常奶牛少产奶 6.9 千克 / 天。③正常牛 21 日妊娠率为 17.5%，产后子宫内膜炎牛只有 13%，空怀天数较正常牛增加 16 天。

根据临床表现，奶牛子宫内膜炎分为临床型子宫内膜炎和亚临床型子宫内膜炎。机体激素水平失调、致病菌感染、营养不良等常诱发该病。目前，除采用直肠检查等常规方法诊断该病外，还使用细胞学检查、PCR 技术、子宫灌洗样品光密度检查等新型诊断方法。常用治疗方案包括子宫冲洗、全身治疗、子宫灌注药物、激素治疗、补充微量元素及中草药等。

【分　类】奶牛子宫内膜炎分为临床型子宫内膜炎和亚临床型子宫内膜炎。

临床型子宫内膜炎是指奶牛在产后 21 天出现可视阴道分泌物，或之后出现黏脓性或化脓性阴道分泌物，则认为是临床型子宫内膜炎。

亚临床型子宫内膜炎是指在产后 21～33 天的奶牛子宫内膜细胞学样本中中性白细胞（PMN）> 18%，或产后 34～47 天的奶牛子宫内膜细胞学样本中 PMN > 10%，则被认为是亚临床型子宫内膜炎。

【病　因】 奶牛子宫内膜炎的发生与疫病、难产、双胎、流产、胎衣不下、产后子宫感染、激素水平失调、人为因素、营养不均衡等因素相关。

（1）**机体激素** 子宫内是否感染以及感染的程度，与机体的激素水平有关。在奶牛的间情期、围产期等特定生理阶段，体内的促卵泡素、促黄体素、孕酮、雌二醇和前列腺素等分泌失调，会导致机体免疫功能下降，继而易感染病原微生物，诱发奶牛子宫内膜炎。另外，机体内不同激素的作用也存在差异。孕酮会促进感染的发生，而雌二醇能够抑制子宫内感染。雌二醇抑制子宫内感染可能是因为提高了子宫的紧张度、增强了中性粒细胞的功能。前列腺素、促肾上腺皮质激素、皮质醇、胰岛素样生长因子 –1 及生长激素等也影响母牛生产期间的免疫功能。故奶牛子宫内膜炎的发生与奶牛分娩应激有着直接关系。

（2）**人为因素** 牛场兽医对奶牛进行人工授精、阴道检查、分娩及助产时消毒不严或造成产道损伤，对胎衣不下的剥离和子宫脱出的处理不当，导致微生物感染，易引起子宫内膜炎的发生。

（3）**相关病原感染** 细菌感染是奶牛子宫内膜炎的主要致病因素之一，主要的致病菌有化脓隐秘杆菌、大肠埃希氏菌、坏死杆菌、拟杆菌属、消化链球菌属、葡萄球菌属、化脓棒状杆菌、少酸链球菌等。已有报道产后 32～38 天奶牛感染化脓隐秘杆菌后子宫内膜炎的发病概率会增加 19.80%；产后 1～3 天的奶牛感染大肠埃希氏菌后子宫内膜炎的发病概率增加 2.66%，且妊娠率会降低 28%。奶牛子宫内膜炎的发生还与病毒、真菌、支原体、寄生虫等相关，如牛传染性鼻气管炎病毒、念珠菌、生殖道支原体和毛滴虫等。产后 7 周的奶牛感染支原体后子宫内膜炎的发病率是 50%，比未感染支原体的奶牛的发病率高 25.6%。一般情况下，奶牛子宫内膜炎是由多种病原混合感染引起的，又因各地区环境的不同而感染程度各异。故应做好奶牛围产前期、分娩期、新产牛群的环境卫生消毒工作，配置卧床。

（4）**营养因素** 微量元素和维生素在奶牛的免疫、生殖、生长等方面具有非常重要的作用。奶牛日粮的营养不全，微量元素和矿物质的缺乏，或矿物质比例不当，都会造成奶牛的免疫力降低，诱发奶牛子宫内膜炎。奶牛子宫内膜炎的发生常与铜、铁、硒、钴等微量元素的缺乏和碳水化合物、钙、磷等物质的摄入不足，维生素 A、维生素 E 不足密切相关。故在干奶前期、围产前期贯彻现代各阶段最新的养牛理念，饲喂合理、使用高效的预混料是十分重要。

【诊 断】 根据病史、症状，子宫内膜炎鉴定可做初步诊断，确诊需要直肠检查和实验室诊断。

（1）**病史诊断** 头胎牛、难产牛、胎衣不下牛、双胎牛、胎儿死产牛、早产牛、子宫脱出牛、阴道脱出牛、内外产道损伤牛、低钙血症牛、酮血症牛、被粗暴接产或助产牛，以及在肮脏不舒适环境分娩的牛极有可能发生产后子宫炎。

（2）**症状诊断** 产后表现食欲差、精神委顿并且体温高于39.4℃；阴道排出恶臭红褐色子宫分泌物；产奶量显著降低，较正常同期分娩奶牛少于 40% 以上，或产后 10 天内每天产奶量持续在 15 千克以下，如有高热症状并排除急性乳房炎；直肠检查发现子宫复旧进展缓慢，内蓄多量液体和子宫肌松软无力，提拉并压迫子宫可排除恶臭红褐色较稀子宫积液。子宫内膜炎鉴定见表 8-1。

表 8-1　子宫内膜炎鉴定

产后天数（天）	恶露类型	颜　色	排出量（毫升/天）
0～3	黏稠带血	清亮透明和红	≥1 000
3～10	稀、黏稠颗粒或稠带凝块	褐红色	500
10～12	稀、黏、血	洁明、红或暗红	100

续表 8-1

产后天数（天）	恶露类型	颜　色	排出量（毫升/天）
12～15	黏稠、呈线状	洁明、橙色	50
15～20	稠	清洁透明	≤10

（3）**直肠检查**　直肠检查可感知奶牛子宫大小、形态、复原情况及生殖道、膀胱等，以评估奶牛子宫及生殖道的健康状况。直肠触诊检查的优点是方便、快捷，但该方法主要依靠牛场兽医的经验，故存在主观性较强的缺陷，有时不能做精确评估。另外，奶牛子宫及生殖道的情况也因牛而异，通过直肠检查评估奶牛子宫感染的情况并不理想，但可作为诊断子宫内膜炎的辅助手段。

【治　疗】　奶牛子宫内膜炎的治疗原则是抑制细菌和增强子宫内膜抵抗力。方法主要有子宫内灌注药物法、系统给药，应用激素疗法、中药疗法和补充微量元素等。新的研究证明，要严格执行产后监护，坚决杜绝子宫冲洗和灌注，注重选用青霉素族、头孢菌素类和催产素系统给药或静脉给药，合理配伍辅助药物。

（1）**子宫内灌注给药**　2% 聚维酮碘泡沫剂 100 毫升子宫灌注，隔天 1 次。现在兽医对产后牛不主张使用抗生素灌注子宫，理由如下：我们并不十分清楚被灌注入子宫内的抗菌素在子宫各层组织的分布状况，亦不了解其最小有效治疗量是否也能到达输卵管、卵巢和子宫深层组织；就食品安全而言，目前尚未确定子宫内灌注抗生素后的弃奶时间及屠宰前的停药期；氨基甙类抗生素（包括链霉素、庆大霉素、卡那霉素、西索米星以及人工半合成的妥布霉素等）需要有氧环境方能奏效，但常识告诉我们子宫内是无氧环境；坏死组织和脓性分泌物将降低磺胺类药物和氨基甙类抗生素的有效作用；在产后 30 日内灌注青霉素族和头孢菌素类药物几无任何疗效，因为此时子宫内存在着大量微生物，其

可产生 β- 内酰胺酶来抑制上述两类药物的活性；链霉素和四环素类药物对子宫内膜均有非常强烈的刺激作用；离体子宫肌试验证明，硫酸庆大霉素抑制子宫肌的自主收缩，或抑制由催产素和前列腺素引起的子宫肌收缩。许多研究业已证实，子宫内灌注抗生素会抑制白细胞的吞噬功能；许多研究同样证实，子宫内灌注抗生素会造成新的感染，或延滞子宫复旧。

（2）**系统给药** 系统给药治疗产后子宫炎可使抗生素均匀分布在子宫的各层组织，并对子宫内环境几乎无损害，就食品安全而言，系统给予抗生素，其弃奶期和屠宰前停药期业已清楚确定。一般而言，首选药物是青霉素族，因其能均匀分布子宫各层组织，引起产后子宫炎的绝大部分致病菌对其较敏感，同时其价格低廉。按 2.1 万单位 / 千克，每日 1 次，连续 3～5 日。停药后需弃奶 96 小时，最末一次给药 10 天后方可屠宰食肉。也可选用头孢菌素类，按 1 毫克 / 千克，每日 1 次肌内注射或皮下注射，连续 3～5 日，其在子宫各层组织内的浓度将超过抑制化脓杆菌、坏死梭状杆菌和大肠杆菌所需的最低浓度，同时对乳、肉均无停药期要求，只是价格较高；相关研究已经证实，系统给予四环素族类药物（包括金霉素）治疗产后子宫炎效果较差，这是因为其在子宫各层组织不易达到有效抑菌或杀菌浓度，同时引起产后子宫炎的各种致病菌又极易对其产生抗药性。综上所述，目前应坚定不移地采用系统给药治疗产后子宫炎，抗生素的选择毫无疑问应以青霉素族或头孢菌素类为优。

（3）**应用生殖激素** 对产后子宫炎应用生殖激素的主要目的有二：一是增强子宫肌收缩，从而排出子宫感染所产生的病理产物；二是使子宫处于雌激素影响状态下。众所周知，在孕酮影响下，子宫中性白细胞的吞噬能力和节律性收缩均会下降。因此，治疗产后子宫炎常用的生殖激素有如下几种。

①前列腺素 长期以来，对产后子宫炎使用前列腺素旨在增强子宫肌收缩。不过，新近的研究表明，不论以何种途径对产后

牛给予前列腺素，目前尚无足够科学证据证实其对产后牛子宫有任何收缩作用。这是因为，在产后牛卵巢上无黄体情况下，其溶解周期黄体而增强子宫收缩的作用大打折扣。另一假设推断是：给予前列腺素之所以能产生些许积极结果，可能涉及其参与改善子宫炎症进程，但这需要进一步研究证实。

②雌激素　同样，长期以来，对产后牛使用雌激素旨在加速子宫肌生成催产素受体，从而使催产素促进子宫收缩的作用更强。不过，新近的研究揭示，产后 18 小时给予雌激素将减少子宫收缩频率和持续时间至少达 5 日之久。此外，雌激素目前已被禁止继续在泌奶牛上使用。鉴于上述两点，今后选择促进子宫收缩的药物不宜再考虑雌激素。

③催产素　催产素非常便宜，临床上一直广泛应用。总结长期以来的实践，对产后子宫炎每次挤奶前经腹下乳静脉给予 20～30 单位的催产素，可引起类似第二产程的子宫收缩长达 1.5～2 小时，这无疑有助于产后子宫炎病理产物的排出和加速其复旧过程。要特别注意的是，为避免子宫出现节律性痉挛，不可过量使用催产素（每次注射剂量最高不宜超过 40 万单位）。

（4）其他辅助疗法　①非固醇类抗炎药物使用。非固醇类抗炎药物的目的是降低产后子宫炎的炎症反应，避免向慢性子宫内膜炎转归，更重要的是避免子宫内膜形成疤痕组织。②钙制剂。钙制剂对维持正常的肌肉收缩尤其子宫平滑肌收缩非常重要，产后牛通常会发生低血钙 1～2 天，患子宫炎的病牛发生低血钙的情况更严重，这自然将延迟子宫复旧。所以，对产后子宫炎患牛应每日 1 次补钙 60～100 克，连续 2～4 日。③葡萄糖前体。患产后子宫炎病牛采食量往往有所减低，这有时会造成酮血症。因此，每日应口服 300～500 毫升丙二醇，连续 2～4 日，或每日给予丙酸钙 450 克，连续 2～4 日，这样可以一举两得，同时补充钙和葡萄糖前体。另外，产后灌服益母生化汤对子宫内膜炎的预防和治疗均起到较好的作用。

【预　防】产后子宫内膜炎的整体预防方案如下：

①犊牛哺乳期间使用酸化乳，巴氏乳或代乳粉。以防止从牛奶中被感染。

②育成牛体重达 380 千克以上后进行配种，旨在避免头胎难产和提高第一泌乳期产奶量。

③使用难产指数低于 8% 的验证公牛冻精，旨在避免难产。

④妊娠母牛的日粮中应添加霉菌毒素吸附剂，旨在避免流产和保护免疫功能正常。

⑤妊娠母牛体况控制在 3.5～3.75，并一直维持到分娩，旨在避免难产并保证生殖系统局部免疫功能正常。

⑥头胎牛妊娠 200 天后，酌情饲喂精饲料，供给足量中等质量的预混料和粗饲料，旨在限制胎儿生长过快，避免头胎难产。

⑦临产前 3 周，每日应提供硒 5 毫克、维生素 E 1 000～2 000 国际单位和维生素 A 50 000 国际单位，旨在增强生殖系统局部免疫功能和降低胎衣不下发病率。

⑧临产前 3 周，使用阴离子盐将日粮阴阳离子差（DCAD）调整到 -50～-100 毫克当量/千克，一直饲喂至分娩，旨在预防胎衣不下、乳房水肿、低钙血症以及皱胃移位等。

⑨使用宽敞、干燥、干净、通风良好和铺垫厚褥草的拼装式产栏。

⑩适时、适度、适力助产，小心谨慎、正确地使用助产器，旨在避免产道过度损伤。

⑪对无法实施助产的病例，切忌反复尝试，应及时进行剖宫产，旨在保证母牛和犊牛全活，并避免产道过度损伤。

⑫无论助产或接产，必须对手臂、外阴和器械严密消毒，旨在减少子宫感染的严重程度。

⑬对内外产道损伤和胎衣不下病牛，应及早使用新一代非固醇类镇痛、抗炎和解热药物，同时给予抗生素和支持疗法，旨在预防产后子宫炎并制止已发产后子宫炎向慢性子宫内膜炎

转归。

⑭对低钙血症牛或酮血症牛应及时补钙或糖，旨在治疗原发病并间接促进子宫复旧。

⑮对产后努责严重牛，及时反复做荐尾间隙或尾椎麻醉，旨在防止子宫脱出。

⑯从严执行产后监护，目的不仅是维护产后牛健康和产奶正常，更重要的是促进产后牛生殖系统及早恢复再繁育功能。每次分娩后，应及时更换褥草，并消毒产栏，旨在减少子宫感染的严重程度。

十四、卵巢静止

奶牛卵巢静止是指在空怀状态下，卵巢上既无卵泡也无黄体，长期不发情的状态。

奶牛卵巢静止的防治主要采用激素治疗和改善管理两种方法。

1. 营养疗法 给母牛注射维生素 ADE 30 毫升，分 3 点深部肌内注射。

日粮中补充微量元素和维生素，如日粮中添加 β- 胡萝卜素，有机硒，过瘤胃脂肪粉，瘤胃宝等。

改变日粮，加强管理，及时防治酮血症，瘤胃酸中毒，脂肪肝等营养性代谢疾病。

更换高质量的预混料。

2. 激素治疗法

（1）常用药物

① GnRH 类似物 GnRH 或其类似物能够促进垂体释放促性腺激素，从而可诱导卵泡发育和排卵。

②孕酮和绒毛膜促性腺激素 应用绒毛膜促性腺激素和孕酮处理泌乳奶牛，目的是为了刺激卵泡的生长发育和发情表现明显，但其两者的结果不一。对澳牛牛群进行相似试验，即同时使

用 CIDR 设备和诺甲醋孕酮与马的绒毛膜促性腺激素共同作为埋植剂，结果指出试验组没有降低受孕的平均比率。而泌乳奶牛同时应用诺甲醋孕酮和人绒毛膜促性腺激素埋植，结果显示治疗组有 53% 的奶牛缩短了正常的发情周期，而未治疗组没有奶牛缩短发情天数。因此，马的绒毛膜促性腺激素和孕酮同时应用可以诱导停止排卵的不发情奶牛发情。此种药物用来治疗发情延迟和发情表现不明显。

③孕酮和雌二醇　许多研究指出：雌二醇和孕酮协同治疗可以促进卵泡生长和引起发情表现。

④雌激素　雌激素对 FSH 和 LH 脉冲具有很强的反馈作用，外源性 17β- 雌二醇可应用于产后奶牛的诱导排卵。

⑤前列烯醇（PGF_{2a}）　由于妊娠黄体或持久黄体造成的母牛产后不发情，采用前列腺素及类似物治疗的效果比较明显。

【病　因】　营养不良、体况虚弱，致使卵巢缺乏活力，引起不发情。

【症　状】

卵巢静止：直肠检查卵巢无卵泡和黄体，卵巢大小和质地正常，有时不规则，多伴有黄体痕迹。相隔 7～10 天，再做直肠检查，仍无变化。

卵巢萎缩：直肠检查卵巢缩小，仅似大豆及豌豆大小，卵巢上无卵泡和黄体，质地较硬，子宫收缩微弱，弛缓，子宫缩小。

成母牛：子宫小而柔软，无异常，两侧卵巢小，卵巢缺乏活力，直检发现没有成熟卵泡，无排卵现象，没有黄体，第一胎高产青年母牛多见。

育成牛：13～15 月龄，无发情表现，直检既无滤泡又无黄体。

【治疗方案】　①促卵泡素（FSH）200 单位＋促黄体素（LH）100 单位肌内注射 1 次。②孕马血清（PMSG）1000 单位肌内注射 1 次，发情后肌内注射人绒毛膜促性腺激素（HCG）2000 单位。③用促排卵 3 号（LRH-A3），200～400 微克，每天 1 次连续注3～4次；④绒毛膜促性腺激素（HCG）2 500～5 000单位肌注或雌二醇4～10毫克、PMSG 20～40毫升。

【疗效分析】

①加强饲养管理，使母牛体况恢复膘情。

②治疗方案件中，若单独注射孕马血清（PMSG）1 000单位，易使卵泡过度发育而排卵，力度不足，引起卵泡囊肿，务必发情后肌内注射人绒毛膜促性腺激素（HCG）2 000单位。

③治疗方案①②一次治愈率都在80%以上，治愈后，配种时肌内注射促排卵素3号（LHRH-A3）25微克，可明显提高情期受胎率。

④对于卵巢禁止和卵泡萎缩经治疗方案处理后，10天之内发情，不宜配种，应等下一情期再配。激素处理后，未见发情牛只，应在激素处理后10天左右再检查，若有黄体，表示有效。反之，则无效，应继续治疗。

⑤卵巢发育不全，应加强饲养管理，肌内注射雌二醇，以促进卵巢的发育，再注射HCG 5 000单位，对伴有先天性子宫发育不全的建议淘汰。

十五、持久黄体

妊娠黄体或发情周期黄体超过正常作用时限不消融，而仍然保持其功能时称为持久黄体。

持久黄体：是指在确诊未妊娠的情况下，如果母牛经过一定间隔（10～14天）检查，在卵巢的同一部位摸到同样显著突出的黄体，致使母牛长期不发情。持久黄体和黄体囊肿均不发情，需要通过直检加以鉴别。

持久黄体特征：在不同时间反复检查几次，该黄体位置大小及形状不变，质地较硬，直肠检查子宫无妊娠表现。

黄体囊肿特征：直肠检查一侧卵巢体积增大，多为一个囊肿，直径较大（2.5 厘米以上），但壁较厚，弹性弱。

【病　因】 营养不良引起卵巢营养不良，功能减退，导致黄体停留，不能消失而形成持久黄体；

母牛胎衣滞留，子宫积脓积液，或木乃尹胎、死胎等子宫生殖生理异常，影响黄体的消退和吸收而成为持久黄体；

脑垂体分泌 FSH 过少，LH 过多又持续分泌，就易出现持久黄体。经产母牛多于初产牛，高产奶牛多发。

缺乏矿物质，微量元素，维生素，泌乳量过高；子宫内含有异物或病理产物的疾病等

【症状及诊断】 发情周期停止循环，母牛不发情。直检：一侧或两侧卵巢增大，在表面上有突出的或大或小的黄体，质地比卵巢实质稍硬，间隔一定时间后再检查仍不消失而存在于同一部位，即可确诊。

预后　无并发症者预后良好，其他疾病引起时预后慎重。

【治疗方案】

①注射 PGF_{2a} 0.4～0.6 毫克后，迅速溶解黄体，血液内孕酮水平急剧下降，48～96 小时内可引起发情，有卵泡发育成熟并排卵，可配种。

②氯前列烯醇 0.5～1 毫克注射 1 次后，1 周内见效，如效果不明显时，可间隔 7～10 天再注射 1 次。

③发情配种时肌内注射促排卵素 3 号（LHRH–A3）25 微克，情期受胎率提高明显。

④持久黄体用氯前列烯醇肌注 0.4～0.6 毫克用药后，2～3 天开始出现发情。不伴有子宫疾患时即可配种，若伴子宫炎时，应予治疗。

⑤黄体囊肿用氯前列烯醇一次肌内注射，一般经治疗后，预后良好，3～4 天发情。部分牛只治疗无效，可用 HCG 15 000 单位＋地塞米松 15 毫克肌内注射。

十六、卵巢囊肿

卵巢囊肿是指在卵巢组织内未破裂的卵泡或黄体因其本身成分发生变性和萎缩，形成球形空腔即囊肿。前者为卵泡囊肿，后者为黄体囊肿。卵巢囊肿时会出现常发情或发情不规律，根据临床症状分为卵泡囊肿和黄体囊肿两种病理状态。卵泡囊肿的特征是无规律地频繁地持续性地发情甚至出现慕雄狂。黄体囊肿的特征则长期不表现发情。

1. 卵泡囊肿 卵泡囊肿是由于卵泡上皮变性、卵泡壁结缔组织增生变厚，卵细胞死亡、卵泡液未被吸收或者增多而形成的囊肿。

【病　因】　母牛矿物质、微量元素缺乏，饲料能量蛋白比失调，LH 分泌不足或 FSH 分泌过多，使排卵机制和黄体的正常发育受到扰乱引起卵泡囊肿。

①精饲料为主的日粮中缺乏维生素 A、矿物质、微量元素不平衡易发生，高产奶牛多发于泌乳盛期。

②长时期发情而不配种卵泡变为囊肿不排卵。如观察不到位，没有及时发现发情牛而漏配。

③垂体或其他腺体失调，使用激素制剂不当，如注射大剂量的孕马血清和雌激素（Es）制剂，导致卵泡滞留，而发生囊肿。

④子宫内膜炎，胎衣不下及其他卵巢疾病（卵巢、输卵管）可引起卵巢炎，使排卵受到扰乱，进而可发生囊肿。

⑤应激因素，卵泡发育中，气温突然发生变化。

⑥遗传因素，奶牛卵泡囊肿可能与遗传有关。

【症状与诊断】　卵泡囊肿的牛表现发情周期变短，不规律，发情期延长，持续表现强烈的性行为，严重时血液中雌激素一直维持在较高水平，出现慕雄狂症状，因此卵泡囊肿俗称慕雄狂。

慕雄狂的临床特征：病牛极度不安，常大声哞叫、咆哮，拒食，频尿，追逐爬跨其他母牛，泌乳量降低，时间长了其被毛失去光泽，身体消瘦，性情变得凶恶，甚至攻击人、畜，颈部肌肉发达增厚，臀部肌肉塌陷，尾根高举，阴唇肿胀，阴门常常排出黏液。

直肠检查：卵巢肿大，呈圆形，卵巢上有数个小的或1个大的卵泡，其壁较厚，表面平滑并有紧张的液体波动感，并触之敏感，2～3天后再检查仍然存在时即可确诊。此病随年龄的增加而增加，青年母牛发病率较低，直检卵巢上有多个大卵泡，卵泡壁厚直径大于2.5厘米，或者同一个卵巢上长有多个卵泡。

2. 黄体囊肿　个别奶牛发情后，未能正常排卵，由未排卵的卵泡壁上皮细胞或卵泡液囤积并黄体化形成的囊肿。这种黄体化的卵泡在卵巢上形成后，直接影响奶牛体内正常的激素分泌，使奶牛长期处于假孕状态。

黄体囊肿是奶牛不孕症之一，主要标志是奶牛长期不发情（黄体囊肿血中孕酮水平极度升高，主要表现是母牛不见发情）。

直肠检查可发现卵巢上黄体囊泡多为1个，大小（2～3厘米）与卵泡囊肿差别不大。黄体囊肿存在的时间比卵泡囊肿长，如超过1个发情周期以上，多次检查的结果与前次相同，奶牛仍无发情表现，即可确诊为黄体囊肿。

母牛患黄体囊肿如果长期不进行治疗，则可变成雄性化，可发育成雄性个体，试图爬跨其他母牛，但同"慕雄狂"不同，不接受其他牛爬跨。

【治疗方法】

（1）卵泡囊肿治疗

① GnRH 肌内注射 0.25～1 毫克，对卵泡囊肿更有效。

② GnRH 类似物，促排卵素 3 号（LHRH–A3）25 微克/头，早、晚各1次，连用3天。或者肌内注射 GnRH 200 微克/头·次，隔天肌内注射1次，连续2～3次。

③人绒毛膜促性腺激素（HCG），10 000～20 000 单位，肌内注射1次；如挤破囊肿并注射绒毛膜促性腺激素疗效更好。

④促黄体激素（LH），肌内注射 100～200 单位，15～30 日恢复发情周期，如无效可稍加大剂量。

⑤孕酮，外源性孕酮治疗卵泡囊肿也有较好的效果。黄体酮肌内注射 50～100 毫克，每隔 1～2 日 1 次，连用 2～7 天，可促使卵泡囊肿消失。

方法①可单独使用，也可和方法②③同时使用，在使用方法②同时应用方法③。

（2）黄体囊肿治疗

PGF2α 对黄体囊肿有较好治疗作用，但协同 GnRH 可提高效果。黄体囊肿治疗方案：肌内注射 PG 0.6～0.8 毫克/头·次，5 天内观察发情，6～7 天跟踪直肠检查，间隔 14 天重复肌内注射 PG 0.6～0.8 毫克 1 次；无效时可当天肌内注射 LH 400 单位，第二天肌内注射 LH 200 单位。

【疗效分析】

①加强管理，重在预防。有卵泡囊肿经历的母牛，在发情初应及时注射人绒毛膜促性腺激素（HCG）1 000～2 000 单位，特别是治愈后的下一情期。

②注射 HCG，一次治愈率在 95% 以上，若一次无效，可重复给药 1 次。

③治愈的母牛配种宜在下一情期进行，配种时肌内注射促排卵素 3 号（LHRH-A3）25 微克。

④为充分发挥奶牛繁殖力，可在治愈后的 7～10 天时检查卵巢黄体。若有黄体，可肌内注射 PGF_{2a} 0.4～0.6 毫克，4 天内即可发情配种。

十七、排卵延迟或不排卵

奶牛排卵延迟或不排卵，严格说也属于卵巢功能不全。排卵延迟是指母牛出现了发情症状，但排卵时间向后拖延。不排卵是指发情时有发情外部表现，但不出现排卵。实践证明，凡是卵巢有问题都会表现出排卵障碍。

【病　因】　垂体分泌的 LH 不足，激素作用不平衡是造成排卵延迟和排卵障碍的主要原因。热应激或寒冷、营养不良、产奶量过高均可造成排卵延迟或不排卵。

【症状与诊断】　排卵延迟的母牛表现发情时间延长，可持续3～5天。不排卵母牛有发情表现，但直肠检查发现，卵泡不能成熟、排卵。

【防　治】　奶牛排卵延迟、不排卵、排卵障碍及卵巢疾病，目前均采取同期发情技术和同期排卵定时输精技术进行防治。

同期发情定时输精技术是指利用某些外源激素，有意识地调整改变其自然发情周期，使每个母牛的分散发情调整到一定时间内，使全群母牛集中统一发情、排卵并配种，也称为发情同期化或同步发情。

1. 同期排卵技术即 GnRH+PG+GnRH（Ovsynch）法　也称为定期排卵技术。将空怀牛（第 0 天）先用 100 微克 GnRH 处理，第 7 天肌内注射 PGF2a 0.4～0.6 毫克，48 小时（第 9 天）肌内注射 100 微克 GnRH，不需要观察母牛发情，在第二次肌内注射 GnRH 后 16～18 小时即可配种（图 8-5）。

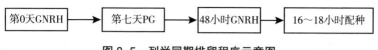

图 8-5　列举同期排卵程序示意图

2. 预同期定时输精程序方案

预同期程序：PGF-14 天 PGF-12 天 GnRH-7 天 PGF-2 天 GnRH-0.75 天配种（AI），有效率 80%～90%，调节卵泡发育，使同期计划更准确排卵，有效提高受胎率。

预同期处理一般是产后 30 天注射第一针 PG，可以清理子宫异物，诱导第一次发情。

注射完第一针 PG 后，发情不配种，隔 14 天后再注射第二针 PG，2～3 天后牛开始发情，此时配种。一般会有一半的牛在这个阶段发情，大概 50 天左右，大部分牛可以第一次配种。

另外一半没有发情的牛，在 11～12 天开始做同期，先注射GnRH，7 天后再注射 PG，隔 2 天后注射 GnRH，一般是隔 48 小时在下午注射 GnRH，第二天早晨就可以配种，效果非常好（图8-6）。

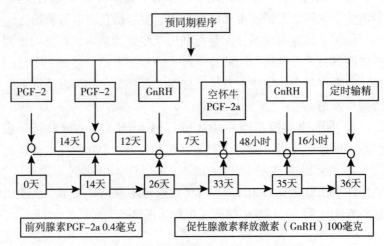

图 8-6　预同期定时输精程序方案示意图

3. 孕激素阴道栓－定时输精法　使用孕激素阴道栓（CIDR），放置阴道栓 9～12 天后撤栓，大多数母牛在撤栓后第 2～4 天内发情，可以在撤栓后 56 小时定时输精。也可以在撤栓后第 2～4天内加强发情观察，对发情者进行适时输精，受胎率更高；利用兽用 B 超，实时检测卵泡发育，当有大卵泡发育时，肌内注射GnRH，2 小时后人工授精。在取栓的当天，肌内注射孕马血清促性腺激素（PMSG）800～1 000 单位，用药后 2～4 天多数母牛即可发情，但第一次发情时配种受胎率很低，至第二次自然发情时配种受胎率明显提高。

　　孕激素参考剂量为孕酮400～1 000毫克。孕激素的处理时间，有短期（9～12天）和长期（16～18天）两种。短期处理的同期发情率偏低，而受胎率接近或相当于正常水平；长期处理的同期发情率较高，但受胎率较低。实践表明，处理后的第二个发情周期是自然发情，配种受胎率较高。

第九章
奶牛常见外科疾病与手术技巧

一、奶牛常见外科疾病防治

（一）创　伤

创伤是因锐性外力或强烈的钝性外力作用于机体组织或器官，使受伤部皮肤或黏膜出现伤口及深在组织与外界相通的机械性损伤。

创伤一般由创缘、创口、创壁、创底、创腔、创围等部分组成。创缘为皮肤或黏膜及其下的疏松结缔组织；创缘之间的间隙称为创口；创壁由受伤的肌肉、筋膜及位于其间的疏松结缔组织构成；创底是创伤的最深部分，根据创伤的深浅和局部解剖特点，创底可由各种组织构成；创腔是创壁之间的间隙，管状创腔称为创道；创围指围绕创口周围的皮肤或黏膜。

【症　状】

（1）**出血**　出血量的多少决定于受伤的部位、组织损伤的程度、血管损伤的状况和血液的凝固性等。

（2）**创口裂开**　创口裂开是因受伤组织断离和收缩而引起。创口裂开的程度决定于受伤的部位，创口的方向、长度和深度以及组织的弹性。

（3）**疼痛及功能障碍**　疼痛是因为感觉神经受损伤或炎性刺

激而引起。疼痛的程度决定于受伤的部位、组织损伤的性状。富有感觉神经分布的部位如蹄冠、外生殖器、肛门和骨膜等处发生创伤，则疼痛显著。

【分　类】

（1）按伤后经过时间分类

①新鲜创　伤后的时间较短，创内尚有血液流出或存有血凝块，且创内各部组织的轮廓仍能识别，有的虽被严重污染，但未出现创伤感染症状。

②陈旧创　伤后经过时间较长，创内各组织的轮廓不易识别，出现明显的创伤感染症状，有的排出脓汁，有的出现肉芽组织。

（2）按创伤有无感染分类

①无菌创　通常将在无菌条件下所做的手术创称为无菌创。

②污染创　创伤被细菌和异物所污染，但进入创内的细菌仅与损伤组织发生机械性接触，并未侵入组织深部发育繁殖，也未呈现致病作用。污染较轻的创伤，经适当的外科处理后，可能取第一期愈合。污染严重的创伤，在未及时而彻底地进行外科处理时，常转为感染创。

③感染创　进入创内的致病菌大量发育繁殖，对机体呈现致病作用，使伤部组织出现明显的创伤感染症状，甚至引起机体的全身性反应。

【影响创伤愈合的因素】　创伤愈合的速度常受许多因素的影响，这些因素包括外界条件方面的、人为和机体方面的。创伤诊疗时，应尽力消除妨碍创伤愈合的因素，创造有利于愈合的良好条件。

（1）创伤感染　创伤感染化脓是延迟创伤愈合的主要因素，由于病原菌的致病作用，一方面使伤部组织遭受更大的破坏，延长愈合时间；另一方面机体吸收了细菌毒素和有害的炎性产物，降低机体的抵抗力，影响创伤的修复过程。

（2）创内存有异物或坏死组织　当创内特别是创伤深部存留

异物或坏死组织时，炎性净化过程不能结束，化脓不会停止，创伤就不能愈合，甚至形成化脓性窦道。

（3）**受伤部血液循环不良**　创伤的愈合过程是以炎症为基础的过程，受伤部血液循环不良，既影响炎性净化过程的顺利进行，又影响肉芽组织的生长，从而延长创伤愈合时间。

（4）**受伤部不安静**　受伤部经常进行有害的活动，容易引起继发损伤，并破坏新生肉芽组织的健康生长，从而影响创伤的愈合。

（5）**处理创伤不合理**　如止血不彻底，施行清创术过晚和不彻底，引流不畅，不合理的缝合与包扎，频繁地检查创伤和不必要的换绷带及不遵守无菌规则、不合理地使用药剂等，都可延长创伤的愈合时间。

（6）**机体维生素缺乏**　维生素 A 缺乏时，上皮细胞的再生作用迟缓，皮肤出现干燥及粗糙；B 族维生素缺乏时，能影响神经纤维的再生；维生素 C 缺乏时，由于细胞间质和胶原纤维的形成障碍，毛细血管的脆弱性增加，致使肉芽组织水肿、易出血；维生素 K 缺乏时，由于凝血酶原的浓度降低，致使血液凝固缓慢，影响创伤愈合时间。

【治　疗】

（1）**治疗原则**

①抗休克，一般是先抗休克，待休克好转后再行清创术，但对大出血、胸壁穿透创及子宫脱出，则应在积极抗休克的同时，进行手术治疗。

②防治感染，伤后应立即开始使用抗生素，预防化脓菌感染，同时进行积极的局部治疗，使污染的伤口变为清洁伤口并进行缝合。

③纠正水与电解质失衡，通过输液调节机体水与电解质平衡。

④消除影响创伤愈合的因素，影响创伤愈合的因素很多，在创伤治疗过程中，注意消除影响创伤愈合的因素，可使肉芽组织

生长正常，促进创伤早期治愈。

⑤加强饲养管理，增强机体抵抗力，能促进伤口愈合，对严重的创伤，应给予高蛋白质及富有维生素的饲料。

（2）创伤治疗的基本方法

①创围清洁法。先用数层灭菌纱布块覆盖创面，防止异物落入创内。后用剪毛剪将创围被毛剪去，剪毛面积以距创缘周围10厘米左右为宜。先用3%过氧化氢液将其除去，再用70%酒精棉球反复擦拭紧靠创缘的皮肤，直至清洁干净为止，最后用5%碘酊两次涂擦创围皮肤。

②创面清洗法。揭去覆盖创面的纱布块，用生理盐水冲洗创面后，持消毒镊子除去创面上的异物、血凝块或脓痂，再用生理盐水或防腐液反复清洗创伤，直至清洁为止。

③清创手术。用外科手术的方法将创内所有的失活组织切除，除去可见的异物、血凝块，消灭创囊、凹壁，扩大创口（或作辅助切口），保证排液畅通，力求使新鲜污染创变为近似手术创伤，争取创伤的第一期愈合。一般于手术前均需进行彻底的消毒和麻醉。

④创伤用药。药物的选择和应用决定于创伤的性状、感染的性质、创伤愈合过程的阶段等。如创伤污染严重、外科处理不彻底、不及时和因解剖特点不能施行外科处理时，为了消灭细菌，防止创伤感染，早期应用广谱抗菌性药物；对创伤感染严重的化脓创，为了消灭病原菌和加速炎性净化的目的，应用抗菌性药物和加速炎性净化的药物；对肉芽创应使用保护肉芽组织和促进肉芽组织生长以及加速上皮新生的药物。

⑤创伤缝合法。根据创伤情况可分为初期缝合、延期缝合和肉芽创缝合。

初期缝合是对受伤后数小时的清洁创或经彻底外科处理的新鲜污染创施行缝合。适合于初期缝合的创伤条件：创伤无严重污染，创缘及创壁完整，且具有生活力，创内无较大的出血和较大的血凝块，缝合时创缘不致因牵引而过分紧张，且不妨碍局部的血液循环等。

有创口的先用药物治疗 3～5 天，无创伤感染后，再施行缝合，称此为延期缝合。

肉芽创缝合又称一次缝合，用以加速创伤愈合，减少瘢痕形成。适合于肉芽创缝合的条件是创内应无坏死组织，肉芽组织呈红色平整颗粒状，肉芽组织上被覆的少量脓汁内无厌氧菌存在。对肉芽创经适当的外科处理后，根据创伤的状况施行部分缝合或密闭缝合。

⑥创伤引流法，当创腔深、创道长、创内有坏死组织或创底潴留渗出物等时，为使创内炎性渗出物流出创外为目的常使用引流法。常用纱布条引流法。引流纱布是将适当长、宽的纱布条浸以药液（如青霉素溶液、中性盐类高渗溶液），用长镊子将引流纱布条的两端分别夹住，先将一端疏松地导入创底，另一端游离于创口下角。

⑦创伤包扎法，一般经外科处理后的新鲜创都要包扎。当创内有大量脓汁、厌氧性及腐败性感染以及炎性净化后出现良好肉芽组织的创伤，一般可不包扎，采取开放疗法。

⑧全身性疗法，当受伤病牛出现体温升高、精神沉郁、食欲减退、白细胞增数等全身症状时，则应施行必要的全身性治疗，防止病情恶化。对严重污染而很难避免创伤感染的新鲜创，应使用抗生素或磺胺类药物，并根据伤情的严重程度，进行必要的输液、强心措施，注射破伤风抗毒素或类毒素；对局部化脓性炎症剧烈的病牛，为了减少炎性渗出和防止酸中毒，可静脉注射 5%氯化钙溶液 250 毫升和 5%碳酸氢钠 500 毫升，必要时连续使用抗生素或磺胺类制剂以及进行强心、输液、解毒等措施。

（二）挫　伤

挫伤是机体在钝性外力直接作用下，引起组织的非开放性损伤。其受伤的组织或器官可能是乳房、腕关节、肘关节、跗关节、蹄底、皮肤、皮下组织、筋膜、肌肉、肌腱、腱鞘、韧带、神经、血管、骨膜、关节、胸腹腔及内脏器官。

【症　状】

（1）皮下组织挫伤　多由皮下组织的小血管破裂引起。少量的出血常发生局限性的小的出血斑（点状出血），出血量大时，常发生溢血。皮下出血后小部分血液成分被机体吸收，大部分发生凝固，血色素发生溶解，红细胞破裂后被吞噬细胞吞噬，经血液循环和淋巴循环吸收，挫伤部皮肤初期呈黑红色，逐渐变成紫色、黄色后恢复正常。

（2）皮下裂伤　发生皮下裂伤时，皮肤仍完整，但皮下组织与皮肤发生剥离，常有血液和渗出液等积聚皮下。如为肋骨骨折，其断端伤及肺部时，在发生裂创的皮下疏松结缔组织间可形成皮下气肿。

（3）皮下深部组织挫伤　奶牛发生的挫伤多为深部组织的挫伤，常见的有以下几种：

①肌肉挫伤，常由钝性外力直接作用引起，轻度的肌肉挫伤常发生瘀血或出血，重度的肌肉挫伤肌肉常发生坏死，挫伤部肌肉软化呈泥样，治愈后形成瘢痕，因瘢痕牵缩常引起局部组织的机能障碍。重症病牛不能起立长时间趴卧后，压迫挫伤部的皮肤和肌肉，渐渐地皮肤也发生损伤，进而形成湿性坏疽，常见于奶牛瘫痪时引起的后肢肌肉挫伤。

②神经挫伤，多为末梢性的，末梢神经多为混合神经，损伤后神经所支配的区域发生感觉和运动麻痹，肌肉呈渐进性萎缩。中枢神经系统脊髓发生挫伤时，因受挫伤的部位不同可发生呼吸麻痹、后躯麻痹、尿失禁等症状。

③腱的挫伤，多由过度的运动、腱的剧烈的伸展使一束腱纤维发生断裂或分离，多见于屈肌腱。

④滑液囊的挫伤，滑液囊挫伤后常形成滑液囊炎，滑液大量

渗出，局部显著肿胀，初期热痛明显，形成慢性炎症后，呈无痛的水样潴留。

⑤关节挫伤，腕关节，跗关节，肘关节，膝关节，球关节等。

（4）皮下挫伤的感染　严重的挫伤，若发生感染时，全身及局部症状加重，可形成脓肿或蜂窝织炎。有的部位反复发生挫伤，可形成淋巴外渗、黏液囊炎及患部皮肤肥厚、皮下结缔组织硬化。

【治　疗】　治疗原则为制止溢血和渗出，促进炎性产物的吸收，镇痛消炎，防止感染，加速组织的修复能力。

①受到强力外力的挫伤时要注意全身状态的变化。

②冷疗和热疗，有热痛时实施冷却疗法，使动物安定，消除急性炎症缓解疼痛。热痛肿胀特别重时给予冰袋冷敷，2～3天后可改用温热疗法，以恢复功能。

③刺激疗法，炎症慢性化时可进行刺激疗法。涂氨擦剂（氨水：蓖麻油 1:4），樟脑酒精或 5% 鱼石脂软膏、复方醋酸铅散，引起一过性充血促进炎性产物吸收，对促进肿胀的消退有良好的效果。或用中药栀子粉加淀粉或面粉，以黄酒调成糊状外敷。

（三）血　肿

血肿是由于各种外力作用，导致血管破裂，溢出的血液分离周围组织，形成充满血液的腔洞。

【病　因】　血肿常见于软组织非开放性损伤，奶牛的血肿常发生于胸前和腹部，乳房。根据损伤的血管不同，血肿分为动脉性血肿、静脉性血肿和混合性血肿。

血肿形成的速度较快，其大小决定于受伤血管的种类、粗细和周围组织性状，一般均呈局限性肿胀，且能自然止血。较大的动脉断裂时，血液沿筋膜下或肌间浸润，形成弥漫性血肿。较小的血肿，由于血液凝固而缩小，其血清部分被组织吸收，凝血块在蛋白分解酶的作用下软化、溶解和被组织逐渐吸收。其后由于周围肉芽组织的新生，使血肿腔结缔组织化。较大的血肿周围，可形成较厚的结缔组织囊壁，其中央仍贮存未凝的血液，时间较久则变为褐色甚至无色。

【症　状】　血肿的临床特点是肿胀迅速增大，肿胀呈明显的波动感或饱满有弹性。4～5 天后肿胀周围坚实，并有捻发音，中央部有波动，局部增温。穿刺时，可排出血液。有时可见局部淋巴结肿大和体温升高等全身症状。

血肿感染可形成脓肿，注意鉴别。

【治　疗】　治疗重点应从制止出血、防止感染和排除积血着手。可于患部涂碘酊，装压迫绷带。经 4～5 天后，可穿刺或切开血肿，排除积血或凝血块和挫灭组织，如发现继续出血，可行结扎止血，清理创腔后，再行缝合创口或开放疗法。

（四）淋巴外渗

淋巴外渗是在钝性外力作用下，由于淋巴管断裂，致使淋巴液聚积于组织内的一种非开放性损伤。其原因是钝性外力在动物体上强行滑擦，致使皮肤或筋膜与其下部组织发生分离，淋巴管发生断裂。淋巴外渗常发生于淋巴管较丰富的皮下结缔组织，而筋膜下或肌间则较少。奶牛淋巴外渗常见于乳房皮下，肘关节后部，腕部。

【症　状】　淋巴外渗在临床上发生缓慢，一般于伤后 3～4 天出现肿胀，并逐渐增大，有明显的界线，呈明显的波动感，皮肤不紧张，炎症反应轻微。穿刺液为橙黄色稍透明的液体，或其内混有少量的血液。时间较久，析出纤维素块，如囊壁有结缔组织增生，则呈明显的坚实感。

【治　疗】　首先使奶牛安静，有利于淋巴管断端的闭塞。较小的淋巴外渗可不必切开，于波动明显部位，用注射器抽出淋巴液，然后注入 95% 酒精或 95% 酒精 100 毫升，40% 甲醛 1 毫升，碘酊数滴。停留片刻后，将其抽出，以期淋巴液凝固堵塞淋巴管断端，而达制止淋巴液流出的目的。应用一次无效时，可行第二次注入。较大的淋巴外渗，可行切开，排出淋巴液及纤维素，用酒精福尔马林液冲洗，并将浸有上述药液的纱布填塞于腔内作假缝合。当淋巴管完全闭塞后，可按创伤治疗。治疗时应当注意，长时间的冷敷能使皮肤发生坏死；温热、刺激剂和按摩疗法，均可促进淋巴液流出和破坏已形成的淋巴栓塞，都不宜应用。

（五）冻 伤

冻伤是一定条件下由于低温引起的组织损伤。奶牛常见乳头和乳房冻伤。

【病　因】　寒冷是冻伤的直接原因。冻伤的程度与寒冷的强度成正比。潮湿可促进寒冷的致伤力，风速、局部血流障碍和抵抗力下降、营养不良是间接引起冻伤的原因。一般而言，温度越低，湿度越高，风速越大，暴露时间越长，发生冷损伤的机会越大，亦越严重。机体远端的血液循环较差，表面温度低，相对体积而言，散热面积大，故易发生冻伤。

冻伤可分为全身性和局部性。全身性冷损伤（冻僵）发生机体功能障碍，在临床上较为少见。局部性冻伤是指局部组织在冰点下发生的损伤。常见于机体末梢、缺乏被毛或被毛发育不良以及皮肤薄的部位。

【症　状】　目前认为受冻组织的主要损伤是原发性冻融损伤和继发性血循环障碍。根据冷损伤的范围、程度和临床表现，将冻伤分为三度。

（1）一度冻伤　以发生皮肤及皮下组织的疼痛性水肿为特征。数日后局部反应消失，其症状表现轻微，不易被发现。

（2）二度冻伤　皮肤和皮下组织呈弥漫性水肿，并扩延到周围组织，有时在患部出现水疱，其中充满乳光带血样液体。水疱自溃后，形成愈合迟缓的溃疡。

（3）三度冻伤　以血液循环障碍引起的不同深度与距离的组

织干性坏死为特征。患部冷厥而缺乏感觉，皮肤先发生坏死，有的皮肤与皮下组织均发生坏死，或达骨部引起全部组织坏死。通常因静脉血栓形成、周围组织水肿以及继发感染而出现湿性坏疽。坏死组织沿分界线与肉芽组织离断，愈合变得缓慢，易发生化脓性感染，特别易招致破伤风和气性坏疽等厌氧性感染。

【急救与治疗】 重点在于消除寒冷作用，使冻伤组织复温，恢复组织内的血液和淋巴循环，并进行预防感染措施。为此，应将病牛脱离寒冷环境，移入厩舍内，用肥皂水洗净患部，然后用樟脑酒精擦拭或进行复温治疗。

复温治疗时，开始用 18℃～20℃ 的水进行温水浴，在 25 分钟内不断向其中加热水，使水温逐渐达到 38℃，如在水中加入高锰酸钾（1：500），并对皮肤无破损的伤部进行按摩更为适宜。当冻伤的组织刚一变软和组织血液循环开始恢复时，即达到复温目的。在不便于温水浴复温的部位，可用热敷复温，其温度与温水浴时相同。复温后用肥皂水轻洗患部，用 75% 酒精涂擦，然后进行保暖绷带包扎和覆盖。

近年来有人主张快速复温法，将伤部浸泡于 40℃～42℃ 温水中，并随时加入热水，保持水温恒定，要求皮肤温度能在 5～10 分钟内迅速越过 15℃～20℃ 达到正常。

复温时绝不可用火烤，火烤使局部代谢增加，而血管又不能相应地扩张，反而加重局部损害。用雪擦患部也是错误的，因其可加速局部散热与损伤。

一度冻伤治疗时，必须恢复血管的紧张力，消除瘀血，促进血液循环和水肿的消退。先用樟脑酒精涂擦患部，然后涂布碘甘油或樟脑油，并装着棉花纱布软垫保温绷带，或用按摩疗法和紫外线照射。

二度冻伤治疗的主要任务是促进血液循环、预防感染、增高血管的紧张力、加速疤痕和上皮组织的形成。为解除血管痉挛，改善血液循环，可用盐酸普鲁卡因封闭疗法，根据患病部位的不同，可选用乳池内封闭、静脉内封闭、四肢环状封闭疗法。为了减少血管内凝集与栓塞，改善微循环，可于静脉内注射低分子右旋糖酐和肝素。广泛的冻伤需早期应用抗生素疗法。局部可用5%龙胆紫溶液或5%碘酊涂擦露出的皮肤乳头层，并装以酒精绷带或行开放疗法。

三度冻伤治疗主要是预防发生湿性坏疽。对已发生的湿性坏疽，应加速坏死组织的断离，促进肉芽组织的生长和上皮的形成，预防全身性感染。为此，在组织坏死时，可行坏死部切开，以利排出组织分解产物，可切除、摘除和截断坏死的组织。早期注射破伤风类毒素或破伤风抗毒素，并实行对症疗法。

（六）溃　疡

皮肤或黏膜上经久不愈合的病理性肉芽创称为溃疡。从病理学上来看，溃疡是有细胞分解物、细菌或有脓样腐败性分泌物的坏死病灶，并常有慢性感染。溃疡与一般创口不同之点是愈合迟缓，上皮和瘢痕组织形成不良。

【病　因】　血液循环、淋巴循环和物质代谢的紊乱；由于中枢神经系统和外周神经的损伤或疾病所引起的神经营养紊乱；某些传染病、外科感染和炎症的刺激；维生素不足和内分泌的紊乱；伴有机体抵抗力降低和组织再生能力降低的机体衰竭、严重消瘦；异物、机械性损伤、分泌物及排泄物的刺激；防腐消毒药的选择和使用不当；急性和慢性中毒和某些肿瘤等。

溃疡与正常愈合过程伤口的主要不同点是创口的营养状态。如果局部神经营养紊乱和血液循环、物质代谢受到破坏，降低了局部组织的抵抗力和再生能力，此时任何创口都可以变成溃疡。反之，如果对溃疡消除病因进行合理治疗，则溃疡即可迅速地生长出肉芽组织和上皮组织而治愈。

【症　状】　奶牛常发生在乳沟间和股内侧及乳房皮肤。溃疡表面被覆蔷薇红色、颗粒均匀的健康肉芽。肉芽表面覆有少量黏稠黄白色的脓性分泌物，干涸后则形成痂皮。溃疡周围皮肤及皮下组织肿胀，缺乏疼痛感。溃疡周围的上皮形成比较缓慢，新形成的幼嫩上皮呈淡红色或淡紫色。上皮有时也在溃疡面的不同部位上增殖而形成上皮突起，然后与边缘上皮带融合。与此同时，肉芽组织则逐渐成熟并形成瘢痕而治愈。当溃疡内的肉芽组织和上皮组织的再生能力恢复时，则任何溃疡都能变成单纯性溃疡。

【治　疗】　精心的保护肉芽，防止其损伤，促进其正常发育和上皮形成。在处理溃疡面时必须细致，防止粗暴。禁止使用对细胞有强烈破坏作用的防腐剂。为了加速上皮的形成，可使用加2%～4%水杨酸锌软膏、鱼肝油软膏等。

炎症性溃疡治疗时，首先应除去病因，局部禁止使用有刺激性的防腐剂。如有脓汁潴留时应切开创囊排净脓汁。溃疡周围可用青霉素盐酸普鲁卡因溶液封闭。为了防止从溃疡面吸收毒素亦可用浸有20%硫酸镁或硫酸钠溶液的纱布覆于创面。

坏疽性溃疡见于冻伤、湿性坏疽及不正确的烧烙之后。组织的进行性坏死和很快的形成溃疡是坏疽性溃疡的特征。溃疡表面被覆软化污秽无构造的组织分解物，并有腐败性液体浸润。常伴发明显的全身症状。此溃疡应采取全身和局部并重的综合性治疗措施。全身治疗的目的在于防止中毒和败血症的发生。局部治疗在于早期剪除坏死组织，促进肉芽生长。

蕈状溃疡：常发生于四肢末端有活动肌腱通过部位的创伤。其特征是局部出现高出于皮肤表面、大小不同、凸凹不平的蕈状突起，其外形恰如散布的真菌故称蕈状溃疡。肉芽常呈紫红色，被覆少量脓性分泌物且容易出血。上皮生长缓慢，周围组织呈炎性浸润。治疗时，如赘生的蕈状肉芽组织超出于皮肤表面很高，可剪除或切除，亦可充分搔刮后进行烧烙止血。亦可用硝酸银棒、氢氧化钾、氢氧化钠、20%硝酸银溶液、高锰酸钾粉烧灼腐蚀。

褥疮及褥疮性溃疡：褥疮是局部受到长时间的压迫后所引起的因血液循环障碍而发生的皮肤坏疽。已形成褥疮时，可每日涂擦 3%～5% 龙胆紫。

（七）窦道和瘘

窦道和瘘都是狭窄不易愈合的病理管道，其表面被覆上皮或肉芽组织。窦道和瘘不同的地方是前者可发生于机体的任何部位，借助于管道使深在组织（结缔组织、骨或肌肉组织等）的脓窦与体表相通，其管道一般呈盲管状。而后者可借助于管道使体腔与体表相通或使空腔器官互相交通，其管道是两边开口。

1. 窦道 窦道常为后天性的，见于臀部、鬐甲部、颈部、股部、胫部、肩胛和前臂部等。

【病　因】 异物，常随同致伤物体一起进入体内，或手术时将其遗忘于创内的，如沙石、木屑、谷芒、钉子、被毛、金属丝、结扎线、棉球及纱布等。

化脓坏死性炎症，如脓肿、蜂窝织炎、开放性化脓性骨折、腱及韧带的坏死、骨坏疽及化脓性骨髓炎等。

创伤深部脓汁不能顺利排出，而有大量脓汁潴留的脓窦，或长期不正确的使用引流等都容易形成窦道。

【症　状】 从体表的窦道口不断地排出脓汁。当窦道口过小，位置又高，脓汁大量潴留于窦道底部时，常于自动或他动运动时，因肌肉的压迫而使脓汁的排出量增加。窦道口下方的被毛和皮肤上常附有干涸的脓痂。由于脓汁的长期浸渍而形成皮肤炎，被毛脱落。

窦道壁的构造、方向和长度因病程的长短和致病因素的不同而有差异。新发生的窦道，管壁肉芽组织未形成瘢痕，管口常有肉芽组织赘生。陈旧的窦道因肉芽组织瘢痕化而变得狭窄而平滑。

窦道在急性炎症期，局部炎症症状明显。当化脓坏死过程严重，窦道深部有大量脓汁潴留时，可出现明显的全身症状。陈旧性窦道一般全身症状不明显。

【诊　断】除对窦道口的状态、排脓的特点及脓汁的性状进行细致的检查外，还要对窦道的方向、深度、有无异物等进行探诊。探诊时可用灭菌金属探针、硬质胶管，有时可用消毒过的手指进行。探诊时必须小心细致，如发现异物时应进一步确定其存在部位，与周围组织的关系，异物的性质、大小和形状等。探诊时必须确实保定，防止病牛骚动。

【治　疗】窦道治疗的主要着眼点是消除病因和病理性管壁，通畅引流以利愈合。

①对疖、脓肿、蜂窝织炎自溃或切开后形成的窦道，可灌3%过氧化氢溶液等以减少脓汁的分泌和促进组织再生。

②当窦道内有异物、结扎线和组织坏死块时，必须用手术方法将其除去。在手术前最好向窦道内注入除红色、黄色以外的防腐液，使窦道管壁着色或向窦道内插入探针以利于手术的进行。

③当窦道口过小、管道弯曲，由于排脓困难而潴留脓汁时，可扩开窦道口，根据情况造反对孔或做辅助切口，导入引流物以利于脓汁的排出。

④窦道管壁有不良肉芽或形成瘢痕组织者，可用腐蚀剂腐蚀，或用锐匙刮净，或用手术方法切除窦道。

⑤当窦道内无异物和坏死组织块，脓汁很少且窦道壁的肉芽组织比较良好时，可填塞铋碘蜡泥膏（次硝酸铋 10 克，碘仿 20 毫升，石蜡 20 克）。

2. 瘘　先天性瘘是由于胚胎期间畸形发育的结果，如脐瘘、膀胱瘘及直肠 – 阴道瘘等。此时瘘管壁上常被覆上皮组织。后天性瘘较为多见，是由于腺体器官及空腔器官的创伤或手术之后发生的。在奶牛常见的有肠瘘、颊瘘、腮腺瘘及乳腺瘘等。

【症　状】

（1）**排泄性瘘**　其特征是经过瘘的管道向外排泄空腔器官的

内容物（尿、饲料、食糜及粪等）。

（2）**分泌性瘘**　其特征是经过瘘的管道分泌腺体器官的分泌物（唾液、乳汁等），常见于腮腺部及乳房创伤之后。当奶牛采食或挤奶时，有大量唾液和乳汁呈滴状或线状从瘘管射出时，是腮腺瘘和乳腺瘘的特征。

【治　疗】

①对肠瘘、胃瘘、食道瘘、尿道瘘等排泄性瘘管必须采用手术疗法。其要领是用纱布堵塞瘘管口，扩大切开创口，剥离粘连的周围组织，找出通向空腔器官的内口，除去堵塞物，检查内口的状态，根据情况对内口进行修整手术、部分切除术或全部切除术，密闭缝合，修整周围组织，缝合。手术中一定要尽可能防止污染新创面，以争取第一期愈合。

②对腮腺瘘等分泌性瘘，可向管内灌注 20% 碘酊、10% 硝酸银溶液等。或先向瘘内滴入甘油数滴，然后撒布高锰酸钾粉少许，用棉球轻轻按摩，用其烧灼作用以破坏瘘的管壁，一次不愈合者可重复应用。上述方法无效时，对腮腺瘘可先向管内用注射器在高压下灌注溶解的石蜡，后装着胶绷带。亦可先注入 5% ～ 10% 甲醛溶液或 20% 硝酸银溶液 15 ～ 20 毫升，数日后腮腺已发生坏死后进行腮腺摘除术。

（八）坏死与坏疽

坏死是指生物体局部组织或细胞失去活性。坏疽是组织坏死后受到外界环境影响和不同程度的腐败菌感染或者金黄色葡萄球菌感染而产生的形态学变化。奶牛常见蹄坏死和乳房坏疽。

【病　因】　外伤严重的组织挫灭、局部的动脉损伤等。持续性的压迫如绷带的压迫、嵌顿性疝等。物理、化学性因素见于烧伤、冻伤、腐蚀性药品及电击、放射线、超声波等引起的损伤。细菌及毒物性因素多见于坏死杆菌感染等。其他血管病变引起的栓塞、中毒及神经功能障碍等。

【症　状】

（1）**凝固性坏死**　坏死部组织发生凝固、硬化，表面上覆盖一层灰白色至黄色的蛋白凝固物。见于肌肉的蜡样变性、肾梗塞等。

（2）**液化性坏死**　坏死部肿胀、软化，随后发生溶解。多见于热伤、化脓灶等。

（3）**干性坏疽**　多见于机械性局部压迫，药品腐蚀等。坏死组织初期表现苍白，水分渐渐失去后，颜色变成褐色至暗黑色，表面干裂，呈皮革样外观。

（4）**湿性坏疽**　多见于坏死部腐败菌的感染。初期局部组织脱毛、水肿、暗紫色或暗黑色，表面湿润，覆盖有恶臭的分泌物。

【治　疗】　首先要除去病因，再对症治疗。

①局部进行剪毛、清洗、消毒，防止湿性坏疽进一步恶化，使用蛋白分解酶除去坏死组织，等待生出健康的肉芽。还可以用硝酸银或烧烙阻止坏死恶化，或者用外科手术摘除坏死组织。

②对湿性坏疽应切除其患部，应用解毒剂进行化学疗法，注意保持营养状态。

（九）脓　肿

在任何组织或器官内形成外有脓肿膜包裹，内有脓汁潴留的局限性脓腔时称为脓肿。它是致病菌感染后所引起的局限性炎症过程，如果在解剖腔内（胸膜腔、喉囊、关节腔、鼻窦）有脓汁潴留时则称之为蓄脓，如关节蓄脓、上颌窦蓄脓、胸膜腔蓄脓等。

【病　因】　大多数脓肿是由感染引起，最常继发于急性化脓性感染的后期。致病菌侵入的主要途径是皮肤或伤口。引起脓肿的致病菌主要是葡萄球菌，其次是化脓性链球菌、大肠杆菌、绿脓杆菌和腐败菌。在牛有时可见因结核杆菌、放线杆菌感染形成冷性脓肿。

除感染因素外，静脉注射各种刺激性的化学药品，如氯化钙、高渗盐水及四环素等，若将它们误注或漏注到静脉外也能发生脓肿。其次是注射时不遵守无菌操作规程而引起的注射部位脓肿。也有的是由于血液或淋巴将致病菌由原发病灶转移至某一新的组织或器官内所形成的转移性脓肿。

脓肿内的脓汁由脓清、脓球和坏死分解的组织细胞3部分组成。脓清一般不含纤维素，因此不易凝固。脓球一般是由多种细胞组成，以分叶核白细胞为最多，其分叶核白细胞的核和原形质发生种种变性变化；其次是淋巴细胞、嗜酸性粒细胞、嗜碱性粒细胞、单核细胞及巨噬细胞；有的还含有少量红细胞。组织分解产物包括组织细胞的分解碎片、坏死组织碎块、骨碎粒、软骨碎片等。

病灶的周围形成的脓肿膜是脓肿与健康组织的分界线，它具有限制脓肿扩散和减少病牛从脓肿病灶吸收有毒产物的作用。脓肿膜由两层细胞组成，内层为坏死的组织细胞，外层是具有吞噬能力的间叶细胞，当脓液排出后脓肿膜就成为肉芽组织，最后逐渐成为瘢痕组织而使脓肿治愈。

【症　状】

（1）浅在急性脓肿　初期局部肿胀，无明显的界限。触诊局温增高、坚实有疼痛反应。以后肿胀的界限逐渐清晰成局限性，最后形成坚实样的分界线；在肿胀的中央部开始软化并出现波动，并可自溃排脓，但常因皮肤溃口过小，脓汁不易排尽。

（2）浅在慢性脓肿　一般发生缓慢，虽有明显的肿胀和波动感，但缺乏温热和疼痛反应或非常轻微。

（3）深在急性脓肿　由于部位深在，加之被覆较厚的组织，局部增温不易触及。常出现皮肤及皮下结缔组织的炎性水肿，触诊时有疼痛反应并常有指压痕。在压痛和水肿明显处穿刺，抽出脓汁即可确诊。

当较大的深在性脓肿未能及时治疗，脓肿膜可发生坏死，最后在脓汁的压力下可穿破皮肤自行破溃，亦可向深部发展，压迫或侵入邻近的组织和器官，引起感染扩散，而呈现较明显的全身症状，严重时还可能引起败血症。

内脏器官的脓肿常常是转移性脓肿或败血症的结果，如牛创伤性心包炎，心包、膈肌及网胃和膈连接处常见到多发性脓肿。病牛慢性消瘦，体温升高，食欲和精神不振，血常规检查时白细胞数明显增多，最终导致心脏衰竭死亡。

【诊　断】　浅在性脓肿诊断多无困难，深在脓肿可经诊断穿刺检查后确诊。穿刺检查不但可确诊脓肿是否存在，还可确定脓肿的部位和大小。当肿胀尚未成熟或脓腔内脓汁过于黏稠时常不能排出脓汁，但在后一种情况下针孔内常有干涸黏稠的脓汁或脓块附着。根据脓汁的性状并结合细菌学检查，可进一步确定脓肿的病原菌。

脓肿诊断需要与外伤性血肿、淋巴外渗、挫伤和某些疝相区别。

【治　疗】

①消炎、止痛及促进炎症产物消散吸收。当局部肿胀正处于急性炎性细胞浸润阶段，可局部涂擦樟脑软膏，或用冷疗法（如复方醋酸铅溶液冷敷，鱼石脂酒精、栀子酒精冷敷），以抑制炎症渗出和具有镇痛的作用。当炎性渗出停止后，可用温热疗法以促进炎症产物的消散吸收。局部治疗的同时，可根据病牛的情况配合应用抗生素、磺胺类药物并采用对症疗法。

②促进脓肿的成熟。当局部炎症产物已无消散吸收的可能时，局部可用鱼石脂软膏、鱼石脂樟脑软膏、超短波疗法、温热疗法等以促进脓肿的成熟。待局部出现明显的波动时，应立即进行手术治疗。

③手术疗法。脓肿形成后其脓汁常不能自行消散吸收，因此只有当脓肿自溃排脓或手术排脓后经过适当地处理才能治愈。

脓肿时常用的手术疗法有：

脓汁抽出法：适用于关节部脓肿膜形成良好的小脓肿。其方法是利用注射器将脓肿腔内的脓汁抽出，然后用生理盐水反复冲洗脓腔，抽净腔中的液体，最后灌注混有青霉素的溶液。

脓肿切开法：脓肿成熟出现波动后立即切开。切口应选择波动最明显且容易排脓的部位。按手术常规对局部进行剪毛消毒后再根据情况做局部或全身麻醉。切开前为了防止脓肿内压力过大脓汁向外喷射，可先用粗针头将脓汁排出一部分。切开时一定要防止外科刀损伤对侧的脓肿膜。切口要有一定的长度并作纵向切口以保证在治疗过程中脓汁能顺利地排出。深在性脓肿切开时除进行确实麻醉外，最好进行分层切开，并对出血的血管进行仔细的结扎或钳压止血，以防引起脓肿的致病菌进入血循，而被带至其他组织或器官发生转移性脓肿。脓肿切开后，脓汁要尽力排尽，但切忌用力压挤脓肿壁（特别是脓汁多而切口过小时），或用棉纱等用力擦拭脓肿膜里面的肉芽组织，这样就有可能损伤脓肿腔内的肉芽性防卫面而使感染扩散。如果一个切口不能彻底排空脓汁时，亦可根据情况作必要的辅助切口。对浅在性脓肿可用防腐液或生理盐水反复清洗脓腔，最后用脱脂纱布轻轻吸出残留在腔内的液体。切开后的脓肿创口可按化脓创进行外科处理。

脓肿摘除法：常用以治疗脓肿膜完整的浅在性小脓肿。此时需注意勿刺破脓肿膜，预防新鲜手术创被脓汁污染。

（十）蜂窝织炎

蜂窝织炎是疏松结缔组织发生的急性弥漫性化脓性感染。其特点常发生在皮下、筋膜下、肌间隙或深部疏松结缔组织；病变不易局限，扩散迅速，与正常组织无明显界限，并伴有明显的全身症状。

【病　因】 引起蜂窝织炎的致病菌主要是溶血性链球菌，其次为金黄色葡萄球菌，亦可为大肠杆菌及厌氧菌等。一般多由皮肤或黏膜的微小创口的原发病灶感染引起；也可因邻近组织的化脓性感染扩散或通过血液循环和淋巴道的转移。偶见于继发某些传染病或刺激性强的化学制剂误注或漏入皮下疏松结缔组织内。

【症　状】　蜂窝织炎时病程发展迅速。局部症状主要表现为大面积肿胀，局部增温，疼痛剧烈和功能障碍。全身症状主要表现为病牛精神沉郁，体温升高，食欲不振并出现各系统的功能紊乱。

（1）**皮下蜂窝织炎**　常发于四肢（特别是后肢），病初局部出现弥漫性渐进性肿胀。触诊时热痛反应非常明显。初期肿胀呈捏粉状有指压痕，后则变为稍坚实感。局部皮肤紧张，无可动性。

（2）**筋膜下蜂窝织炎**　常发生于前肢的前臂筋膜下、鬐甲部的深筋膜和棘横筋膜下，以及后肢的小腿筋膜下和阔筋膜下的疏松结缔组织中，其临床特征是患部热痛反应剧烈，功能障碍明显，患部组织呈坚实性炎性浸润。

（3）**肌间蜂窝织炎**　常继发于开放性骨折、化脓性骨髓炎、关节炎及腱鞘炎之后。患部肌肉肿胀、肥厚、坚实、界限不清，功能障碍明显，触诊和他动运动时疼痛剧烈。表层筋膜因组织内压增高而高度紧张，皮肤可动性受到很大的限制。肌间蜂窝织炎时全身症状明显，体温升高，精神沉郁，食欲不振。局部已形成脓肿时，切开后可流出灰色、常带血样的脓汁。有时由化脓性溶解可引起关节周围炎、血栓性血管炎和神经炎。

当颈静脉注射刺激性强的药物时，若漏入到颈部皮下或颈深筋膜下，能引起筋膜下的蜂窝织炎。注射后经1～2天局部出现明显的渐进性的肿胀，有热痛反应，但无明显的全身症状。当并发化脓性或腐败性感染时，则经过3～4天后局部即出现化脓性浸润，继而出现化脓灶。若未及时切开则可自行破溃而流出微黄白色较稀薄的脓汁。

【治　疗】　早期较浅表的蜂窝织炎以局部治疗为主，部位深、发展迅速、全身症状明显者应尽早全身应用抗生素和磺胺药物。

要采取局部和全身疗法并举的原则：减少炎性渗出、抑制感染扩散、减轻组织内压、改善全身状况、增强机体抗病能力。

（1）局部疗法

①控制炎症发展，促进炎症产物消散吸收。最初24～48小时内，当炎症继续扩散，组织尚未出现化脓性溶解时，为了减少炎性渗出可用冷敷，涂以醋调制的醋酸铅散。当炎性渗出已基本平息，为了促进炎症产物的消散吸收可用上述溶液温敷。局部治疗常用50%硫酸镁湿敷，也可用20%鱼石脂软膏或雄黄散外敷。

②手术切开。蜂窝织炎一旦形成化脓性坏死，应早期做广泛切开，切除坏死组织并尽快引流。手术切开时应根据情况做局部或全身麻醉。浅在性蜂窝织炎应充分切开皮肤、筋膜、腱膜及肌肉组织等。为了保证渗出液的顺利排出，切口必须有足够的长度和深度，做好纱布引流，必要时应造反对口。四肢应做多处切口，最好是纵切或斜切。伤口止血后可用中性盐类高渗溶液做引流液以利于组织内渗出液外流。也可用3%过氧化氢溶液冲洗和湿敷创面。

如经上述治疗后体温暂时下降复而升高，肿胀加剧，全身症状恶化，则说明可能有新的病灶形成，或存有脓窦及异物，或引流纱布干固堵塞因而影响排脓，或引流不当所致。此时应迅速扩大创口，消除脓窦，摘除异物，更换引流纱布，保证渗出液或脓汁能顺利排出。待局部肿胀明显消退，体温恢复正常，局部创口可按化脓创处理。

（2）全身疗法　早期应用抗生素疗法、磺胺疗法及盐酸普鲁卡因封闭疗法；对病牛要加强饲养管理，特别是多给予富有维生素的饲料。

（十一）厌气性感染

厌气性感染是一种严重的外科感染，一旦发生，预后多为慎重或不良。因此，在临床上必须预防厌气性感染的发生。

【病　因】　引起厌气性感染的致病菌主要有产气荚膜杆菌、恶性水肿杆菌、溶组织杆菌、水肿杆菌及腐败弧菌等。这些致病菌均属革兰氏阳性菌，广泛存在于人畜粪便及施肥的土壤中。这些致病菌都能形成芽孢并需在不同程度的缺氧条件下才能生长繁殖。在生长繁殖过程中产气荚膜杆菌能产生大量气体，而恶性水肿杆菌能产生少量气体，其他均不产生气体。混合感染要比单一感染严重。

【分　类】　临床上常将厌气性感染分为厌气性脓肿、厌气性（气性）坏疽、厌气性（气性）蜂窝织炎、恶性水肿及厌气性败血症。其中常见的是厌气性坏疽及厌气性蜂窝织炎。

厌气性感染和急性化脓性感染的主要区别是：前者是以组织坏死为主要特征，而后者则主要是出现炎症反应。

厌气性感染时局部的典型症状是组织（主要是肌肉组织）的坏死及腐败性分解、水肿和气体的形成（大部分厌气性感染）、血管栓塞造成局部血液循环障碍和淋巴循环障碍。局部肌肉呈煮肉样，切割时无弹性，不收缩，几乎不出血。血管栓塞是厌气性感染的一个重要的病理解剖学症状，血栓是由于毒素对脉管壁的影响（结果可发生脉管壁的坏死）以及血液易于凝固等原因所引起。水肿的组织开始有热感，疼痛剧烈，但以后局部变凉，疼痛的感觉也降低甚至消失，这可能是由于神经纤维及其末梢发生坏死的结果。

厌气性（气性）坏疽时，初期局部出现疼痛性肿胀，并迅速向外扩散，以后触诊肿胀部则出现气性捻发音。从创口流出少量红褐色或不洁带黄灰色的液体。肌肉呈煮肉样，失去其固有的结构，最后由于坏死溶解而呈黑褐色。

【症　状】　初期，创伤周围出现水肿和剧痛。水肿是由于腐败性感染的炎症区内大静脉发生栓塞性静脉炎，有时继发腐败性分解，血液循环受到严重破坏的结果。创伤表面分泌液呈红褐色，有时混有气泡，具有坏疽恶臭的腐败液。创内的坏死组织变为绿灰色或黑褐色。肉芽组织发绀且不平整，因毛细血管脆弱，接触肉芽组织时，容易出血。有时因动脉壁受到腐败性溶解而发生大出血。腐败性感染时常伴发筋膜和腱膜的坏死以及腱鞘和关节囊的溶解。

腐败性感染时，由于病牛经感染灶吸收了大量腐败分解有毒产物和各种毒素，因而体温显著升高。

【治　疗】 病灶应广泛切开，以利于空气的流通，尽可能地切除坏死组织，用氧化剂、氯制剂及酸性防腐液处理感染病灶。

①手术治疗是最基本的治疗方法，一旦确诊为厌气性感染后，对患部应立即进行广泛而深入的切开，一直达到健康组织部分。尽可能地切除坏死组织，除去被污染的异物，消除脓窦，切开筋膜及腱膜。手术的目的是减低组织内压，消除静脉瘀血，改善血液循环，排出毒素并造成一个不利于厌气性致病菌生长繁殖的条件。

②用大量的3%过氧化氢溶液、0.5%高锰酸钾溶液等氧化剂，中性盐类高渗溶液及酸性防腐液冲洗创口。

③创口不缝合，进行开放疗法。

④全身应用大量的抗生素、磺胺类药物、抗菌增效剂及其他防治败血症的有效疗法和对症疗法。

（十二）腐败性感染

腐败性感染的特点是局部坏死，发生腐败性分解，组织变成黏泥样无构造的恶臭物。表面被浆液性血样污秽物（有时呈褐绿色）所浸润，并流出初呈灰红色后变为巧克力色发恶臭的腐败性渗出物。

【病　因】 引起本病的致病菌主要有变形杆菌、产芽孢杆菌、腐败杆菌、大肠杆菌及某些球菌等。葡萄球菌、链球菌及上述的厌氧菌常与之发生混合感染。内源性腐败性感染可见于肠管损伤、直肠炎及肠管陷入疝轮而被嵌闭时。外源性腐败性感染常发生于创内含有坏死组织，深创囊或有可阻断空气流通的弯曲管道的创伤。

【症　状】　初期，创伤周围出现水肿和剧痛。水肿是由于腐败性感染的炎症区内大静脉发生栓塞性静脉炎，有时继发腐败性分解，因而血液循环受到严重破坏的结果。创伤表面分泌液呈红褐色，有时混有气泡，具有坏疽恶臭。创内的坏死组织变为灰绿色或黑褐色，肉芽组织发绀且不平整。因毛细血管脆弱故接触肉芽组织时，容易出血。有时因动脉壁受到腐败性溶解而发生大出血。腐败性感染时常伴发筋膜和腱膜的坏死以及腱鞘和关节囊的溶解。

腐败性感染时，由于病牛经感染灶吸收了大量腐败分解有毒产物和各种毒素，因而体温显著升高。

【治　疗】　病灶应广泛切开，以利于空气的流通，尽可能地切除坏死组织，用氧化剂、氯制剂及酸性防腐液处理感染病灶。

腐败性感染的预防在于早期合理扩创，切除坏死组织，切开创囊，通畅引流，保证脓汁和分解产物能顺利排出，并保证空气能自由地进入创内。

（十三）全身化脓性感染

全身化脓性感染又称为急性全身感染，包括败血症和脓血症等多种情况。它是以开放性损伤、局部炎症和化脓性感染过程以及病牛常因发生感染性休克而死亡为特征。

1. 败血症　指致病菌（主要是化脓菌）侵入血液循环，持续存在，迅速繁殖，产生大量毒素及组织分解产物而引起的严重的全身性感染。

2. 脓血症　指局部化脓病灶的细菌栓子或脱落的感染血栓，间歇进入血液循环，并在机体其他组织或器官形成转移性脓肿。败血症和脓血症同时存在者，又称为脓毒败血症。

3. 菌血症和毒血症　菌血症和毒血症不是全身感染。菌血症是少量致病菌侵入血液循环内，迅速即被机体的防御系统所消除，不引起或仅引起短暂而轻微的全身反应。毒血症则是由于大量的毒素进入血液循环所致，可引起剧烈的全身反应。毒素可来自细菌、严重损伤或感染后组织破坏分解的产物，致病菌留居在局部感染病灶处，并不侵入血液循环。所以，全身化脓性感染仅包括败血症、脓血症和脓毒败血症。

临床上，败血症、脓血症、毒血症等有时难以区分开，多呈混合型。如败血症本身已包含毒血症，脓毒败血症既包含败血症，又包含脓血症。因而，目前临床上把急性全身性感染多统称为败血症。近年来，有人主张将严重的化脓性感染引起明显全身反应，有显著中毒症状的称为脓毒症。

【病　因】　局部感染治疗不及时或处理不当，如脓肿引流不及时或引流不畅、清创不彻底等；致病菌繁殖快、毒力大；病牛抵抗力降低等均可引起全身化脓性感染。此外，免疫功能低下的病牛，还可并发内源性感染尤其是肠源性感染，肠道细菌及内毒素进入血液循环，导致本病发生。多种致病菌均可引起全身化脓性感染，如金黄色葡萄球菌、溶血性链球菌、大肠杆菌、绿脓杆菌和厌氧性病原菌等。有时呈单一感染，有时是数种致病菌混合感染。其中革兰氏阴性杆菌引起败血症更为常见。

当机体内存在有化脓性、厌氧性、腐败性感染或混合性感染时，则构成发生全身化脓性感染的基础。但是，有的只发生疖、痈和脓肿等局部感染，而有的则发生蜂窝织炎，甚至有时局部感染较严重，亦不致引起全身化脓性感染。这一方面决定于病牛的防卫功能，而另一方面也取决于致病菌的毒力。

有机体的防卫机能在全身化脓性感染的发生上具有极其重要的意义。在病牛的免疫功能降低时，病原菌在感染灶内可大量生长繁殖。如局部化脓病灶处理不当或止血不良等，感染病灶的细菌通过栓子或被感染的血栓进入血液循环而被带到各种不同的器官和组织内，在它们遇到生长繁殖有利条件时，即在这些器官和组织内形成转移性脓肿。若牛体抵抗力高度下降，病程进一步发展，感染病灶的局部代谢和分解产物及致病菌本身，可以随着血液及淋巴流入体内，大量致病菌和各种毒素可使病牛心脏、血管系统、神经系统、实质器官呈现毒害作用，导致一系列的功能障碍，最后发生败血症。经验证明，如果败血病灶成为细菌毒素大量生长繁殖和制造的场所，即使机体有较强的抵抗力，也往往容易发生败血症。因此，治疗败血症应从原发败血病灶着手。

【症　状】

（1）**脓血症**　特征是致病菌本身通过栓子或被感染的血栓进入血液循环而被带到各种不同的器官和组织内，在它们遇到生长繁殖的有利条件时，即在这些器官和组织内形成转移性脓肿。转移性脓肿由粟粒大到成年人拳头大，见于有机体的任何器官，如肺、肝、肾、脾、脑及肌肉组织内。当创伤性全身化脓性感染时，首先在创伤的周围发生严重的水肿、疼痛剧烈，以后组织即发生坏死。肉芽组织肿胀、发绀，也发生坏死。脓汁初呈微黄色黏稠，以后变稀薄并有恶臭。病灶内常存有脓窦、血栓性脉管炎及组织溶解。随着感染和中毒的发展，病牛出现明显的全身症状。最初精神沉郁，恶寒战栗，食欲废绝，但喜饮水，呼吸加速，脉弱而频，出汗。体温升高，有时呈典型的弛张热型，有时则呈间歇热型或类似间歇热型。在体温显著升高前常发生战栗，体温下降后则出汗。倘若转移性败血病灶不断有热源性物质被机体吸收则可出现稽留热，病牛卧地不起而发生褥疮。每次发热都可能和致病菌或毒素进入血液循环有关。在脓肿和蜂窝织炎的吸收热期也可见到体温升高，但在一昼夜内并无显著变化。若病牛体温有明显的变化，且血压下降常常是全身化脓性感染的特征。当长时期发高热，而间歇不大，且其他全身症状加重时，则说明病情严重常可导致动物的死亡。当肝脏发生转移性脓肿时眼结膜可出现高度黄染。肠壁发生转移性脓肿时可出现剧烈的腹泻。呼气带有腐臭味并有大量的脓性鼻液，是肺内发生转移性脓肿的特征。病牛出现痉挛可能是脑组织内发生了转移性脓肿，尿的比重降低，并出现病理产物，血液出现明显的变化。

血液检查，可见到血沉加快，白细胞数增加，核左移，中性粒细胞中的幼稚型白细胞占优势。在血检时如见到淋巴细胞及单核细胞增加时，常为康复的标志。但如红细胞及血红素显著减少，而白细胞中的幼稚型中性粒细胞占优势，此时淋巴细胞增加往往是病情恶化的象征。在检查败血病灶创面的按压标本的脓汁象时，在严重的病例，则见不到巨噬细胞及溶菌现象，但脓汁内却有大量的细菌出现，此乃病情严重的表现。如脓汁象内出现静止游走细胞和巨噬细胞，则表明有机体尚有较强的抵抗力和反应能力。

（2）败血症 原发性和继发性败血病灶的大量坏死组织、脓汁以及致病菌毒素进入血循后引起患畜全身中毒症状。病牛体温明显增高，一般呈稽留热，恶寒战栗，四肢发凉，脉搏细数，动物常躺卧，起立困难，运步时步态蹒跚，有时能见到中毒性腹泻。随病程发展，可出现感染性休克或神经系统症状，病牛可见食欲废绝，结膜黄染，呼吸困难，脉搏细弱，病牛烦躁不安或嗜睡，尿量减少并含有蛋白或无尿，皮肤黏膜有时有出血点，血液学指标有明显的异常变化，死前体温突然下降。最终器官衰竭而死。

【诊 断】 在原发感染灶的基础上出现上述临床症状，诊断败血症常不困难，但临床表现不典型或原发病灶隐蔽时，诊断可发生困难或延误诊断。因此，对一些临床表现如畏寒、发热、贫血、脉搏细速、皮肤黏膜有瘀血点、精神改变等，不能用原发病来解释时，即应提高警惕，密切观察和进一步检查，以免漏诊败血症。

确诊败血症可通过血液细菌培养，但已接受抗菌药物治疗的病牛，往往影响到血液细菌培养的结果。对细菌培养阳性者应做药敏试验，以指导抗生素的选用。同时，配合开展血液电解质、血气分析、血尿常规检查以及反应重要器官功能的监测，对诊治败血症具有积极的临床意义。

【治　疗】　全身化脓性感染是严重的全身性病理过程。因此，必须早期的采取综合性治疗措施。

（1）**局部感染病灶的处理**　必须从原发和继发的败血病灶着手，以消除传染和中毒的来源。为此必须彻底清除所有的坏死组织，切开创囊、脓肿和脓窦，摘除异物，排出脓汁，畅通引流，用刺激性较小的防腐消毒剂彻底冲洗败血病灶，然后局部按化脓性感染创进行处理。创围用混有青霉素的盐酸普鲁卡因溶液封闭。

（2）**全身疗法**　为了抑制感染的发展可早期应用抗生素疗法。根据病牛的具体情况可以大剂量地使用青霉素、链霉素或四环素等。为了增强机体的抗病能力，维持循环血容量和中和毒素，可进行补液。为了防治酸中毒可应用碳酸氢钠疗法，应当补给维生素和大量给予饮水。为了增强肝脏的解毒功能和增强机体的抗病能力可应用萄糖疗法。

（3）**对症疗法**　目的在于改善和恢复全身化脓性感染时受损害的系统和器官的功能障碍。当心脏衰弱时可应用强心剂，肾功能紊乱时可应用乌洛托品，败血性腹泻时静脉内注射氯化钙。

二、奶牛手术实践技巧

（一）奶牛真胃变位整复术

真胃变位是指真胃离开了其正常位置，移到瘤胃与腹壁之间或者肝脏与腹壁之间。对于手术者，应该承认真胃变位的核心是幽门离位，手术目标是幽门归位，手术中不提倡在真胃上做文章，术后养瘤胃是恢复的关键。

【诊　断】

（1）**左方变位诊断**　①85% 的真胃变位发生在产后 2 周内，

头胎牛产后多发。②产后牛体温、脉搏、呼吸正常，表现食欲不振，时好时坏，呈典型的消化性酮血症，药物治疗无明显效果，即可怀疑真胃变位。③左侧肋骨后缘可看到且能摸到一个气球状的半圆形气囊。④左侧肋间叩诊出现明显的钢管音，但有时叩诊，钢管音偶然会消失。⑤触诊左肷部可感知腹壁与瘤胃间有距离感即可确诊。⑥注意，当左侧大面积钢管音时，务必仔细鉴别，在瘤胃麻痹时，左侧叩诊也出现钢管音。

（2）右方变位诊断　①流行疾病特征同左方变位相似，主要发生在产后牛。②叩诊右侧为持续"钢管音"，钢管音多数从后数3～6肋间下部逐渐扩大至右上肋间和肋骨弓稍。③症状明显时，多数牛只表现有突然腹痛，呈现明显的瘤胃积液、前胃炎和酮病症状等。④病时间长了，右腹肋骨弓明显涨起，在右肋后缘可看到并且能摸到真胃积气、积液的囊状隆起，用掌冲击或用拳冲击该部位可听到拍水音。⑤排黑色稀便，钢管音面积扩大。通过以上特征即可确诊。

【手　术】　真胃变位手术要领使移位的幽门归位。

（1）左方变位手术步骤

①对奶牛进行全面检查，再一次确诊为真胃变位，方可进行手术。手术前或手术中补液并给予抗生素和止血药。

②准备手术器械并消毒。

③保定，四柱栏站立保定，加双腹带。

④麻醉，腰旁三神经传导麻醉，切口局部浸润麻醉。

腰旁三神经传导麻醉操作：最后肋间神经的刺入点：用手触摸第一腰椎横突游离端前角，用输液器针头垂直皮肤进针，深达腰椎横突前角的骨面，将针尖沿前角骨缘，再向前下方刺入0.5～0.7厘米，注射3%盐酸普鲁卡因液10毫升以麻醉最后肋间神经的深支。注射时应左右摆动针头，使药液扩散面扩大。然后提针至皮下，再注入10毫升药液，以麻醉最后肋间神经的浅支。肥胖奶牛，可在最后肋骨后缘2.5厘米、距脊中线12厘米处进针。

髂下腹神经的刺入点：用手触摸第二腰椎横突游离端后角，垂直皮肤进针，深达横突骨面，将针沿横突后角骨缘再向下刺入 0.5～1.0 厘米，注射药液 10 毫升，然后将针退至皮下再注射药液 10 毫升，以麻醉第一腰神经浅支。髂腹股沟神经的刺入点在牛第四腰椎横突游离端前角或后角进针。其操作方法和药液注射量同髂下腹神经。

切口局部浸润麻醉操作：肷部切口用 15 毫升 0.5% 普鲁卡因分 3 点注射，15 分钟后开始手术。

⑤术部剃毛消毒隔离。在左右肷部剃毛、清洗、消毒、用洞创巾隔离。

⑥手术过程：左侧肷部中切口，分层切开腹壁全层，暴露腹腔，检查腹腔，确诊是左方变位。经过左侧肷部切口向腹腔内灌注生理盐水 2 000 毫升 ＋ 青霉素 1 600 万国际单位 ＋2% 普鲁卡因 80 毫升。用带有胶管的针头，刺入真胃排气，也可以用 2 个针头同时放气，排气管外口插入装有水的玻璃瓶子，排出真胃内全部气体，在排气过程中可以清晰地观察到排出气体时瓶子中的水泡。待左侧真胃气体排净，再进行右侧肷部前下切口，切开腹壁全层，切口尽量在下，防止切伤肾脏脂肪囊。向腹腔内灌注生理盐水 1 000 毫升。术者左手进入腹腔，手沿腹腔壁伸到腹腔底部，寻找附在网膜上的幽门。幽门呈 4 厘米×6 厘米，组织较硬，用手指碰到即可，不需要全把抓住幽门。在牵拉网膜时，向腹腔内再次倒入生理盐水 500 毫升，轻轻将网膜向上牵拉，就可以将幽门拉起来，术者再次从左侧切口，右手进入腹腔左侧，摸不到真胃，说明真胃复位完成。幽门生理位置为右侧肩关节水平线与最后肋骨交汇处。幽门归位，位置正确，幽门排出口向上，真胃复位完成。用带有 18 号缝的直三棱针穿透腹壁，提出缝针，左手拉起幽门部网膜，右手持针，穿过幽门部网膜，再反手穿出腹壁外（肩关节水平线与最后肋骨交界处），在腹壁外打结。为防止撕裂，一般需要缝合两针线固定。也可以将幽门部网膜固定在

腹膜上，可以防止复发，但这样会形成粘连性腹膜炎。利用虹吸机理将先前倒入腹腔的生理盐水导出，或用大块无菌纱布取出腹腔内积水。腹腔投入青霉素粉1600万国际单位，链霉素粉300万国际单位。常规闭合腹壁切口、毒瘟清消毒切口，切口结系绷带包扎。

（2）右方变位手术步骤

①保定、麻醉同上。

②右侧肷部前下切口，切开腹壁全层，切口尽可能靠下，以防误伤右侧肾脏脂肪囊。

③向腹腔内灌注生理盐水2000毫升＋青霉素800万国际单位＋普鲁卡因100毫升。

④用带导管针头排出真胃内气体，真胃内气体多时，可以用2根带导管针头同时穿入真胃排气。即使是真胃内有大量液体，也禁止切开真胃进行排液，只需要归位幽门，保持幽门正常姿势，便可排泄畅通。

⑤术者左手进入腹腔，手沿腹腔壁伸到腹腔底部，寻找附在网膜上的幽门。幽门一般呈4厘米×6厘米，组织较硬，用手指头碰到即可，不需要全把抓住幽门。在牵拉网膜时，先向腹腔内再次倒入生理盐水500毫升，轻轻将网膜向上牵拉，就可以将幽门拉起来，幽门生理位置为右侧肩关节水平线与最后肋骨交汇处。

⑥用带有18号缝的直三棱针穿透腹壁，提出缝针，左手拉起幽门部网膜，右手持针，穿过幽门部网膜，再反手穿出腹壁外（肩关节水平线与最后肋骨交界处），在腹壁外打结。一般需要缝合两针线固定，防止撕裂。也可以将幽门部网膜固定在腹膜上，防止复发，但是会形成粘连性腹膜炎。腹腔投入青霉素粉1600万单位，链霉素粉300万单位。常规闭合腹壁切口，用毒瘟清消毒切口，结系绷带包扎切口。

【术后护理】 手术后，要以恢复瘤胃内环境，促进瘤胃微生物群系，促进酮血症恢复为主，以养活瘤胃微生物为主线，同时调节机体全身水平衡、酸碱平衡、电解质平衡、渗透压平衡、营养平衡为主要手段。

具体护理方法如下：

①术后单独饲养，不能禁止粗饲料，给少量优质干草和少量精饲料为瘤胃微生物复活做营养底料，常规饮水。②生理盐水 500 毫升 + 氨苄西林 12 克 +2% 普鲁卡因 100 毫升，腹腔封闭，连续 5 天。③小苏打 100 克加水 1000 毫升，口服；干酵母 150 克 + 硫酸镁 300 克 + 水 3000 毫升 + 消气灵 2 支 1 次灌服，每天 1 次，连续 4 天。④ 5% 碳酸氢钠 500 毫升，25% 葡萄糖 1500 毫升 + 氢化可的松 120 毫升 + 维生素 C 100 毫升 + 维生素 B_1 100 毫升 + 呋塞米 40 毫升，10% 浓盐水 500 毫升，5% 氯化钙 250 毫升，一次静脉注射，连续 4 天。⑤维生素 B_{12} 20 毫升，肌内注射，每天 1 次，连续 5 天。⑥真胃复位手术是一个物理过程，尽可能减少不必要的真胃再损伤。手术关键是复位和固定，修复主要是促进瘤胃内环境回复正常。真胃复位就好比提衣服要提领子，拉网膜，便可带起幽门。固定幽门部网膜与腹壁外，防止形成腹膜炎造成不全愈合。临床上，在固定网膜时，也可以直接将网膜固定在切口内的腹膜上，这样固定法，可以防止真胃变位复发，但会形成永久性腹膜炎，不是最理想的方法，但最实际生产中，可以达到暂时的临床好效果。手术过程要禁止切开真胃，或损伤真胃。术后修复的重点是恢复瘤胃微生物功能和维持奶牛整个机体的水平衡，电解平衡，酸碱平衡，葡萄糖，维生素的平衡。同时要强心利尿，促进网膜水肿的消除，改善胃肠血液供应。

（二）难产接产术

奶牛难产是指胎儿不能自然娩出。常表现为母牛努责 2～4 小时，不见胎儿自然排出。难产分为胎儿性难产、产道性难产、母体性难产。

奶牛的分娩经过分娩启动期、子宫颈口开张期、胎儿排出期、胎衣排出期，产后子宫快速恢复期。分娩启动期是从产前21天就已经开始了，此时胎盘产生的雌激水平开始升高，但不十分明显，但在分娩前72小时左右才大量产生，雌激素水平急速升高，黄体酮水平急剧下降，同时前列腺素，缩宫素、松弛素、促乳素也随之升高，开始分娩启动的实质性阶段。由于子宫强烈收缩，胎膜、羊水进入子宫颈口，胎儿前置部分进入产道，胎膜内压力剧增，子宫颈口开放，羊膜破裂，伴随着羊水流出，排出胎儿和胎衣。产后子宫收缩力降低，开始子宫净化，复旧完成，子宫颈口关闭。

【诊　断】临床上可见到的难产分为子宫颈口异常性难产和子宫颈口全开放性难产。子宫颈口开放异常性难产，主要见于子宫扭转和子宫颈口开放不全。子宫颈口全开放性难产，常见于胎儿过大、胎位胎势异常、产力不足等。

【治疗方法】难产的急救措施主要有助产术，胎儿截肢术和剖宫产手术。

胎位异常、胎势异常，产力不足性难产建议助产，助产失败立即进行胎儿子宫内截肢术；子宫颈扭转建议先手术复位，复位失败立即进行剖宫产；胎儿异常过大建议剖宫产，或实行胎内截胎术。

1. 子宫扭转复位术　子宫扭转是指母牛进入预产期，由于子宫颈扭转致使出现长时间的努责，不见羊膜和胎儿排出。

【诊　断】临床表现为阴门扭曲、变形；阴道检查发现阴道壁组织扭曲，旋转，常常摸不到子宫颈口；直肠检查可以感觉到子宫位置异常，摸到子宫角扭转的方向。

【手　术】翻转母牛整复术。

①将母牛牵引至平坦的沙地或者运动场，铺垫稻草或麦秸，0.1% 新洁尔灭消毒外阴部。

②前列腺素 0.6 毫克，一次肌内注射。奶牛静脉补充 10% 葡

萄糖酸钙 1 500 毫升，50% 葡萄糖 500 毫升，复方氯化钠 1 000 毫升，分别添加氢化可的松，维生素 C，维生素 B$_1$ 等营养剂，抗生素等。

③速眠灵 2 毫升，或者静松灵 2 毫升，一次肌内注射，进行全麻。

④用双抽筋倒马术将母牛放倒。

⑤顺着子宫扭转的方向翻转母牛，并用 20 厘米宽的木板推挤腹部胎儿，促使子宫复位。每翻转母牛一圈，检查阴道一次，如果子宫复位并且子宫颈口开放立即进行助产。复位失败，或子宫颈口不开立即进行剖宫产。

2. 难产的助产技术　奶牛进入分娩状态，一般是采取自然分娩，远处观察，如果长时间不见胎膜和胎儿露出阴门，就要立即检查，实时助产，提高新生犊牛成活是最主要的任务。

【手　术】

①分娩母牛进入产栏后，消毒会阴部后等待自然分娩。

②母牛出现强烈努责超过 2 小时，阴门不见东西，就要上手检查。

③羊膜破裂后 30 分钟，不见双蹄，或者只见一只蹄子，或者发现是后肢立即进行检查，助产。

④消毒助产器具和母牛阴门，术者穿助产工作服，戴上长臂手套，小心、仔细检查阴道，子宫颈，胎儿，如果胎位、胎势正常，可以等待自然分娩。如果胎儿已经进入产道，立即助产。如果胎儿异常，立即将胎儿推入子宫，进行子宫内胎儿矫正，矫正后，在胎儿双前肢掌部拴上接产绳索，在胎儿头上拴上绳索，打结在口腔内，安装上助产器具进行牵拉，或者直接牵拉，一般牵拉要有 3～4 人。如果发现胎位，胎势严重异常，胎儿已经进入产道，或者由于外力已经进行强行牵拉，往往会形成绝对性的胎儿位置、姿势严重异常，如果此时不能及时矫正，反而强拉，就会加速羊水流出，胎儿楔入产道，阴道壁水肿，此时欲将胎儿再

送回子宫是不可能的，在阴道内进行矫正是无效的，拉出胎儿是不可能的，唯一的出路是立即采取胎儿截肢术取出或进行剖宫产。

3. 胎儿截肢术　胎儿截肢术是指胎儿位势严重异常，经过徒手矫正不能复位，不能完成接产而采取的截断胎儿肢体，将胎儿尸体分成碎片拉出来的方法。此方法，旨在保护母牛生命和健康。

【手　术】

①截肢行动前，静脉补充高糖、钙剂、抗应激药物，提高母牛的耐受性十分重要。

②站立保定或侧卧保定，后海穴注射 2% 普鲁卡因 25 毫升进行局部麻醉或者倒数第二尾椎间隙，硬膜外腔麻醉，其操作为，右手握住牛尾巴，上下晃动，左手指头感知第 2～3 尾椎之间有一个凹陷，用输液器针头，注射 2% 普鲁卡因 15 毫升，15 分钟后进行手术。

③用胎儿绞断器直接绞断阻挡的胎儿器官，不提倡徒手矫正。临床常见的难产有胎儿子宫内头颈侧弯；一侧前肢弯曲向子宫深部，两前肢同时弯曲伸向子宫深部；坐生臀部堵塞阴道。头颈侧弯时，可直接用胎儿铰断器铰断第 6～7 颈椎，取出头颈，再扶正两前肢，拉出胎儿，在牵拉胎儿时适当左右翻转母牛，有利于拉出胎儿。

一侧前肢曲向子宫深部，可直接用胎儿铰断器铰断该前肢肘关节处，再牵拉另一前肢和头，拉出胎儿。

两前肢同时曲回伸向子宫深部，可直接用胎儿铰断器铰断第 6～7 颈椎，取出头颈，再扶正两前肢，拉出胎儿。

倒生胎儿成臀部前置，可直接用胎儿铰断器直接从两后肢之间绞断骨盆，先拉出一后肢，再拉出胎儿。没有胎儿绞断器，可进行胎儿皮下截肢术。操作为：在胎儿前肢腕关节上部，切开皮肤至肩关节，徒手分离皮下组织，再进行牵拉，使胎儿前肢从肩关节处被撕裂，取出一前肢，同样方法取出另一前肢，最后牵拉头颈，将胎儿拉出。阴门清洗消毒。

4. 剖宫产术 指用人工切开腹壁、子宫取出胎儿的技术。

【适应证】 子宫颈口开放不全，子宫扭转，胎儿过大，羊水过多，双胎，助产失败，或者胚胎移植种牛等。

【手 术】 术前补液，补钙、补高糖、注射止血药和抗生素。站立或侧卧保定。腰旁传导麻醉，切口局部麻醉，操作同于真胃变位麻醉术。

手术关键点：选择胎儿靠近腹壁较近的腹侧做切口，依次切开腹壁45厘米以上切口，用大块消毒湿纱布衬垫腹壁切口，拉动子宫体，在子宫体靠近腹壁的大湾处，切开子宫40厘米，排出羊水，手经过子宫切口深入，抓住胎儿两前肢或后肢，迅速拉出胎儿。将子宫切口拉至腹壁切口外，周围用纱布包裹，对子宫壁进行钳夹止血或压迫止血，轻拉胎衣，或剥离胎衣。用大块灭菌纱布清理子宫内积液，用4号羊肠线连续缝合子宫壁全层，再进行肌浆层包埋缝合后，纳还子宫至腹腔。用灭菌纱布清理腹腔内羊水，凝血块，常规关闭腹壁切口，毒瘟清消毒切口，结系绷带包扎切口。

【手术程序】

①用六柱栏保定，保定好并加胸、腹吊带。846麻醉合剂浅麻加腰旁传麻及切口浸润麻醉。

②铺大创巾固定；左胁部后切口靠下位置切开皮肤约40～45厘米，按压、钳夹止血。

③皮下较大血管双重结扎后横断。

④逐层切开腹外斜肌及腹内斜肌，并充分止血。

⑤腹内斜肌与腹横肌间的大血管双重结扎后横断，并避开神经干。

⑥腹横肌切开一小口后做钝性分离。

⑦提起腹膜，切一小口，在有沟探针引导下剪开腹膜。

⑧手伸入腹腔推开大网膜及瘤胃，探查子宫角。

⑨拉出子宫角，助手固定。

⑩在子宫大弯处避开血管，切开子宫壁。

⑪切开胎膜，剥离切口附近的子叶。

⑫放出羊水后，拉出胎儿两前肢或两后肢。

⑬用手托住胎儿，在助手帮助下小心拉出胎儿，切断胎儿脐带。

⑭胎儿拉出后，除去嘴鼻黏液，将全身擦拭干净，必要时人工辅助呼吸。

⑮清理子宫腔后，填塞抗生素，对接缝合子宫全层，伦伯特包埋缝合第二层。

⑯清理腹腔后，逐层缝合腹膜与腹横肌、腹内斜肌、腹外斜肌。

⑰结节缝合皮肤，碘酊消毒，装结系绷带。

【术后护理】 原则：腹腔封闭预防感染，促进子宫收缩，补充营养，提高机体修复能力。

产后用药准则：补钙、补高糖、解除分娩酸中毒、镇痛、补充水盐、提高细胞耐毒性（肾上腺皮质激素）、治疗感染。

治疗方法：①生理盐水 1 000 毫升 + 氨苄西林 12 克 + 2% 普鲁卡因 1 000 毫升，右侧肷中部斜下穿透腹壁，一次注入腹腔。②及时解除酮血病造成的急性低血糖、酸中毒、低血钙、严重的前胃机能障碍，保肝、强心、利尿，维持机体内环境平衡。

推荐处方：

5% 氯化钙 250 毫升（10% 葡萄糖酸钙 1 000 毫升）；25% 葡萄糖 1 000 毫升（50% 葡萄糖 1 000 毫升）+ 氢化可的松 120 毫升 + 维生素 B_1 50 毫升，20% 安纳咖 20 毫升；5% 碳酸氢钠 500 毫升，复方氯化钠 500 毫升 + 20% 硫酸镁 120 毫升 + 呋塞米 40 毫升；10% 浓盐水 500 毫升；复方氯化钠 500 + 氯化钾 8 克；一次缓慢静脉注射。

维生素 B_{12} 20 毫升，一次肌内注射，连续 5 天。

（三）犊牛脐疝整复术

犊牛出生时脐孔比较大，随着年龄的增长，脐孔逐渐缩小恢复正常。犊牛脐疝多数是由于遗传因素，少数是由于出生以后脐带炎症、影响脐孔的收缩致使脐孔未能发育完善，肠管从脐孔脱至皮下。

【诊　断】犊牛出生后在给犊牛断脐带消毒时，都要检查脐孔。正常脐孔由大拇指粗大小，脐孔大小超过拇指粗就可能是先天性脐疝。

【手　术】犊牛脐疝手术多选择在犊牛60日龄后进行，如果发生嵌闭性脐疝，随时可以进行手术。

术前禁食12～24小时。器械常规消毒或灭菌。脐疝局部剃毛、清洗、消毒、隔离后，浸润麻醉（体格大的牛，可以适当采用静松灵1～2毫升全身麻醉）。手术台侧卧保定，前、后肢固定在一根木棍上，前后肢张开，有洞创巾隔离。在疝囊侧壁中部，局部再注射0.5%普鲁卡因10毫升，用18号针头穿刺，进行再次确诊。在疝囊侧壁中部，皱襞切开疝囊皮肤，用18号长针头挑起肌肉，切开肌肉。再用18号长针头挑腹膜，切开腹膜。认真检查疝内容物有无粘连和坏死。仔细剥离粘连的肠管，若有肠管坏死，需进行肠部分切除术。若无粘连和坏死，可将疝内容物直接还纳腹腔内，然后缝合疝轮。若疝轮太小，先进行疝轮切开，使疝轮变大，减少摩擦致使肠管出血，炎症，有利于肠管纳还。在疝轮根部，距离脐孔2厘米处，将多余的疝囊切除，每次切开腹膜2～3厘米，就对腹膜新切面进行结节缝合，直到腹膜全部切除并缝合。此时，关键是腹膜必须有新创面，有出血，才能进行缝合，临床常见错误是没有对腹膜进行切面新创再造就直接缝合，所以，没有愈合，拆线后，又复发了。如果病程较长，疝轮边缘的腹膜变厚变硬，此时需要切割疝轮，使疝囊内层的腹膜形成新鲜创面，再缝合。有时，创口太大，吻合不到一起，此时，需要将大网膜拉来，将大网膜缝合在切口内缘的腹膜上。或者先进行腹腔全层的减张缝合，再分层缝合腹膜、肌肉、皮肤。修整创缘皮肤，结节缝合皮肤，做结系绷带包扎。

【术后护理】 ①生理盐水 200 毫升＋氨苄西林 5 克＋2% 普鲁卡因 20 毫升，右侧腹腔封闭，每天 1 次，连续 5 天。② 25% 葡萄糖 250 毫升＋氢化可的松 50 毫升，25% 葡萄糖 250 毫升＋维生素 C 30 毫升，糖盐水 500 毫升，一次静脉注射，每天 1 次，连续 4 天。③干酵母 5 克，姜酊 30 毫升，陈皮酊 30 毫升，人工盐 40 克，消气灵 1 支，温水 1000 毫升，一次灌服，每天 1 次，连续 4 天。

（四）犊牛屈腱截断术

指浅屈肌腱切断术是治疗先天性屈腱挛缩致球节（掌指关节）屈曲变形的（突球）一种方法。球节的屈曲变形往往不是单独存在的，在一些慢性病例涉及指深屈肌腱或系韧带。单纯的屈腱挛缩用指浅屈腱切断术，确实能使变形的球节恢复到正常位置。本手术同样适合于后肢球节变形的治疗。

【诊　断】 犊牛出时就能看出屈腱挛缩、球节屈曲。

【手　术】 术前禁食 12 小时。器械常规消毒或灭菌。手术台侧卧保定。普鲁卡因局部麻醉。

指浅屈肌腱截断术：在掌中部、指浅屈肌腱和深屈肌腱之间的界限上，做一 10 厘米的纵向皮肤切口，用止血钳分离皮下组织，暴露屈腱。屈腱旁的组织用止血钳分离，并将浅、深屈腱分开，再用切腱刀把浅屈腱切断，皮肤结节缝合，将无菌纱布垫在创口，装上肢绷带。

【术后护理】 肌内注射青链霉素，1 周后开始自由运动。

（五）子宫脱垂整复术

奶牛产后由于低血钙、低血糖、助产过于用力，产后大剂量注射催产素等因素，往往造成子宫全脱。子宫全脱需要立即整复，还纳复位。临床经常见到不能及时复位造成子宫摩擦破裂，出血，冬天被冻伤坏死。

【诊　断】　多在产后几小时内发现子宫脱出阴门外。

【手　术】　站立保定或者左侧侧卧保定。侧卧保定时，要用草袋子装满草粉将奶牛后驱垫起来，保持后高前低姿势，有利于子宫还纳。后海穴或第二尾椎局部麻醉。仔细剥离胎衣。子宫表面涂抹四环素软膏或液状石蜡。

子宫脱出时间比较长者，往往膀胱也随之脱出入翻出的子宫内，需要上下挤压子宫诱使排尿，或需要先导尿，再进行整复。

如果奶牛站立，两名助手用消过毒的饲料空袋子，抬起脱出的子宫至阴门水平位置，主术者，先用手掌或胸脯轻轻挤压子宫体，将子宫内的水分、小肠管、膀胱推压至腹腔。

主术者，用双手先从子宫根部开始，将子宫体向产道推送，手指并拢不可张开，并用胸脯推送，助手也同时用力。第三助手不断地向子宫体上喷洒温热消毒液，起到消毒和润滑作用。将子宫挤压到阴道内时，术者，手握啤酒瓶口，用瓶底推子宫至深部，迅速水平纽扣状缝合阴门2针。如果遇上子宫体严重水肿者，可用硫酸镁粉涂抹于子宫壁，或者用针头穿刺排出水肿液，再进行送还脱出的子宫。冬天当子宫脱出时要及时用棉被包裹脱出的子宫，防治冻伤。

【术后护理】　术后，要全身注射镇痛剂和消炎药，腹腔进行封闭治疗，静脉注射钙剂、高糖、肾上腺皮质激素等对症药物，促进奶牛整体恢复。

单栏饲养，专人护理、观察，防治阴门撕裂子宫再次脱出。8天后拆除阴门缝合线。

（六）会阴部撕裂整复术

奶牛会阴部撕裂创有新鲜创和陈旧创。新鲜创要及时吻合，如果不及时缝合就成了旧创，多数会使会阴完整性受损，排粪时粪便进入阴道。

【诊　断】　新鲜创产后立即就可以看到。陈旧创，会阴部组织缺陷，不易察觉，临床多见会阴部关闭不完整，粪便流入阴道，病牛经常出现里急后重。直肠检查，挤压，可见粪便从阴道流出。

【手　术】

①保定及术部准备。四柱栏加腹吊带站立保定。掏空直肠内积粪，用消毒过的棉布或旧床单填塞直肠，防止排粪。彻底清洗直肠、阴道和会阴部。

②麻醉。静松灵2毫升，肌内注射，会阴部用0.5%普鲁卡因肾上腺素浸润麻醉，在直肠与阴道之间的肌肉层组织中多注射些0.5%普鲁卡因肾上腺素，使其变厚，便于新创面再造和缝合操作。

③预防性止血。手术前肌内注射止血敏20毫升。

④直肠会阴部新鲜创面再造术。距肛门3.0厘米处，用创巾钳向外牵引，术者用手术刀沿健康组织与瘢痕处，一次切透直肠与阴道间的全部组织，用止血钳牵引住要切除的部分，仔细切除老化瘢痕组织，在肛门部和会阴部仔细修整皮肤使完全对合，彻底止血后进行吻合缝合。

⑤缝合。根据同类组织相逢合的原则，用7号缝合线先结节缝合直肠黏膜带肌层，打结于直肠，后缝合阴道黏膜带肌层，打结于阴道，最后整复肛门和会阴部，仔细缝合肛门括约肌和会阴皮肤，阴门关闭严紧，使粪水不能进入阴道。在会阴部伤口上缝上一个三角形塑料布以防粪水污染伤口。

【术后护理】　每天用0.1%高锰酸钾液冲洗外阴，创口处涂以马应龙软膏，局部注射青霉素、链霉素、普鲁卡因，术后12天拆线。

（七）小肠扭转整复术

小肠扭转致使肠道排泄障碍，肠系膜血液循环障碍，瘤胃积液，腹痛，腹腔炎症的急腹症，需要立即手术治疗。

【诊　断】　小肠扭转、梗阻、套叠的临床症状是相似的，主要表现为食欲废绝，腹痛，早期排便稀薄，后期不见排粪。直肠检查，直肠内干燥，无粪便，只见干腻肠黏膜结块，或者是呈果冻样的纤维素凝结物，肠系膜紧张、下垂、有重力感。瘤胃积液，腹围增大。在胸骨柄后15厘米，腹中线偏右2厘米处，腹腔穿刺液呈红色，结合病史即可确诊。

【手　术】　手术有2种途径：一种是常规小肠切除术，另一种是瘤胃减压肠管切除术。

（1）常规手术小肠切除

①四柱栏站立保定，加腹带固定。

②右侧腰旁神经传导麻醉，右侧肷部中切口普鲁卡因浸润麻醉，肌内注射阿托品30毫升。

③首先右侧肷部中切口分层切开腹壁皮肤、肌肉、皱皮切开腹膜，向腹腔内导入生理盐水1 000毫升＋青霉素400万单位＋普鲁卡因适量。

④切开右侧腹壁创口下的深浅大网膜，右手经过网膜切口进入隐窝，顺着肠系膜，向下寻找阻塞或扭转的小肠，将病变拉出腹壁切口外。

⑤用18号缝线将坏死肠管部两端结扎，用大块纱布隔离肠管，向肠管喷洒温生理盐水。用4号缝线结扎阻塞部肠管网膜上血管。在准备切除的肠管切口处，用4号缝线沿网膜根部固定，并由助手牵引住。切除坏死肠管，生理盐水冲洗。肠管断端全层连续缝合，再进行肌肉浆膜层连续内翻包埋缝合，将缝合好的健康肠管纳还腹腔内，缝合网膜。

⑥用大块灭菌纱布，清理腹腔，检查器械，常规关闭腹腔，结

系绷带包扎。但这种方法遇到瘤胃已经有大量积液时成功率较低。

（2）瘤胃减压手术后小肠切除　分两步，第一步切开瘤胃减压，第二步进行扭转肠管切除。准备两套手术器械并消毒。

①瘤胃减压术　四柱栏站立保定，腰旁神经传导麻醉，左侧肷部剃毛，消毒，手术切口普鲁卡因浸润麻醉，打开手术径路，暴露瘤胃。用六角线固定瘤胃与腹壁，常规隔离，切开瘤胃。从瘤胃内导出约80%的容物，用磁铁仔细检查瘤、网胃底部，无异常后缝合瘤胃切口，由于瘤胃壁切口污染严重，沿瘤胃切口边缘内0.5厘米处做一同切除，再造瘤胃壁新创面。用4号缝线结节缝合瘤胃壁，再做内翻缝合，用温生理盐水5 000毫升清洗瘤胃缝合后的切口并彻底清理腹腔，腹壁切口做假缝合后，将奶牛做右侧卧躺卧保定。

②坏死肠管切除　重新更换灭菌器械、敷料等手术用品。将牛拉出四柱栏，肌内注射静松灵2毫升，阿托品25毫升，牛卧倒后，将牛右侧卧地，前后肢分别捆绑在一根木椽子上，打开左肷部腹壁的假缝合。将扭转肠管牵引至创口，确定肠管是否坏死。如果肠管呈暗紫色、黑红色或灰白色，肠壁菲薄、变软无弹性，肠管浆膜失去光泽，肠系膜血管搏动消失，肠管失去蠕动能力，为肠管坏死。判定肠管死活的方法是用生理盐水温敷5～6分钟，若肠管颜色和蠕动仍无改变，肠系膜血管仍无搏动者，可判定肠壁已经发生了坏死。切除坏死肠管：在距坏死肠管端20厘米处的健康肠管部位，先结扎肠系膜血管，后结扎肠管，将坏死肠管一次切除。肠断端吻合：用4.0号丝线先缝合肠系膜根部和肠系膜，再用4.0号丝线连续缝合肠管断端，再进行内翻缝合，确实缝合后，用温的生理盐水清洗肠管，还纳腹腔内。仔细进行腹腔探查，清理腹腔渗出液，腹腔内撒青、链霉素粉，常规闭合腹壁创口。

【护　理】　手术过程中对症用药，输液。术后以调养瘤胃为主，调节全身水和电解质，酸碱平衡为主。

术后连续采用健康牛只瘤胃液 5 千克胃管投进病牛的瘤胃，每天 1 次，连续 4 天。生理盐水 1 000 毫升，氨苄西林 15 克，普鲁卡因 100 毫升，从右侧腹腔注射，每天 1 次，连续 5 天。比赛可灵 10 毫升肌内注射，每天 1 次，连续 5 天。干酵母 200 克，人工盐 200 克，姜酊，橙皮酊各 150 毫升，加水 5 000 毫升，一次灌服。对症输液维持治疗。

【体　会】肠阻塞时，肠道通透性增强，红细胞渗出，腹腔穿刺液红色是确诊肠扭转的重要依据之一。尽快确诊，及时手术是手术治疗成功的关键。奶牛小肠扭转时，为什么先行切开瘤胃减压，后切除肠管呢？答案是：①小肠扭转后导致胃肠静脉回流困难，胃肠中渗出，病牛不断饮水造成瘤胃大量积液，采取常规的小肠切除手术，在全麻醉下，牛侧卧保定时，将瘤胃积液挤压出，造成窒息死亡，所以常规手术往往容易失败。②瘤胃内大量积液，如果采取常规方法切除扭转的肠管，瘤胃内的大量内容物很难顺利地通过肠管吻合部位，造成手术失败。③扭转肠管坏死，病原微生物产生的各种有毒产物大量蓄积在瘤胃和肠道中，在手术前，由于肠壁血液循环障碍，吸收毒素较少。坏死肠管切除完成小肠断端吻合手术后，肠道恢复了血液循环，瘤胃内的毒素很快被吸收，常造成术后牛自体中毒死亡。手术中造成严重脱水和电解质流失，酸碱平衡失调，所以，在手术过程中，要及时对症输液。再则，手术从新鲜手术转为污染手术，再从污染手术转入新鲜手术，一定要做好无菌操作和腹腔的清理工作及瘤胃切口、腹壁切口的新创面再造和缝合工作。术后进行腹腔封闭治疗，全身对症用药治疗，但不建议瘤胃内灌服液状石蜡因为其影响瘤胃内气液面的流通和微生物复活。术后要促进瘤胃的功能恢复，每天采屠宰的健康牛瘤胃液接种是非常重要的。

（八）盲肠扭转整复术

牛盲肠体位于右腹腔底部偏右侧，盲肠尖朝向骨盆腔，盲肠十分发达，内有大量粗纤维，进行着微生物发酵，好似奶牛的瘤胃。但是，牛的盲肠体积小，位于隐窝内，被网膜包裹，盲肠尖向后伸沿抵到骨盆前缘，食糜少，很少发生疾病，往往不引起临床兽医的关注。

盲肠扭转是指盲肠发生臌气扩张后发生位移而造成的病症。特征是盲肠体积增大，叩诊奶牛右侧腹腔上部（肷部后缘）可听到钢管音，触诊可听到拍水音，直肠检查可以摸到圆形凸起的气性囊状物占据骨盆腔，粪便稀少。

【诊　断】　右侧肷部上方鼓起，叩诊结合听诊可以听到大面积金属音，触诊听到拍水音。直肠检查可以摸到盲肠尖占据骨盆腔，内充满气体和液体。

【手　术】　站立保定。腰旁神经传导麻醉，右肷部中切口部局部麻醉。操作方法同于真胃右方变位麻醉。

常规切开右侧腹壁全层，向前翻转大网膜，充分暴露盲肠，用带胶管的针头排出盲肠内气体。在靠近的盲肠体上用 4 号细线做 2 针牵张预置缝合，将盲肠切口部固定。用大块灭菌纱布围住盲肠切口部位。用 4 号单线在盲肠准备切开的切口部位做一个 3 厘米×4 厘米的荷包缝合，用手术刀在荷包缝合中心垂直全层切开，然后将直径 2 厘米左右的硬塑料管扎入盲肠切口，助手迅速将荷包缝合线拉紧，这样就可以将盲肠内积液和部分食糜排出体外，直到无物排出为止。抽出盲肠上的引流塑料管，松开荷包缝合线，助手提起盲肠固定线，使盲肠切口靠近术者，用生理盐水反复冲洗盲肠切口，用 4 号缝合线连续全层缝合肠管，再进行内翻包埋缝合，清理肠管，整复盲肠至其恢复到腹腔底部，向后拉平大网膜，向腹腔内灌注 1 000 毫升生理盐水青链霉素液体，用大块纱布吸附腹腔积液后，常规关闭腹腔，创口喷洒毒瘟清，结系绷带包扎。

【术后护理】　同于真胃变位术后治疗和护理。

（九）瘤胃内异物取出术

瘤胃内异物是指瘤胃内积有了大量的牛毛、塑料绳或塑料薄膜缠绕在一起导致的瘤胃机能障碍。瘤胃切开术适合犊牛和成年牛瘤胃内异物取出，成年牛瘤胃瘘管安装。

【诊　断】　根据牛反复性前胃弛缓、瘤胃反复臌气，静脉输给葡萄糖精神明显好转，体温正常，有远距离运输经历，并且经过长时间的治疗反复发作，表现为顽固性前胃弛缓时即可怀疑瘤胃内有异物。

【手　术】

①四柱栏内站立保定，腰旁神经传导麻醉，左肷部切口浸润麻醉。操作同上。

②左侧肷部中切口，分别切开皮肤、肌肉，皱皮法切开腹膜，充分止血。

③沿瘤胃预备切口缘4厘米处，分6点将瘤胃浆膜带肌肉层分别缝合在对应的腹膜带肌肉上，瘤胃壁与腹膜间隙用灭菌纱布严格填塞，腹壁创口下缘用大块纱布严密填实。

④用4号缝合线在瘤胃壁切口外2厘米处做预置固定，提起瘤胃壁，进入下一步切开瘤胃的污染手术。术者持刀，垂直一次切开瘤胃全层，压迫止血或者钳夹止血。

⑤小心取出瘤胃内食糜后，进行瘤胃探查，异物取出，用吸铁石吸取网胃内金属异物，完成瘤胃清理手术。

⑥生理盐水冲洗瘤胃壁切口异物，沿瘤胃切口缘外1厘米做瘤胃壁切口新创再造术，即沿瘤胃切口上缘，切开瘤胃壁，切开3厘米左右，就对新的瘤胃壁切面进行结节缝合，再向下切开3厘米，再进行结节缝合，随时用生理盐水冲洗瘤胃壁创面，止血，直至全部切除瘤胃壁污染创缘，并密闭缝合瘤胃壁新切口。对瘤胃壁新切口再进行连续内翻缝合。

⑦清理腹腔。向腹腔投入生理盐水1 000毫升，用大块灭菌

纱布，彻底清理腹腔内纤维素、血凝块、渗出液及生理盐水，再向腹腔内投入青霉素粉1 600万单位，链霉素粉300万国际单位。连续缝合腹膜，分层缝合肌肉，结节缝合皮肤，结系绷带包扎。

⑧瘤胃瘘管安装。奶牛场安装瘤胃瘘管，主要是为了及时提取瘤胃液用于接种给腹泻病牛。保定、麻醉，手术准备同上。依次切开皮肤，肌肉，腹膜，切口大小要与瘤胃瘘管的直径相吻合。打开腹腔后，首先将瘤胃浆膜与腹膜带肌肉做严密缝合，严密隔离，防止腹腔污染。用2根4号线固定瘤胃壁，再切开瘤胃壁，排除瘤胃气体，片刻后，将瘤胃瘘管安装到瘤胃壁上，对切开的瘤胃壁切口与皮肤进行严密结节缝合。最后再对瘘管周围的腹壁肌肉结节严密缝合，切口皮肤做结节缝合，打结。7天后拆除皮肤缝线。

【术后护理】 肌内注射青霉素和硫酸链霉素或者腹腔封闭治疗。

（十）真胃积沙整复术

真胃积沙是进口育成奶牛和舍饲奶牛十分常见的一种疾病。特征是大量泥沙积聚幽门部，随着幽门的排空，积聚幽门内泥沙重量增加，致使幽门下沉腹腔底部，改变了幽门的正常位置和形态，从而使幽门排空受阻，导致真胃积食，甚至前胃发炎，瘤胃大量积液，前胃弛缓，个别牛出现腹泻，粪便发黑。

【诊 断】 真胃积沙的病牛，在早期可以发现有异食癖现象，或看见牛大量采食沙子。粪便筛检查发现有大量沙石，病牛粪便干少，排粪困难，直肠检查可发现粪便有明显的沙石。少数病牛在右侧倒数1～5肋间叩诊，结合听诊可听到清脆、持续的钢管音，多数粪便稀少。随着病程延长，粪便逐渐减少，当真胃完全阻塞，可继发严重的瘤胃机能异常，瘤胃积液，臌胀，瘤胃蠕动音极弱，有的消失等。

【手　术】

①四柱栏内站立保定，右侧腰旁神经传导麻醉，右肷部切口局部浸润麻醉，肷部前下切口分层切开腹壁。

②首先经过腹壁切口向腹腔内灌注生理盐水 2 000 毫升＋青霉素 1 600 万单位＋2% 普鲁卡因 100 毫升。

③用带有输液器的针头排出真胃内气体，然后向真胃内注射生理盐水 5 000 毫升＋甲氧氯普胺（胃复安）片 15 片＋10% 浓盐水。

④术者左手伸入腹腔底部，托起真胃，上下摆动，将真胃内食糜与注射进去的水盐混合成粥状。

⑤向腹腔内再次倒入生理盐水 500 毫升，轻轻将网膜向上牵拉，术者左手提拉网膜，带起幽门，将幽门内积聚的粪便，泥沙推向真胃内。再牵拉网膜，带幽门至生理位置。

⑥用带有 18 号缝线的直三棱针穿透腹壁进入腹腔，再将缝针穿过幽门旁边的网膜，再反手穿出腹壁外（肩关节水平线与最后肋骨交界处），在腹壁外打结。一般需要缝合两针，防止幽门部网膜撕裂。常规闭合腹壁切口、消毒切口，结系绷带包扎。

【术后护理】　术后 2 天内，禁止采食大量日粮，每天通过瘤胃灌注器向瘤胃灌注温水 20 千克＋硫酸镁 500 克＋益康 XP200 克，每天 1 次，连续 3 天。10% 氯化钠 1 000 毫升，葡萄糖酸钙 1 000 毫升，25% 葡萄糖 1 000 毫升，维生素 C 120 毫升，维生素 B_1 100 毫升，静脉注射。生理盐水 500 毫升＋青霉素 800 万单位＋链霉素 200 万单位，2% 普鲁卡因 100 毫升，右侧肷窝，腹腔内注射，每天 1 次，连续 4 天。

其他护理同真胃变位术后护理。

（十一）腹壁疝整复术

腹壁疝是由于腹膜孔过大或腹膜破裂致小肠等内脏器官脱至皮下的病程过程。

腹壁疝临床常见有外伤性腹壁疝和阴囊赫尔尼亚。手术的关键是早期及时扩开疝孔，还纳肠管，减少脱出至皮下小肠或者网膜的损伤和坏死。

【诊　断】腹壁突然隆起，穿刺有粪水，听诊隆起部位有小肠流水音，触摸可以摸到疝轮即可确诊。

【手　术】

①进行奶牛腹腔手术时，采取侧卧保定，一般不提倡静松灵全身麻醉，因为在手术中牵拉肠管往往会引起牛呕吐，在全麻状态，经常造成食糜进入气管而窒息死亡。最好采取腰旁神经传导麻醉结合切口部位局部浸润麻醉，就可完成手术。

②侧卧手术台保定或者修蹄车上侧卧保定，前、后肢固定在一根木棍上，使前后肢张开，在距离疝轮最近处剃毛、消毒、有洞创巾隔离。

③疝轮靠近腹壁上部，沿疝轮行纵向切开皮肤。疝轮靠近腹壁下部，沿疝轮横向切开皮肤、肌肉，暴露肠管。用大块灭菌湿纱布围住切口并覆盖肠管，术者不要急于向腹腔还纳肠管，第一要务是及时扩大疝轮（腹膜），扩大疝轮后会很容易将肠管还纳于腹腔。在疝轮口小的情况下，粗暴还纳肠管易造成挫伤、出血、感染，甚至肠管坏死送还肠管困难耗时。但是，疝轮口被扩大后，被送进腹腔的肠管又反复被挤出来，术者首先将肠腔有液体、食糜段的肠管还纳入腹腔。

④闭合腹膜切口。术者首先在疝轮侧壁两侧皮肤上，距离腹膜切口3厘米处用18号缝线做水平预置缝合2～3针，最后做皮肤、肌肉、腹膜的减张缝合用，由助手牵拉。术者先从腹膜切口一端用4号缝合线，结节缝合或连续缝合腹膜，并随时将肠管还纳入腹腔。如果疝轮靠近腹下部，为了防止缝合后的腹膜再次被撕裂，肠管完全送还到腹腔内时，逐渐拉紧皮肤预置缝合线打结。然后再用4号缝线连续缝合腹膜，18号丝线缝合肌肉和皮肤，结系绷带包扎。缝合5天后，再拆除腹壁全层减张缝合缝

线，拆线过早会导致腹膜缝合处撕裂，肠管又会脱至皮下，又形成疝。

【术后护理】

①术后，腹腔生理盐水 1000 毫升＋青霉素 1600 万单位＋链霉素 300 万单位＋2% 普鲁卡因 100 毫升，一次右侧肷部腹腔注射，连续 5 天。静脉注射 25% 葡萄糖 500 毫升＋氢化可的松 100 毫升，25% 葡萄糖 500 毫升＋维生素 C 100 毫升，10% 浓盐水 500 毫升，复方氯化钠 500 毫升＋维生素 B_1 50 毫升，糖盐水 500 毫升＋20% 安钠咖 30 毫升＋呋塞米 50 毫升，一次静脉分别注射。每天 1 次，连续 5 天。

②小苏打 100 克＋水 1000 毫升灌服。干酵母 150 克（益康 XP）＋硫酸镁 300 克＋水 4000 毫升，一次灌服，每天 1 次，连续 3 天。

③术后前 2 天适当限饲，自由饮水，但是，绝对不能禁止粗饲料采食，因为，瘤胃微生物需要粗饲料作为自己的营养。单栏饲养，及时对症治疗。

（十二）腹壁透创整复术

腹壁透创是指腹壁受到机械性创伤致使腹壁贯通，临床常见小肠或者大网膜由创口脱出皮外。

【诊　断】临床上直接可见小肠或者网膜经过创口脱出体外。

【手　术】

①用大块纱布或者床单经过消毒将脱出肠管包裹。

②注射静松灵或鹿眠灵 4 毫升，阿托品 30 毫升，采用双抽筋倒牛法将牛侧卧保定于地面。如果牛瘤胃积液较多，可不做全麻，只做创口部局部麻醉。直接将牛侧卧保定，前、后两肢固定在一根杠子上，前后拉开，充分暴露腹腔损伤部位。

③用 0.1% 新洁尔灭温水溶液清洗肠管和创口，用大块创巾分别隔离肠管，用消毒后的大块纱布包裹脱出的肠管，并喷洒温

生理盐水。创口局部剃毛、消毒，扩创、纳还肠管。

④创口两侧皮肤进行 2～3 针全层减张缝合，再结节缝合腹膜，肌肉，皮肤，结系绷带包扎。

【术后护理】 护理同于腹壁疝用药。

（十三）食道阻塞整复术

奶牛食道阻塞比较常见，多数发生在采食时候，忽然受到惊吓，致使吞咽反射障碍所致。临床可见牛忽然不安，伸颈甩头，流涎，瘤胃臌气。多数在颈部食道，触诊可以摸到颈部食道内异物，少数在胸部食道，胃管探针可确定其部位。颈部食道多见由萝卜、苹果、马铃薯等硬物阻塞，均建议由口腔取出。粉料阻塞，建议用硬水管送至瘤胃，棉絮物阻塞，建议行食道切开取出。

【诊 断】 采食过程中忽然发生吞咽障碍，表现不安，伸颈甩头，流涎、瘤胃膨胀，颈部阻塞可在以摸到，胸部阻塞，用胃管探针即可确诊。

【手 术】

（1）**异物口腔取出** ①保定，站立保定，颈部伸直，固定头部。②全身镇静，配合局部浸润麻醉，或全身麻醉。③助手从胸口，沿食道向咽部推送阻塞物，手术用开口器打开口腔、手伸入口腔，将咽部异物取出。

（2）**食道切开术** ①保定，侧卧保定，颈部伸直，固定头部。②全身镇静，配合局部浸润麻醉。③手术通路及式式。颈部食管手术通常分为颈静脉上方切口与下方切口。上方切口是在颈静脉的上缘，臂头肌下缘 0.5～1.0 厘米处，沿颈静脉与臂头肌之间做切口。此切口距离主手术食管最近，手术操作较为方便。若食管有严重损伤，术后不便于缝合，则应采用下方切口，即在颈静脉下方沿着胸头肌上缘做切口。此切口在术后有利于创液排出。

不论是颈静脉上方或下方切口，都必须沿颈静脉沟纵向切开皮肤，切口长度视阻塞物大小及动物种类而定，牛可达 12～15 厘米。用手术刀切开皮肤、筋膜（含皮肌），钝性分离颈静脉和肌肉（臂头肌或胸头肌）之间的筋膜，在不破坏颈静脉周围的结缔组织腱膜的前提下，用剪刀剪开纤维性腱膜。在颈下 1/3 手术时需剪开肩胛舌骨肌筋膜及深筋膜，而在上 1/3 和中 1/3 手术时必须钝性分离肩胛舌骨肌后再剪开深筋膜。根据解剖位置，寻找食管。有梗塞的食管，容易发现。食管呈淡红色，当用手检查缺少异物的食管时，有柔软、空虚、扁平、表面光滑，而管的中央有索状（为食管黏膜）感觉。

食管暴露后，小心将食管拉出，并用生理盐水浸湿的灭菌纱布隔离。沿食道纵形切开食道，取出异物，分别用 4 号线缝合食道黏膜，缝合食道肌肉和浆膜层，依次缝合肌肉和皮肤，局部消毒，结系绷带包扎。

【术后护理】 每天肌内注射青链霉素，安痛定注射液。静脉补充糖和电解质。局部每天喷洒毒瘟清。术后 3 天只能饮流食。

第十章
奶牛常见其他疾病防治

一、上呼吸道阻塞

奶牛上呼吸道阻塞是指组成上呼吸道的器官及其紧邻的组织和器官结构异常、炎症、肿瘤，或异物进入呼吸道，导致呼吸道狭窄而引起的上呼吸道疾病。上呼吸道阻塞的主要特征是吸气性呼吸困难，张口呼吸。根据上呼吸道阻塞出现的原因可以分为先天性阻塞和获得性阻塞。

先天性上呼吸道阻塞的原因主要有呼吸道上皮原性咽囊肿、鼻囊肿、囊性鼻甲、颅骨异常、喉畸形、腮囊肿、鼻中隔偏曲、鼻息肉、鼻腔肿瘤等。这种情况可能在出生时就存在，或在出生后几个月内见到。可见吸气性呼吸困难，带有可听见的打鼾声或鼾声性吸气是多见的症状。一般治疗无效，建议淘汰。获得性阻塞比较常见。

【病　因】　大部分原因是呼吸道以外的组织和结构的增大或炎症，如肿大的上额窦突入呼吸道、咽脓肿、淋巴结肿大、肿瘤压迫、异物等。异物进入原因：牛在采食过程中，突然受到惊吓，会厌软骨来不及遮住呼吸道时，一些大块食物会进入上呼吸道；或者在麻醉情况下，食物反流进入上呼吸道等，引起上呼吸道阻塞。

【症　状】　患牛最先观察到的症状是进行性吸气呼吸困难。

咽脓肿或慢性上颌窦炎的患牛可能发热。上颌窦发炎、单侧鼻咽或上颌窦肿瘤患牛可出现单侧流鼻液或一个鼻孔气流减小。有些病例，由于慢性炎症或肿瘤坏死，在呼出气体中有一种腐臭味。

【诊　断】　根据症状结合观察口腔和鼻腔，注意鼻孔的通气性和呼吸气味，检查上前臼齿和臼齿有无异常。胃管探诊鼻腔以确定鼻腔有无占位性病变即可确诊。

【治　疗】　治疗原则除去阻塞物、抗菌消炎、对症治疗。

通过治疗炎症病变，解除外来压力是治疗的关键。咽和咽后部脓肿需要外科手术切开，引流，每天清洗引流部位。

慢性上颌窦炎应采用环锯术治疗，摘除全部齿龈部感染的牙齿。每天用稀释的消毒液或灭菌盐水冲洗患部，全身使用抗生素治疗。

肿瘤病例如果不能进行手术立即淘汰。

二、支气管炎

奶牛支气管炎为支气管黏膜表层或深层的炎症。临床表现主要是咳嗽、流鼻液，肺部听诊有干、湿啰音。

【病　因】　主要是受寒感冒或受各种理化因素的刺激而发病，或继发于肺炎、喉炎、肺丝虫等某些传染病和寄生虫病。

【症　状】　按病程可分为急性和慢性两种。

（1）急性气管炎　主要特征是咳嗽，当受冷空气刺激或触压喉、气管时，可引起强力咳嗽。病初咳嗽干、短而痛，3～4天后随渗出物增多而变为湿性长咳，且疼痛减轻。肺部听诊，初期肺泡呼吸音粗糙，2～3天后可出现啰音，开始为干性啰音，以后随渗出物增多和变稀薄而呈现湿性啰音；但啰音出现的部位并不稳定，常可因咳嗽或体位改变而消失或转移。大多表现精神不振，食欲减退，体温稍升高（升高0.5℃～1.0℃），呼吸稍增。当细支气管炎时，症状较重，体温可升高达40℃以上，食欲明显下降或拒食，明显的呼吸困难，脉搏增数，结膜发绀。

（2）**慢性支气管炎**　病程较长，其主要表现为持续性咳嗽、流鼻液，症状时重时轻；当受冷空气刺激后，则咳嗽加剧。严重病例，常继发肺泡气肿，肺部常呈现各种啰音，肺部叩诊界扩大。

【治　疗】　基本原则是以消除炎症，化痰，祛痰，止咳，平喘，制止渗出和促进炎性渗出物吸收为主，辅以合理护理。

消炎：常用磺胺嘧啶钠静脉注射，青霉素和链霉素，或红霉素配合磺胺静脉注射。也可用青霉素 400 万单位、链霉素 100 万单位，溶于 0.25%～0.5%盐酸普鲁卡因溶液或生理盐水 10～20毫升中，气管内注射，每日 1 次。病情严重时，可选用四环素、卡那霉素、庆大霉素或环丙沙星类药物，配合氢化可的松、强的松龙治疗。

化痰、祛痰、止咳：内服氯化铵 25 克，或内服远志酊 100～200 毫升。或内服酒石酸锑钾 5 克，或复方甘草合剂 100～150毫升，杏仁水 40～80 毫升，加水 1 000 毫升灌服。

平喘：可用强的松龙，地塞米松，氨茶碱，麻黄素等，

制止渗出和促进炎性渗出物吸收：可用氯化钙或葡萄糖酸钙静脉注射，维生素 C 以制止渗出，同时强心利尿。

三、肺　炎

奶牛肺炎是肺组织炎症的总称，指包括终末气道、肺泡腔及肺间质等在内的肺实质炎症。根据炎性渗出物的性质及病变范围的大小，临床上可分为卡他性肺炎（支气管肺炎）和大叶性肺炎（细支气管和肺泡的炎症）。

【病　因】　卡他性肺炎多数是由感冒或支气管炎直接蔓延所致。根据肺炎的发生原因可分为原发性和继发性。

（1）**原发性肺炎**　直接由细菌、病毒、真菌、寄生虫及不良的物理性和化学性因子引起。

①细菌性肺炎　主要致病菌有化脓性棒状杆菌、肺炎链球菌、金黄色葡萄球菌、甲型溶血性链球菌，牛巴氏杆菌、大肠杆菌、肺炎克雷白杆菌等。

②病毒性肺炎　主要有牛副流感 3 型病毒、鼻气管炎病毒、腺病毒、牛呼吸道合胞体病毒、流感病毒等。

③支原体肺炎　由肺炎支原体引起。

④真菌性肺炎　主要有白色念珠球菌、曲霉菌等引起。

⑤其他病原体肺炎　如立克次体、衣原体、弓形虫、原虫、寄生虫等均可引起肺炎。

⑥物理、化学性肺炎　主要由异物、刺激性气体、毒气、烟雾等吸入对肺组织的刺激。也可见于吸入油质物质等。

（2）**继发性肺炎**　主要继发于某些疾病，如子宫炎、乳房炎时其病原菌可通过血源途径进入肺脏而致病。

【症　状】　分为卡他性肺炎和纤维素性肺炎。

（1）**卡他性肺炎（支气管肺炎）**　是支气管或细支气管与肺小叶群同时发生卡他性炎症。由于炎症主要侵害肺小叶或小叶群，故又称为小叶性肺炎。临床特征是咳嗽，流鼻液，体温升高呈弛张热，听诊有捻发音，叩诊呈局灶性浊音区。病初症状不明显，可以见到咳嗽。鼻液于病初多为透明浆液性，量多，然后量变少，呈黏性、脓性，最后又再次变为多量浆液性。咳嗽在病初为干咳，痛苦；后变为湿咳。呼吸增数，可以达到 40～90 次 / 分，站立时头颈前伸，有的可以见到张口呼吸。体温高达 40℃～41℃，呈弛张热。黏膜发绀。心跳加快，可达 90～100 次 / 分钟，心音增强。听诊肺部，病灶部肺泡呼吸音减弱，有捻发音，干啰音；病变周围肺泡呼吸音增强。叩诊肺部，若病灶在肺的浅部，则呈散在的点状浊音区，其周围则清音；病灶在肺的深部，则叩诊变化不明显。血液检查，白细胞总数增高。

（2）**纤维素性肺炎**　又称大叶性肺炎、格鲁布性肺炎，是整个肺叶，甚至一侧肺和两侧肺的大部分发生急性炎症过程，其炎性渗出物为纤维蛋白，故又称为纤维蛋白性肺炎或格鲁布性肺炎，临床上以稽留热型、定型热经过，肺部叩诊以大面积浊音区为特征。依据临床症状，分为典型大叶性肺炎和非典型大叶性肺炎。

①典型大叶性肺炎　病程发展规律，常按充血渗出期，红色肝变期和灰色肝变期，溶解期的顺序进行。多突然发病，体温迅速升高达 40℃～42℃，呈稽留热，持续 6～9 天，以后则在 24～36 小时内骤退或在 2～5 天内渐退降至常温。病初脉搏强而有力，但次数增加不多，与体温上升的幅度很不相称（体温上升 2℃～3℃或更多，而脉搏仅增加 10～15 次），这种特殊现象，可作为本病早期诊断的重要依据之一。呼吸困难，常呈混合性呼吸困难。病初鼻液量少，呈浆液性或黏液性；到肝变期则出现棕黄色或铁锈色鼻液；溶解期则变为多量黏液性鼻液，鼻液性状的变化，具有重要的诊断意义。若铁锈色鼻液长期存在或再度出现，则表示病情险恶。

肺部叩诊：充血期呈半浊音；肝变期呈浊音持续 3～5 天，浊音区面积较大，常由肘后向后上方发展，其上后界呈弓形；到溶解期后，叩诊音又经半浊音逐渐恢复正常。健康肺组织，因代偿而叩诊呈过清音或鼓音。

肺部听诊：病变部初期肺泡呼吸音增强，以后随渗出物的渗出而可听到湿性啰音和捻发音；到肝变期，由于肺被渗出物充填，肺泡呼吸音消失而出现病理性支气管呼吸音；至溶解期则出现大量的湿性啰音和捻发音。健康部呼吸音增强。

病畜食欲大减或废绝，精神高度沉郁，结膜充血黄染，口腔发红而干热，便秘或腹泻，反刍紊乱，磨牙，喜卧于病侧，热退后食欲很快好转。

②非典型大叶性肺炎　病程经过不典型，症状复杂且不规律，有的仅出现充血期而很快好转，有的则在恢复期内体温再次升高，而于另一侧肺又出现新的病灶，热型呈稽留或弛张，病程有长有短，并发症较多。

【诊　断】　本病根据临床症状，一般易予初步确诊，支气管肺炎时，一般病程发展较缓慢，呈弛张热型，咳嗽，呼吸、脉搏的变化，均比大叶性肺炎为重，浊音区小而散在，且常在肺部前下方三角区内。典型的大叶性肺炎，依据突然发病，病情重剧，体温升高呈稽留热型，铁锈色鼻液，肺部有较大面积的浊音区，呈定型经过及常在 2 周左右恢复等即可确诊。

【治　疗】　治疗原则是以抗菌消炎、控制继发感染为主，辅以对症治疗和合理护理。

（1）抗菌消炎　早期大量使用抗生素或磺胺类药物，①由厌氧菌所致肺炎和异物性肺炎可用青霉素和洁霉素（林可霉素）每千克体重 5～10 毫克，配合使用甲硝唑 250 毫克，每天 1 次，静脉注射；②需氧菌所致肺炎可用头孢菌素 I、青霉素，并配合使用卡那霉素（5 毫克 / 千克）或庆大霉素 1～1.5 毫克 / 千克，每日 2 次，肌内注射；③应用支气管扩张药。

（2）对症治疗　心脏衰弱时，应使用强心药，一般可交替使用安钠咖。在本病肺充血期，为了减少渗出，增强机体抗应激能力，用可的松类药物以及钙剂；而在病变的溶解期，为促进渗出物的排出，可选用利尿剂等。当炎症消散缓慢时，可用碘制剂，如碘化钾 10 克，加水 2 000 毫升，内服。咳嗽剧烈时，给予镇咳祛痰药。当严重呼吸困难时，25%～50% 葡萄糖液 500 毫升，维生素 C 2～4 克，生理盐水 500 毫升，一次缓慢静脉注射，每天 1～2 次，对缺氧呼吸困难起缓解作用。

四、肺 气 肿

肺气肿是指终末小支气管远端的气腔扩张，同时伴有肺泡壁破坏的疾患。按病因可分为慢性阻塞性肺气肿、代偿性肺气肿、间质性肺气肿等类型。临床表现为呼吸困难、发绀、两肺散在湿啰音。

【病　因】　肺气肿在典型的间质性肺炎、寄生虫性肺炎以及由急性过敏反应引起的肺水肿中是一种重要的损害。其原因有：饲料突然改变，大量采食青草、芜菁、甘蓝、紫花苜蓿、油菜后；饲喂色氨酸，在瘤胃内转变为吲哚乙酸，脱羧基形成 3- 甲基吲哚，经瘤胃黏膜吸收进入血液，对肺泡上皮细胞呈毒性作用，可引起肺气肿。厩舍空气污浊，吸入的空气常含有潜在性刺激物质；饲料发霉、变质，含尘土过多，其所含的小多孢子菌、烟曲霉都可激发肺气肿。病毒和细菌性疾病如大肠杆菌性乳房炎引起毒血症的病牛有肺气肿；牛流行热病牛有肺气肿。金属异物所致的创伤性网胃炎，继而刺伤肺脏引起肺脓肿时，可引起肺气肿。有的饲料毒素对肺产生毒害，如牛白薯黑斑病中毒、苏叶中毒都有严重的肺气肿。有毒气体如氯气中毒、夹竹桃烟雾中毒等，均可引起肺气肿。

试验研究证明，甲基吲哚为色氨酸的毒性代谢产物，与牛急性肺气肿有关。

【症　状】　各种致病因素引起了肺泡组织失去弹性，肺泡膨胀、破裂。引起肺排气不全和二氧化碳的蓄积，肺中气体与外界交换面积减少，致使机体供氧不足。肺气肿时，由于肺动脉的血流不畅，引起右心室扩张、衰竭和二氧化碳潴留，使病牛发生酸中毒。

急性肺气肿突然发作，病牛精神沉郁，食欲减少至废绝，流泪，鼻漏呈浆液性或脓性，站立不安，不愿卧地，可视黏膜发绀，体温多数升高至 40.5℃，从口内流出白色泡沫状物，产奶量骤减，心搏增至每分钟 100～160 次，心跳节律失常，心音模糊。典型症状是呼吸困难，呼吸次数增加至每分钟 40～80 次，少数达 100 次以上，气喘，腹部扇动，鼻孔开扩，举头伸颈，张口吐舌，舌呈暗紫色，胸部叩诊呈鼓音，听诊有摩擦音和啰音，于背部两侧皮下出现气肿，触诊呈捻发音，气肿可蔓延至胸颈部、肩部和头部。肺气肿常伴有肺水肿，并且肺下部有实变和湿啰音。肺水肿常见两侧鼻孔流出黄色或淡红色的泡沫样鼻液。

【诊　断】　依据病史、临床症状和死亡病例的肺脏病理学变化进行诊断。

在临床诊断时，应与热射病、肺炎等鉴别。与支气管痉挛区别。

热射病及日射病病牛体温升高 41.5℃以上，并伴有神经症状。

肺炎病牛体温升至 40℃～41.5℃，呈弛张热，叩诊时肺部出现散在性小浊音区，听诊时浊音区肺泡音减弱或消失，其周围肺泡音增强，有时能听到啰音。细菌性肺炎常伴有毒血症，对抗菌药物治疗反应最好。

由过敏反应引起的肺充血与水肿有自愈倾向。

与支气管痉挛的区别：因感染或变态反应引起急性细支气管炎并导致支气管痉挛，临床表现出呼吸困难，有明显的双重呼吸，体温正常，全身反应不明显，常认为是急性肺气肿。此时用抗组织胺或抗生素治疗，再使用皮质类固醇，症状好转即为支气管痉挛。

【治　疗】　治疗原则：利尿、缓解呼吸困难，抗菌消炎。

肺气肿尚无特效疗法。继发于传染性肺炎的肺气肿，对原发性损害进行有效治疗，随原发病的痊愈，肺气肿通常自行消退。具体治疗方法：

①利尿。肺气肿时常伴有肺水肿，为减轻肺水肿，若机体体液状态良好，可使用呋塞米，剂量为 0.5～1.0 毫克 / 千克体重，每日 1～2 次肌内注射。

②解除支气管痉挛，缓解呼吸困难。阿托品 0.05 毫克 / 千克体重，一次肌内注射，每日 2 次。

③消炎、抗过敏。可用地塞米松 20～50 毫克，一次肌肉或静脉注射，配合广谱抗生素防止继发感染，连续用药。

五、过　敏

过敏反应和变态反应是呼吸窘迫的一种。变态反应是机体接触变应原物质（包括花粉、粉尘、寄生虫、微生物、生物制剂、某些药物和饲料等）时产生的一种敏感发生异常的反应，统称为过敏反应。奶牛过敏反应是再次接触变应原物质后发病。主要症状：心跳过速、水肿，有时有大量的纤维发生渗出物分泌，有时出现过敏性休克，甚至致死。乳变态反应是指内源性抗原如牛奶的 α- 酪蛋白在体内蓄积过多，引起牛的过敏反应

【病　因】　过敏原就是使牛发生过敏的物质，具有抗原性，既可以认为是抗原，又称为变应原。大部分为蛋白质，也可为多肽或糖类以及人工合成的物质，比如药物等。过敏原种类很多，根据来源的不同可分为：

（1）生物制剂类　有血清、疫苗、和胰岛素制剂等。其他变应反应常常发生于给予磺胺类药物、某些抗生素、盐酸普鲁卡因、寄生虫等，此外还有不明原因的变应反应。

（2）吸入类过敏原　这些物质是通过呼吸道经呼吸而吸入动物体，从而引起过敏性疾病，它大多来自生活环境，主要有：

①树木、花草等的花粉，有地区性和季节性的特点，容易确定其种类。

②真菌，又称为霉菌，多表现为季节性，因为真菌容易在温暖、潮湿的环境中生长。

③螨是蜘蛛类动物，喜欢温暖、潮湿的环境。

④厩舍内尘土，是一类成分复杂的混合性物质，包括螨、上皮脱屑、细菌、真菌、花粉、昆虫残片、食物残屑、排泄物、无机物等。

⑤上皮变应原，存在于动物皮屑中。

⑥羽毛变应原。

⑦昆虫，最常引起吸入性变态反应的昆虫有各种蜂类、甲虫、蛾类、蟑螂、蝗虫等。

⑧药物和工业原料，如青霉素、松香、烟草、洗涤剂等。

⑨其他植物性物质，如木棉、棉籽、亚麻仁油、蓖麻籽、大

豆等。

（3）**饲料、口服药物** 前者除饲料外，还包括制作时加入的调料、色素、防腐剂；后者包括一切供口服的诊断和治疗药物，及其附加成分、赋形剂、色素、稳定剂。

（4）**接触性致敏物** 大多导致接触性皮炎。部分为属于Ⅰ型变态反应的荨麻疹和血管性水肿。常见的致敏物有马铃薯、某些抗生素、动物毛和皮屑。

【症　状】敏感动物常在注射生物制品或抗生素后数分钟内出现症状，包括荨麻疹、皮肤黏膜接合部水肿和呼吸窘迫。症状可呈轻度，以荨麻疹为主，或者症状严重，出现症状后很快虚脱。一些生物制品比其他制品更易致病。已经观察到能引起过敏反应的抗菌药有青霉素、磺胺及其他抗生素，尤其是四环素、强力霉素，静脉给药时往往引起犊牛急性过敏性肺水肿。事实上，很多明显的过敏反应是一些生物制品中的内毒素以及一些品种牛对疫苗反应比较敏感的结果。

患牛呈现忧虑不安，被毛竖立，可能出现心跳加快以及荨麻疹，频频排尿和排粪。呼吸困难不明显或显著，伴有肺水肿、呼吸加快和呼吸鼾声。严重病例出现发绀，皮肤湿冷以及低压性虚脱。

变态反应多见于母牛干奶或减少挤奶次数以使乳房"膨胀"时突然发作。任何推迟正常挤奶间隔都可引起敏感牛对自身 α-酪蛋白的这种反应。如前所述，症状可轻微或严重，形成不同程度的荨麻疹、黏膜皮肤结合部水肿和呼吸症状。

【诊　断】根据疾病的病史和症状做出诊断。

【治　疗】治疗原则是阻止与过敏原的进一步接触，应用脱敏药物。对于乳变态反应，立即挤出牛奶。

治疗的药物包括肾上腺素、抗组织胺药、皮质类固醇等。如：

①肾上腺素（1/1 000浓度）2～10毫克，肌内注射或皮下注射。

②盐酸扑敏宁，1毫克/千克，肌内注射或皮下注射。

③呋塞米，0.5～1.0毫克/千克，肌内注射（如果有肺水肿）。

④地塞米松，20～40毫克，静脉或肌内注射，妊娠牛禁用。

⑤氟胺烟酸葡胺，1.0毫克/千克，肌内注射。

⑥对乳变态反应，如果母牛表现严重的变态反应时，要立即把奶挤出，结合对症治疗。

多数病例仅需一次治疗，但伴有严重肺水肿或荨麻疹的牛，为了彻底解决问题，可能需数次治疗，间隔8～12小时。注意事项：①为防止牛因变应反应并发症导致的死亡，建议在疫苗接种后，留守人员继续观察牛群的反应，及时发现异常情况，就地急救。②在注射血清制剂或某些药物时，提前询问农场主该牛以前是否注射过该类药物，防止过敏反应的发生。③在条件许可的情况下，尽量多次挤奶。

六、心力衰竭

心力衰竭又称心脏衰弱，它不是一种独立的心脏疾病，而往往是营养不良或其他全身性疾病过程中特有的一组症候群，即心肌收缩力减弱，心脏功能不全，使心脏输出量减少，动脉压下降，静脉回流受阻，从而导致全身血液循环障碍性疾病。

【病　因】　有原发性和继发性两类。

（1）**原发性病因**　主要是由于心脏负荷突然加重，如保定时的剧烈挣扎，静脉注射色素制剂、钙剂速度过快，补液量过大，超过心脏耐受量等。

（2）**继发性病因**　主要见于恶性口蹄疫、牛出血性败血症、急性胃肠炎、生产瘫痪、酮血病、败血性子宫炎，乳房炎败血症等多种中毒性疾病过程中，其发生往往与毒素对心肌的直接刺激有关。此外，影响血液循环的疾病，如心肌炎、慢性心内膜炎、慢性肺泡气肿、慢性肾炎等常继发心力衰竭。

【症　状】　心力衰竭可分为急性和慢性两种类型。

（1）**急性心力衰竭**　发病急骤，突然死亡，来不及救治。主要表现为突然倒地，四肢划动，昏迷，黏膜苍白，呼吸困难。

（2）慢性心力衰竭 发展缓慢，病程较长，除表现有精神沉郁、前胃弛缓，重要症状是全身肌肉的紧张性降低，耳的活动减少，站立不稳。同时，在身体低位和四肢下部出现浮肿。病初心搏动增强，后期则减弱，并伴有节律不齐或心内杂音。

由于体循环不良，可引起全身器官瘀血、水肿。右心衰竭为主时，特征是下颌和胸前皮下水肿，颈静脉怒张。当脑瘀血时，因脑组织缺氧而出现类似慢性脑室积水的症状；肺瘀血时，常出现肺水肿及慢性支气管炎症；肾瘀血时，尿量减少，尿中出现蛋白质、肾上皮及其管型；消化道瘀血，引起前胃弛缓，腹泻，贫血，黄疸，虚弱。左心衰竭为主时，以肺瘀血水肿为特征，表现为呼吸次数增加，咳嗽，胸部听诊出现湿啰音。

【治　疗】 治疗原则是以加强护理，减轻心脏负担及改善心脏功能为主，辅以对症治疗。

加强护理：给予易消化的优质饲料，并适当控制或禁喂食盐。

改善心脏功能：采用葡萄糖疗法、维生素疗法，增强心肌营养外，主要是应用强心药，以改善血液循环，提高心脏输出量。强心药的种类很多，在心力衰竭时，多不用咖啡因和樟脑制剂，而多选用洋地黄制剂。输液量不能太大，输液速度要慢。出现消化障碍，可以灌服健胃剂，配合利尿剂。

对严重的急性心力衰竭进行急救，立即注射尼可刹米 $10 \sim 20$ 毫升，或皮下注射 0.1% 肾上腺素 10 毫升，同时静脉注射 25% 葡萄糖 1 000 毫升，ATP 200 毫升，复方氯化钠 500 毫升，维生素 B_1 50 毫升肌内注射等。

七、肾　炎

肾炎是肾小球、肾小管或肾间质组织发生炎症性病理变化的总称。临床上可分为急性肾炎、慢性肾炎和间质性肾炎。病的主要特征是肾区敏感和疼痛、水肿、蛋白尿、血尿及尿液中含有其他病理产物。

【病　因】　肾炎的病因目前认为与感染、中毒及变态反应有关。

感染因素：多发于某些传染病，如口蹄疫、结核病、败血症、传染性胸膜肺炎等，由于病毒和细菌及其毒素作用于肾脏所引起，或是由于变态反应所致。

中毒因素：由于内源性毒素或外源性毒素等有毒物质经肾脏排出时产生强烈刺激而发病。

此外，由于邻近器官的炎症（如肾盂肾炎、膀胱炎、子宫内膜炎、阴道炎）的转移蔓延而引起。机体受寒感冒，营养不良，过劳是引起肾炎的诱因。

慢性肾炎多由急性肾炎转变而来，也可由长期轻度的刺激肾脏所引起。

间质性肾炎的发生主要与患某些慢性传染病和慢性中毒病有关。也有人认为本病是慢性肾炎的转归和结局。

【症　状】　急性肾炎时，牛精神沉郁，食欲减退，消化不良，体温升高。由于肾脏疼痛，病牛站立时拱背，两后肢开张或集拢于腹下，强迫行走时背腰僵硬，步态强拘。外部强力压诊或经直肠按压肾脏，有疼痛反应，肾脏肿大。病牛频频排尿，每次排尿较少，重症则无尿，尿色浓暗。尿中可出现病理性产物，可见蛋白质、红细胞、白细胞和各种管型等。动脉血压升高，主动脉第二心音增强。病的后期可发生水肿，病情严重时，可见胸下、腹下、乳房及四肢等处水肿。

慢性肾炎症状与急性肾炎基本相似，病至后期，于眼睑、胸膜下或四肢末端出现水肿，严重时发生体腔积水或肺水肿。尿量不定、比重增高、蛋白含量增加，尿沉渣中见有多量肾上皮细胞、管型（颗粒、上皮）。重病例可引起慢性氮血症性尿毒症。

间质性肾炎主要表现为初期尿量增多，后期减少，尿沉渣中见少量蛋白、红细胞、白细胞及肾上皮细胞。血压升高，心脏肥大，主动脉第二心音增强。尿量减少，比重增高，皮下水肿（心性水肿）。直肠内触诊肾脏，体积减小，呈坚硬感，但无疼痛、敏感现象。

【治　疗】 本病的治疗原则主要是消除病因，加强护理，消炎及利尿为主，辅以对症治疗。

加强护理：置病牛于温暖、干燥、通风良好的厩舍中，给予易消化的饲料，减少蛋白质和食盐的供给，限制饮水。

消除感染：常青霉素，链霉素联合应用。

免疫抑制疗法：慢性病例应用激素疗法，如强的松龙，氢化可的松及地塞米松磷酸钠，肌内注射或静脉注射。

利尿消肿：常用利尿剂有双氢克尿塞（氢氯噻嗪），呋塞米。

对症疗法：当心脏衰弱时给以强心剂，当发生尿中毒时可用5%碳酸氢钠注射液500毫升静脉注射。当大量尿血时，可选用止血剂，如安络血注射液，或应用维生素K、止血敏等。

八、中　暑

中暑分为日射病和热射病。日射病指在炎热季节，因头部受到阳光直射，引起脑及脑膜充血和脑实质急性病变，导致中枢神经系统功能障碍的现象。热射病指因外界气温高，湿度大，致使产热增多，散热减少，使体内积热，引起严重的中枢神经系统功能紊乱现象。日射病和热射病统称中暑。本病的临床特征是，体温显著升高，循环障碍，出现一定的神经症状。

【病　因】 酷暑盛夏、车船输送或长途陆路驱赶，而未采取防暑措施；牛圈缺少遮阳棚，烈日直射牛头部是引起日射病的主要原因。外界气温高，圈舍、挤奶厅湿度大、通风不良、散热减少是热射病发生的常见原因。

【症　状】

日射病：初期，精神沉郁，四肢无力，步态不稳，共济失调，突然倒地，四肢作游泳样划动。随病情发展，出现血管、运动中枢、呼吸中枢、体温调节中枢功能紊乱，心力衰竭，静脉怒张，脉微欲绝，呼吸急促，有的体温升高，皮肤干燥。兴奋发作，狂躁不安，常常发生剧烈的痉挛或抽搐，迅速死亡。

热射病：体温升高达 40℃ 以上，皮温升高，全身出汗。由于脑膜充血和急性脑水肿，具有明显的一般脑症状。多数病例表现精神沉郁，卧地不起，陷于昏迷。但有的表现精神兴奋，狂暴不安。随着病情恶化，心力衰竭、血液循环障碍。脉搏疾速而微弱，呼吸浅表、间歇、极度困难。濒死前，体温下降，昏迷不醒，陷于窒息和心脏麻痹状态。

【治　疗】　本病治疗原则是，加强护理，防暑降温，维持心肺功能，纠正水盐代谢和酸碱平衡紊乱。

加强护理，立即将病牛放置阴凉通风地方。促进体温放散，首先用冷水浇头或冷敷，头部放置冰袋，冰盐水灌肠。药物降温可用氯丙嗪肌内注射或混于生理盐水中静脉注射。

根据实践经验，牛可颈静脉泻血 1 000～2 000 毫升，再用 5% 葡萄糖生理盐水 1 000～2 000 毫升，20% 安钠咖 10 毫升，静脉注射。

防止肺水肿，在行降温疗法之前或之后，静脉注射地塞米松每千克体重 1～2 毫克，妊娠牛可用氢化可的松 150～200 毫升。对心功能不全的，可用强心剂，如安钠咖，洋地黄制剂。

对脱水严重或循环衰竭的病牛，可静脉注射生理盐水和 5% 葡萄糖液。若出现自体中毒现象，可用 5% 碳酸氢钠 500 毫升静脉注射。

九、棉籽饼中毒

棉籽饼含有 36%～42% 粗蛋白质和较丰富的磷，其必需氨基酸含量在植物中仅次于大豆，可作为牛日粮蛋白质来源。然而，由于棉籽饼中含有有毒的棉酚色素，长期过量饲喂可引起牛中毒。临床特征是：出血性胃肠炎、肺水肿、心力衰竭、神经紊乱、血尿和排血红蛋白尿。

妊娠母牛及犊牛对棉籽饼的毒性敏感，成年牛抵抗力较强。成年牛对棉籽饼的主要毒性物质棉酚有一定的解毒能力，可使游离棉酚与瘤胃中可溶性蛋白质结合而丧失毒性。

犊牛之所以对棉酚敏感就是因为其瘤胃功能尚不完善，不能有效地结合游离棉酚。

【病　因】　过量饲喂棉籽饼和棉籽、棉柏。也见于用成年母牛饲料饲喂犊牛引起。

【症　状】　棉籽饼中毒的共同症状是食欲下降和体重减少。病理变化一般多有体腔积液，胃肠出血性炎症。犊牛中毒时表现尿血，食欲反常和呼吸困难以及视力障碍等，死后剖检可见肝脏脂肪变性、腹水，血凝时间缩短。

【诊　断】　根据吃棉籽（皮）、棉叶的病史，胃肠炎、视力障碍、排红褐色尿液等临床症状及相应的病理学变化，可做出诊断。

【治　疗】　由于该病的发病机制尚未完全弄清，目前还没有好的治疗方法，主要采用消除致病因素、加速毒物的排除及对症疗法。

首先须停止饲喂棉籽饼和棉叶。破坏毒物、加速其排除，可用1∶3 000～4 000的高锰酸钾溶液或5%小苏打溶液、3%过氧化氢溶液洗胃。可内服盐类泻剂；胃肠炎严重的，可用消炎剂、收敛剂，如磺胺脒、鞣酸蛋白。也可用硫酸亚铁内服。还可用藕粉、面糊等保护肠黏膜，可与其他药物混合内服。为了阻止渗出，增强心脏功能，补充营养和解毒，可用25%葡萄糖溶液500～1 000毫升、10%安钠咖溶液20毫升、5%氯化钙溶液250毫升，一次静脉注射。

十、黄曲霉毒素中毒

牛采食了被黄曲霉毒素污染的饲料所引起的中毒称为黄曲霉毒素中毒。主要引起肝细胞变性、坏死、出血、胆管和肝细胞增生。临床上以全身性出血、消化功能障碍和神经症状为特征。

【病　因】　黄曲霉毒素的分布范围很广，凡是污染了黄曲霉菌和寄生曲霉菌的粮食、饲草饲料等，都可能存在黄曲霉毒素，如果奶牛采食了含有大量黄曲霉毒素的饲草饲料和农副产品，就会引起发病。

【症　状】　黄疸、出血、水肿、腹水、消化障碍及神经症状。肝细胞变性，坏死或增生，脂肪肝。

【诊　断】　首先调查饲料品种、来源及霉变情况，然后调查病史，发病与饲喂霉败饲料有密切关系，用一般抗生素疗法无效。结合临床症状和剖检变化，可做出初步诊断。要确诊必须进行毒物检验。

【治　疗】　本病无特效解毒药和疗法。应立即停止饲喂可疑的饲料，改喂新鲜全价日粮。对重症病例，可投服泻剂，清理胃肠道内的有毒物质。同时解毒、保肝、止血、强心，应用维生素C制剂、葡萄糖酸钙液，青霉素、链霉素等药物进行对症治疗。比较有效的防治方法是在日粮中添加过瘤胃葡萄糖，每头每天100克；同时日粮中添加益康XP促进瘤胃功能。

十一、风　湿　病

风湿病是一种常反复发作的急性或慢性非化脓性炎症，以胶原纤维发生纤维素样变性为特征。病变主要累及全身结缔组织。骨骼肌、心肌、关节囊和蹄是最常见的发病部位，其中骨骼肌和关节囊的发病部位常有对称性和游走性，且疼痛和功能障碍随运动而减轻。胶原纤维发生纤维变性主要是由于在变态反应中产生的大量氨基己糖所引起。

【病　因】　风湿病是一种变态反应性疾病，与溶血性链球菌（Ａ型溶血性链球菌）感染有关。已知溶血性链球菌感染后所引起的病理过程有两种。一种表现为化脓性感染，另一种表现为延期性非化脓性并发病，即变态反应性疾病。该病在奶牛经常发生，风湿病多发生在冬春寒冷季节。在链球菌感染后，其毒素和代谢产物成为抗原，机体对此产生相应的抗体，抗原和抗体在结缔组织中结合，使之发生了无菌性炎症。此外，根据动物试验结果证明，不仅溶血性链球菌，而且他种抗原（细菌蛋白质、异种血清、经肠道吸收的蛋白质）及某些半抗原性物质也有可能引起风湿性疾病。风、寒、潮湿、过劳等因素在风湿病的发生中起着重要的作用。近年来也有人注意到病毒感染与风湿病的关系。

【分类及症状】　风湿病的主要症状是发病的肌群、关节及蹄的疼痛和功能障碍。疼痛表现时轻时重，部位多固定但也有转移的。风湿病有活动型、静止型，也有复发型。根据其病程及侵害器官的不同可出现不同的症状。临床上常见的分类方法和症状如下。

（１）根据发病组织器官分类

①肌肉风湿病（风湿性肌炎）　主要发生于活动性较大的肌群，如肩臂肌群、背腰肌群、臀肌群、股后肌群及颈肌群等。其特征是急性经过时发生浆液性或纤维素性炎症，炎性渗出物积聚于肌肉结缔组织中，而慢性经过时则出现慢性间质性肌炎。

因患病肌肉疼痛，故表现运动不协调，步态强拘不灵活，常发生１～２肢的轻度跛行。跛行可能是支跛、悬跛或混合跛行。其特征是随运动量的增加和时间的延长而有减轻或消失的趋势。风湿性肌炎时常有游走性，时而一个肌群好转而另一个肌群又发病。触诊患病肌群有痉挛性收缩，肌肉表面凹凸不平而有硬感、肿胀。急性经过时疼痛症状明显。

多数肌群发生急性风湿性肌炎时可出现明显的全身症状。病牛精神沉郁，食欲减退，体温升高1℃～1.5℃，结膜和口腔黏膜潮红，脉搏和呼吸增数，血沉稍快，白细胞数稍增加。重者出现心内膜炎症状，可听到心内性杂音。急性肌肉风湿病的病程较短，一般经数日或1～2周即好转或痊愈，但易复发。当转为慢性经过时，病牛全身症状不明显；病牛肌肉及腱的弹性降低；重者肌肉僵硬，萎缩，肌肉中常有结节性肿胀。病牛容易疲劳，运步强拘。

②关节风湿病（风湿性关节炎）　最常发生于活动性较大的关节，如肩关节、肘关节、髋关节和膝关节等。脊柱关节（颈、腰部）也有发生，常对称关节同时发病，有游走性。

本病的特征是急性期呈现风湿性关节滑膜炎的症状。关节囊及周围组织水肿，滑液中有的混有纤维蛋白及颗粒细胞。患病关节外形粗大，触诊温热、疼痛、肿胀。运步时出现跛行。跛行可随运动量的增加而减轻或消失。病牛精神沉郁，食欲不振，体温升高，脉搏及呼吸均增数。有的可听到明显的心内性杂音。

转为慢性经过时则呈现慢性关节炎的症状。关节滑膜及周围组织增生、肥厚，因而关节肿大且轮廓不清，活动范围变小，运动时关节强拘。他动运动时能听到瓣啪音。

③心脏风湿病（风湿性心肌炎）　主要表现为心内膜炎的症状。听诊时第一心音及第二心音增强，有时出现期外收缩性杂音。

（2）根据发病部位分类

①颈风湿病　主要为急性或慢性风湿性肌炎，有时也可能累及颈部关节。表现为低头困难（两侧同时患病时，俗称低头难）或风湿性斜颈（单侧患病）。患病肌肉僵硬，有时疼痛。

②肩臂风湿病（前肢风湿）　主要为肩臂肌群的急性或慢性风湿性炎症。有时可波及肩、肘关节。病牛驻立时患肢常前踏，减负体重。运步时则出现明显的悬跛。两前肢同时发病时，步幅短缩，关节伸展不充分。

③背腰风湿病　主要为背最长肌、髂肋肌的急性或慢性风

湿性炎症，有时也波及腰肌及背腰关节。临床上最常见的是慢性经过的背腰风湿病。病牛驻立时背腰稍拱起，腰僵硬，凹腰反射减弱或消失。触诊背最长肌和髂肋肌等发病的肌肉时，僵硬如板，凹凸不平。病牛后躯强拘，步幅短缩，不灵活，卧地后起立困难。

④臀股风湿病（后肢风湿） 病变常侵害臀肌群和股后肌群，有时也波及髋关节。主要表现为急性或慢性风湿性肌炎的症状。患病肌群僵硬而疼痛，两后肢运动缓慢而困难，有时出现明显的跛行症状。

（3）根据病理过程分类

①急性风湿病 发病急剧，疼痛及功能障碍明显。常出现比较明显的全身症状。一般经过数日或1～2周即可好转或痊愈，但容易复发。

②慢性风湿病 病程拖延较长，可达数周或数月之久。患病组织或器官缺乏急性经过的典型症状，热痛不明显或根本见不到。但病牛运动强拘，不灵活。

【诊　断】 到目前为止风湿病尚缺乏特异性诊断方法，在临床上主要还是根据病史和上述临床表现加以诊断。必要时可进行如下辅助诊断。

水杨酸钠皮内反应试验：用新配制的0.1%水杨酸钠10毫升，分数点注入颈部皮内。注射前和注射后30分钟、60分钟分别检查白细胞总数。其中白细胞总数有一次比注射前减少1/5，即可判定为风湿病阳性。

【治　疗】 治疗要点：消除病因、加强护理、祛风除湿、解热镇痛、消除炎症。除应改善病牛的饲养管理以增强其抗病能力外，还应采用下述治疗方法。

（1）解热、镇痛及抗风湿药 水杨酸类药物的抗风湿作用最强。包括水杨酸、水杨酸钠及阿司匹林等。临床经验证明，应用大剂量的水杨酸制剂治疗风湿病，特别是治疗急性肌肉风湿病疗效较好，而对慢性风湿病疗效较差。水杨酸钠10～30克/次，静脉注射，每日 1 次，连用 5～7 次。水杨酸钠与乌洛托品、樟脑磺酸钠、葡萄糖酸钙联合应用。

（2）**皮质激素类药物**　临床上常用氢化可的松注射液、地塞米松注射液、强的松（醋酸泼尼松）、强的松龙注射液等。它们能明显改善风湿性关节炎的症状，但容易复发。

（3）**抗生素控制链球菌感染**　首选青霉素，肌内注射，每日 2 次，一般应用 10～14 天。

（4）**碳酸氢钠、水杨酸钠和自家血液疗法**　每日静脉注射 5%碳酸氢钠溶液 500 毫升，10%水杨酸钠溶液 200 毫升；自家血液的注射量为第一天 80 毫升，第三天 100 毫升，第五天 120 毫升，第七天 140 毫升。7 天为 1 个疗程。每个疗程之间间隔 1 周，可连用 2 个疗程。该方法对急性肌肉风湿病疗效显著，对慢性风湿病可获得一定的好转。

（5）**中兽医疗法**　中药方面常用的方剂有通经活络散和独活寄生散。

（6）**局部涂擦刺激剂**　局部可应用水杨酸甲酯软膏（水杨酸甲酯 15 克、松节油 5 毫升、薄荷 7 克、白色凡士林 15 克），水杨酸甲酯莨菪油擦剂（水杨酸甲酯 25 克、樟脑油 25 毫升、莨菪油 25 毫升），也可局部涂擦樟脑酒精及氨擦剂等。

参考文献

［1］（美）威廉．C.雷布汉著，赵德明，沈建忠译．奶牛疾病学［M］．北京：中国农业大学出版社，2003.

［2］王春傲．奶牛疾病防控治疗学［M］．北京：中国农业出版社，2013.

［3］齐长明．奶牛疾病学，中国农业科学技术出版社，2006.

［4］肖定汉．奶牛病学［M］．北京：中国农业大学出版社，2012.

［5］李德昌，杨亮宇，王生奎．奶牛常见病诊疗手册［M］．北京：中国农业出版社，2009.

［6］马学恩．家畜病理学［M］．北京：中国农业出版社，第4版．

［7］张建岳．新编实用兽医临床指南［M］．北京：中国林业出版社，2003.

［8］第八届全国牛病防制及产业发展大会论文集［C］．中国内蒙古通辽，2017年7月．

［9］第六届中国兽医大会中国兽医发展论坛专题报告文集［C］．中国兽医协会，2015年11月福州．

［10］第五届中国兽医大会中国兽医发展论坛专题报告文集［C］．中国兽医协会，2014年10月青岛．

［11］第三届中国兽医大会中国兽医发展论坛专题报告文集［C］．中国兽医协会，2015年10月苏州．

［12］第二届中国兽医大会中国兽医发展论坛专题报告文集
［C］. 中国兽医协会，2015 年 11 月合肥．

［13］第六届全国牛病防制及产业发展大会论文集［C］. 中国，重庆，2014 年 9 月．

［14］第三届中国兽医临床大会论文集［C］. 中国兰州，2012 年 8 月．

［15］2015 年中国畜牧兽医兽医外科学会第九届会员代表大会既第 21 次学术研讨会论文集［C］. 中国昆明，2015 年 8 月．

［16］刘建柱，何高明. 奶牛场技术管理要点与常见疾病防治［M］. 北京：中国农业出版社，2013.

［17］朴范泽，周玉龙. 奶牛场消毒与疫苗实用技术［M］. 北京：中国农业出版社，2016.